Ziran Ziyuanxue Jichu

自然资源学基础

郑昭佩 著

中国海洋大学出版社
·青岛·

图书在版编目(CIP)数据

自然资源学基础 / 郑昭佩著. —青岛：中国海洋
大学出版社，2013. 10(2023. 2 重印)
ISBN 978-7-5670-0444-3

Ⅰ. ①自…　Ⅱ. ①郑…　Ⅲ. ①自然资源－理论　Ⅳ.
①X37

中国版本图书馆 CIP 数据核字(2013)第 238774 号

出版发行	中国海洋大学出版社		
社　　址	青岛市香港东路 23 号	邮政编码	266071
出 版 人	杨立敏		
网　　址	http://pub. ouc. edu. cn		
电子信箱	cbsebs@ouc. edu. cn		
订购电话	0532－82032573(传真)		
责任编辑	张　华	电　　话	0532－85902342
印　　制	北京虎彩文化传播有限公司		
版　　次	2013 年 10 月第 1 版		
印　　次	2023 年 2 月第 4 次印刷		
成品尺寸	170 mm×230 mm		
印　　张	19		
字　　数	330 千		
定　　价	45. 00 元		

前　言

　　自然资源是人类生存和发展的基础,随着人口增长和社会、经济、科技发展,自然资源开发利用的广度和深度不断扩展,由此造成的资源与环境问题也不断加剧,如何充分合理地开发利用自然资源成为关乎经济社会可持续发展的关键性问题之一。在此背景下,在新的科学技术手段和方法的推动下,形成了以综合性和整体性为特点的自然资源学。

　　自然资源学主要研究自然资源的特征、性质及其与人类社会的关系,它以单项和整体的自然资源为对象,研究其数量、质量、时空变化、开发利用及其后果、保护和管理等。对于一个国家或地区,除了其所拥有主权的空间这一基础自然资源外,在其空间内的各种物质、能量、生态系统服务功能等自然资源均是自然界物质循环过程中的某种存在状态,自然资源被人类开发利用实际上是自然资源流动的一个支路,此支路流量大则自然消耗流路的流量就会减小。因此,开发利用自然资源需要有一个时间和数量的把握,这就需要从自然、经济、伦理等方面综合考虑。由于自然资源学的内容十分广泛,本书只是自然资源学的基础性知识介绍,是山东师范大学 2012 年度教学改革立项项目"自然资源学课程体系建设"的主要内容和国家社科基金项目"马克思主义环境生产理论指导下的生态恢复产业法制研究"(11BFX076)的组成部分。

　　在本书的编写过程中,宋德香、王文华、周慧、梁兴军等进行了大量的资料收集、文字校对工作,在此表示衷心的感谢。由于作者知识水平有限,书中疏漏、错误在所难免,敬请同行专家、学者批评指正。

郑昭佩

2013 年 7 月

目 录

绪　论

第一节　自然资源学的形成与发展

一、自然资源学产生的背景

自然资源是人类生存和发展的必要条件,自然资源的稀缺和因稀缺引起的地区(或不同人群)之间的冲突历来是关乎经济增长和社会发展的核心问题,自然资源稀缺问题在当代更成为与人口、环境和发展等并列的引发世界性关注的问题。解决自然资源稀缺和冲突的问题成为社会的紧迫需要,在此背景下,自然资源学应运而生,并在相关科学理论发展和技术进步的推动下得到了快速发展。

(一)自然资源学形成与发展的社会背景

第二次世界大战以后,世界人口迅速膨胀(1950年世界人口约26亿,经过不到50年的时间,到1999年世界人口就增加到了60亿),人口的增加以及人类生活水平的提高,使人类对自然资源的需求也相应增加。与此同时,科学技术的发展大大提高了人类对自然资源的开发利用能力。这些因素综合在一起,使地球上自然资源的消耗速度大大加快,造成了世界范围内自然资源的稀缺。

60亿人口日

http://news.xinhuanet.com/ziliao/2003-06/30/content,新华网

　　1998年底,联合国人口司根据人口统计资料用数学方法计算出世界人口将在1999年10月的某一天达到60亿。1999年2月,联合国人口基金会把10月12日定为"世界60亿人口日",旨在提醒各国政府和全世界人民关注人口问题。

联合国人口基金会公布的统计数字向人们展示了全球人口增长的历程:自人类诞生以来,世界人口经过数百万年才在 1804 年达到 10 亿,但 123 年后即 1927 年就达到了 20 亿,33 年后即 1960 年达到 30 亿,14 年后即 1974 年达到 40 亿,13 年后即 1987 年上升到 50 亿,而从 50 亿到 60 亿仅用了 12 年的时间。

太矿研制出世界最大功率 3000 千瓦采煤机

http://www.wujin.hc360.com,2011-11-14,经济参考报

日前在北京举行的第十四届中国国际煤炭采矿技术交流暨设备展览会上,太原矿山机器集团公司推出的世界最大功率 3000 千瓦电牵引采煤机引人瞩目。这台具有完全自主知识产权的综采设备,可采高 7.2 米、每小时采煤量达 4500 吨。

在自然资源开发利用的同时,人类不可避免地要向自然界排放各种污染物导致环境污染并引起自然生态系统的退化,威胁人类的生存与发展。有关资料表明,全球已有 30％的土地因人类的活动而导致退化,每年流失土壤约 2.4×10^{10} t。全世界每年流入海洋的石油约 10^7 t。全球每年向大气中排放的 CO_2 约有 2.3×10^{10} t,比 20 世纪初增加了 25％,与此同时,空气中的悬浮颗粒物、SO_2、NO_2、CO、硫化氢等污染物也大量增加。全世界森林面积以每年约 1.7×10^7 hm^2 的速度消失,平均每天有 140 种生物消亡。目前世界上约有 85 个国家没有能力生产或购买足以养活本国人民的粮食,26 个国家的 3 亿多人口完全生活在缺水状态,发展中国家中有 13 亿人口每人每天靠不足一美元的收入维持生活。[1]

1 月份雾霾"霸占"济南 19 天

2013-02-01,济南日报

1 月份以来,受中国中东部地区持续大雾的影响,济南市雾霾天气较往年同期异常增多,据统计,截至 1 月 31 日,济南市共发生雾霾天气 19 天。持续的大雾天气十分不利于空气中污染物的扩散,使济南市空气污

---

[1] 资料来自 http://baike.baidu.com/view/395843.htm,60 亿人口日.

染一直处于重度及以上的污染程度。据济南市气象台提供的信息,因持续受大雾天气影响,空气相对湿度大,且近地面持续有逆温出现,这些不利的气象因素导致环境空气中可吸入颗粒物(PM_{10})及细粒子($PM_{2.5}$)在近地面浓度水平持续偏高。

在严峻的资源短缺和环境污染、生态破坏的形势下,人类面临着合理开发利用和积极保护自然资源的挑战,研究自然资源的形成、分布,开发利用和保护成为人类共同的任务。1972年在斯德哥尔摩召开的"人类环境会议"上,提出了"只有一个地球"的口号,标志着人类对资源与环境问题的世界性觉醒。在这样的背景下,自然资源学以其综合性和整体性的特点,在新的科学技术手段和方法的武装下,以其崭新的面貌出现在当代科学舞台上。

（二）自然资源学形成与发展的科学理论背景

自然资源学是在生态学、经济学、地理学等理论发展的基础上发展起来的,因而,自然资源学形成与发展的科学理论背景主要包括生态学背景、经济学背景、地理学背景等。

从生态学的角度看,自然资源中的生物资源是直接由生态过程产生的。生态系统概念的发展和在研究手段上的改进是自然资源学形成与发展的最重要的科学理论背景。生态系统的一些基本理论,特别是它的整体观、综合观以及结构（组成、空间、时间、营养）、功能、动态与演替等方面的理论,对自然资源学的研究具有重要意义。

从经济学角度看,自然资源的稀缺能引发一系列经济问题和人类经济活动的反应,并且自然资源的稀缺可以通过经济活动得到一定程度的缓解。经济学中出现的环境经济学、资源经济学、生态经济学等分支,为自然资源研究提供了经济学理论和方法。

从地理学的角度看,自然资源在地球表面的分布具有地区差异性和时空规律性,这对于研究自然资源的地区性稀缺的原因、矿产资源的勘探、根据矿产资源的地区组合状况进行开发利用具有重要的指导意义。

此外,物理学、化学、数学、信息科学以及各种现代技术和手段,也越来越多地应用于自然资源研究,使研究自然资源的方法、手段得到革新。特别要指出的是,系统理论和系统分析方法,遥感技术以及地理信息系统的广泛应用,为自然资源研究从局部走向整体,从分析走向综合,从定性走向定量,从描述走向解释和预测提供了必要条件。

二、自然资源学的发展历程

人类诞生之初就需要利用自然资源维持生存,但是自然资源成为一门科学则经历了漫长的发展历史,自然资源学的发展历程大体上可以分为以下几个阶段。

(一)自然资源学的前科学时期

人类在地球上出现已经有了二三百万年的历史,尽管人类发展的二三百万年的历史与地球 46 亿年的历史相比是很短暂的,但人类的出现和发展却使整个地球自然生态系统的发展发生了根本改变,即人类有目的的自主活动使地球自然生态系统几十亿年来的"自主"演变受到了人为干预,走上了新的方向,从而进入了一个新的发展阶段。

在人类社会早期,大自然是人类衣食的来源,人类是通过从事采集和狩猎活动从自然界获取生存必需的各种物质资源的。当时的自然界中有丰富的自然资源供人类去发现和获取,自然界的自然资源供给能力相对于人类的需要是充足的,自然资源的数量是如此巨大,给人的印象是取之不尽、用之不竭的,而人类活动对自然界的影响则较轻,属于微小的、局部的影响。这一时期人类的生活所需完全依赖自然的恩赐,同时,人类在自然力量面前显得非常弱小,对自然充满着感恩和恐惧,进而产生了自然崇拜。总起来看,在农业文明以前,人类对自然资源的认识比较肤浅,自然资源的范围也很狭窄,人们关于自然资源的知识是通过口口相传一代一代积累下来,即通过部落里年长的人将自己在生存实践中尝试后获得的经验告诉后代,使其在获取自然资源的活动中少走弯路,因而用力少而收获多,这样就增加了种群生存繁衍的机会。这一时期人类利用的自然资源主要是生物资源和水资源,因而口头传授的知识应该主要是包括哪些物质是可以利用的(通过尝试后知道哪些东西吃了有利于人体健康因而可以吃,哪些东西吃了人会生病因而不能吃)、如何开发利用(如何采摘植物的果实或挖掘植物的块根,如何捕捉鸟类、鱼类和野兽等)以及在何时何地进行自然资源的开发利用(例如,从获食时间选择上,部落里年长的人可能告诉后代,当某种水果颜色发生怎样的变化时味道鲜美,可以采摘和食用;当植物的叶子颜色发生怎样的变化时,植物的地下块茎、块根、果实等已经成熟可以挖掘等。而在获食位点选择上,部落里年长的人会告诉后代,居住地的东边有山、西边有河,要采集植物的果实和狩猎鸟兽就去东边的山上,要捕鱼就去西边的河里等)。

当人类进入农业社会以后,就开始了运用已经掌握的关于生物生长、发育的初步知识,进行粮食、蔬菜的种植以获取植物性食品、纤维、薪柴、木材等,进行家畜、家禽的饲养(放牧)以获取动物性食品、皮毛、骨器等。由于从事农业生产的人们比从事采集和狩猎活动的人们生活更加稳定,因而剩余产品逐渐积累并导致农业文明的产生和发展。随着农业社会科技和生产力水平的不断提高,人口也在逐渐增加。全球人口据推断在公元前 8000 年约为 500 万,到第一次进行人口调查记录的 1650 年增长到 5 亿。[①] 尽管此期间人口不断增加,在局部地区对自然生态系统的干扰强度也明显加大,因而造成农业文明产生和发展基础的自然生态系统出现退化,并使一些地区的农业文明消失。但总体上看,以当时人类的科学技术水平,人类对自然界的整体并没有形成很大压力,农区沃野千里、民殷国富,表现为稻花香里说丰年、听取蛙声一片的景象;牧区土地广阔、人口稀少,表现为天苍苍、野茫茫、风吹草低见牛羊的景象。农业社会由于文字的出现,关于自然资源的数量、质量、分布等方面的知识积累,以及对自然资源认识的深度和广度均得到飞速发展。世界上许多农业文明古国,如古埃及、古巴比伦、古印度以及古代中国等都有关于自然资源的分布、开发、利用、人与自然资源的关系等方面的记录,也产生了一些有关自然资源利用和保护的朴素思想。农业社会后期的一些哲学家、政治家、地理学家及博物学家在他们的著作中对这方面进行了记载和总结。这些零散但十分宝贵的经验,为 18 世纪、19 世纪各有关学科对自然资源进行近代科学研究奠定了一定的基础。

(二)自然资源学的萌芽时期

工业革命开始后,世界人口增长速度加快。同时,人类改造自然的技术水平也有了革命性的进步,并促进了科学的发展,一些涉及自然资源研究的学科(如生物学、地理学、经济学)以及资源利用技术的科学(如农学、森林学、土壤学、矿物学)等分别进行了各种各样的研究,但尚未综合成一门独立的自然资源学。尽管如此,这些学科所积累的科学知识和基础资料,为自然资源学的产生创造了条件,奠定了基础。

19 世纪的学者们已经开始注意到人类利用自然资源对自然界的冲击。美国地理学家马什在《人与自然:人类活动改变了的自然地理》一书中第一个系统地论证了人类对自然环境的影响,表明了人类活动改变地球自然条件的性质及其程度,指出了这种鲁莽行为的危险性和防范一切大规模地干

---

① 蔡运龙.自然资源学原理.北京:科学出版社,2007:2.

扰有机和无机界自然秩序的行为的必要性。为美国这样一个似乎拥有无穷资源的国家在保护自然计划还没有拟定之前敲响了警钟。[①] 恩格斯在《自然辩证法》中指出：我们不要过分陶醉于我们对自然界的胜利。对于每一次这样的胜利，自然界都报复了我们。[②]

生态学的出现和发展为自然资源学的出现提供了重要的概念基础。通过长期的生产实践和科学研究，人们逐渐认识到自然界的任何成分都不是孤立存在的，而是相互联系、相互作用、相互制约而形成具有一定结构和功能的系统。这种思想几乎同时出现于20世纪30年代的生物学、地理学、土壤学、森林学等学科中。在后来形成的生态学中，坦斯利（Tansley，1935）提出的生态系统概念被广为接受，成为系统整体概念的标志，这一概念对现代自然资源学有重要影响。

地理学家们历来重视人——地关系的研究，其中最重要的方面就是人与自然资源的关系研究。巴罗斯在1923年发表的"Geography as Human Ecology"，极力主张地理学应把注意力集中于人类生态（即人与自然环境的关系）的研究上。这个概念对后世研究人类发展与自然资源的关系有重要影响。一些学者认为："自然资源的综合研究是人类生态学的核心。"

虽然20世纪初各学科都已意识到对自然资源作综合研究的必要性，但由于当时人口数量较小、生产力水平较低，因而对自然生态系统的冲击尚未达到危机的地步，自然资源的稀缺及其与人类需求的冲突表现得还不是特别剧烈；同时又由于科学认识和方法手段上的局限，现代概念的自然资源学还处于萌芽阶段。

（三）自然资源学的形成和发展时期

第二次世界大战后，世界人口爆炸性地增长，物质生活水平也不断提高，为满足对自然资源不断增长的需求，人类发展了各种各样的技术，使人类改造自然的能力大大提高。这个时代的人类看起来已不再像是偎依在大地母亲怀抱中的婴儿，而是像自然的主人，它几乎有着无限的建设能力和创造能力，但又有同样的破坏力和毁灭力，人与自然资源的矛盾日益尖锐，在此背景下，人类对自然资源的关注程度也越来越高。

总体上看，第二次世界大战以后，对自然资源关注的角度发生了明显的变化，大致可划分为3个阶段：第一个阶段人类关注的焦点大多集中在自然

---

① 郑昭佩. 地理学思想史. 北京：科学出版社，2008：102.
② 〔德〕恩格斯. 自然辩证法. 北京：人民出版社，1986.

资源的极限和环境质量的退化上，自然资源的基本问题倾向于限定在自然概念内；第二个阶段人类将注意力已从原来的自然资源稀缺和环境变化转向与资源利用有关的更为广泛的社会、经济和政策考察上；第三个阶段主要关注的是自然资源的可持续利用，这个问题的核心仍然是自然环境对人类发展施加的限制，但寻求解决办法的重点已有了显著的变化。要解决自然资源退化问题，同时还必须重视改善人类福利，可持续发展而不是零增长或负增长成了关键性的概念。

近几十年来，许多国家在世界范围内就自然资源的开发利用及保护、管理开展了一系列大型的国际合作，不仅为解决当前自然资源利用中的一些关键问题找到了对策，也促进了各国自然资源的信息、研究方法的交流，制定了一批需要全世界共同遵守的公约和宣言，对自然资源学的发展起了明显的推动作用。

联合国成立不久就组织了一些关于自然环境与自然资源领域的科学计划，1945 年联合国粮农组织（FAO）第一次大会就决定对世界森林资源作全面调查。1949 年联合国经济理事会在美国召开了第二次世界自然资源利用的科学大会，决定开展"干旱区研究"和"湿热地区研究"。1960 年联合国教科文组织（UNESCO）专门成立了自然资源研究与调查处（后改为生态处），负责协调和组织有关自然资源的考察研究工作。此后，一系列与自然资源研究相关的国际组织纷纷成立，影响较大的主要有：国际自然保护联盟（IUCN，1995 年更名为国际自然与自然资源保护联盟），国际发展机构环境委员会（CIDIE），联合国环境协调委员会（ECB），国际环境与发展研究所（IIED，属国际科学协会理事会 ICSU），联合国环境规划署（UNEP），世界资源研究所（WRI），国际山地综合开发中心（ICIMOD），东西方中心（EWC），世界野生生物基金会（WWF）等。此外，一些国际经济、社会组织近年来也把资源管理和环境规划列入其议事日程，如欧盟（EC）、经济合作与发展组织（OECD）、世界银行（WB）、亚洲开发银行（ADB）等。在教育界，一些新型的自然资源院校纷纷成立。据不完全统计，国外以自然资源科学命名或与自然资源研究有关的大学、学院和系科已经多达数百个。

中华人民共和国成立后，为了适应国家建设的需要，开始了大规模的自然资源科学研究与综合考察。除部分矿产资源和不可更新资源是与资源开发同时进行资源勘探和科学研究外，绝大部分可更新资源的研究和考察工作是作为大规模开发利用的前期工作展开的。如根据 1956 年制定的《1956～1967 年科技发展规划》，中国科学院综合考察委员会在 1956～1958 年先后组织了新疆综合考察队、柴达木盆地盐湖调查队、黄河中游水土保持综合考察队、黑龙江流域综合考察队、云南生物资源综合考察队、土壤考察队、红水河考察队（因1958年计划移到十万大山地区，改名为华南热带生物资源考察队）等7个考察队，分别在国内各主要地区进行了自然资源和自然条件的调查研究，取得了一定的成绩。这些调查研究大部分是在中国边远地区（如新疆、内蒙古、西藏、西南、海南等）进行的。同时，针对当时国民经济建设的要求，对若干重要的资源（如橡胶、热带作物、盐矿等）也进行了专题调查研究。

此期进行的自然资源研究主要有3个方面：一是以中国科学院和国家科学技术委员会为主组织的多学科综合考察及自然区划与地理志的研究工作；二是各个有关产业部门及其所属研究机构进行的单项资源（如森林、作物品种、石油、金矿等）的勘探与调查；三是高等院校为配合教学需要而进行的调查研究。这3个方面既有分工又有配合，在自然资源研究方面取得了显著成绩。

这一时期中国自然资源科学研究工作的规模之大、范围之广均是史无前例的。中国科学院综合考察委员会1956～1992年的36年来，共组织了近40个考察队，考察范围几乎遍及全国，通过对考察地区自然条件、自然资源和社会经济条件等的综合研究，对全国自然条件和自然资源的基本状况有了比较系统和全面地了解，初步掌握了它们的数量、质量与分布，全面填补了我国自然资源科学资料上的空白，为国家和地区、有关部门进行资源开发利用、生态环境治理保护与工农业生产布局等重大问题的决策提供了科学的依据。

1978年中国制定了《全国第三次科学技术发展规划》，把农业资源调查与因地制宜合理利用农业资源的农业区划工作列为全国108项重大科技项目的第一项。1979年，全国农业资源调查与区划工作展开，此项工作遍及全国2057个县，同时开展了气候、土壤、土地、草地、森林、水产、农作物与畜禽品种等单项资源调查及系统整理的工作，取得了显著的成果，农业区划资料已成为区域自然资源研究中最重要的基础资料。1983年中国自然资源学会成立，组织开展了一系列有关自然资源的学术活动。1992年，42卷本的《中国自然资源丛书》开始编撰，1995年开始陆续出版。该丛书全面、系统地总结了新中国成立以来自然资源研究的成果。1994年全国人民代表大会环境与资源保护委员会成立，推进了资源、环境保护及其法制建设。而近年来全国各高等院校均建立了"资源环境学院（系）"或"资源环境研究中心"，所有这些均促进了中国自然资源学研究的发展。在自然资源综合研究领域，先后有自然资源研究的理论与方法、自然资源开发利用原理、自然资源学导论、资源科学纲要、资源经济学、资源地理学、资源生态学、资源法学、资源核算论、资源产业论、资源价值论等方面的专著问世，这些专著的出版丰富和发展了中国的自然资源学。

中国科学家在全国各大区域内均开展了关于自然资源的科学研究，主要包括：自然资源调查勘探研究、自然资源形成的生态学机理研究，自然资源保护、抚育、更新与合理利用的对策研究等各个方面。这些科学研究都是与生产建设相结合进行的，在这类研究的背景下，土地、生物、气候、水、矿产和能源等专门的自然资源研究都取得了长足发展。特别是土地资源和能源资源领域，前者的研究从土地类型、土地评价、土地利用、土地承载力到土地经济、土地规划、土地法学与土地管理，已构成了较为完整的学科体系；后者无论是能源地理学、能源经济学，还是石油、煤炭、水力等专门能源研究都已相当深入。此外，海洋资源、药物资源、旅游资源等著述颇丰，冰川、湖泊、湿地、自然保护区等专门研究也已有专论，研究领域日益拓展。随着各单项或专门自然资源研究的日益深入和资源地理学、资源生态学、资源经济学、资源信息学与资源法学研究的日趋成熟，资源科学研究的理论与方法日臻完善，加上资源科学研究的社会价值和科学意义日益扩展，使资源科学研究在20世纪七八十年代逐渐步入现代科学领域。

三、当代自然资源学的研究前沿

当代自然资源学研究的前沿主要体现在一些研究计划和一些代表性的研究机构的研究角度上。

（一）代表性研究计划

自然资源学的当代发展，除了将信息技术、空间技术、系统分析技术、微观分析与实验技术等应用于自然资源调查评价、开发规划、利用管理外，自然资源学的理论和方法体系也更深入和完善。《世界资源·1987》报告指出，现代地球科学还存在两个棘手的问题：一是对地球系统如何运转（特别是生物界与非生物界、人与环境之间的相互作用机制）缺乏充分的了解，二是对人类影响环境变化的自然背景缺乏识别能力（如人类排放 CO_2 及其所造成温室效应的贡献值）。世界各国关注并且有多学科参与的一系列国际合作计划如国际全球变化研究计划（IGBP）、国际全球变化的人类方面计划（IHDP），就试图解决这些难题。

　　IGBP 的目标是描述和了解调节整个地球系统交互作用的物理、化学和生物学过程,地球系统对生命提供的独特环境,这个系统正在发生的变化以及人类活动影响这些变化的方式。其中也包括自然资源系统及其与人类社会的相互作用机制。IGBP 的任务可以概括为两个方面:一是弄清人类生存环境的变化趋势及其机理;二是研究人类社会对环境变化的响应和全球环境问题的解决办法。这两大任务都是极其艰巨的,要完成它们需要全球范围内的多学科协同努力。

　　IHDP 认识到人类活动不仅被全球环境变化的各种过程所影响,而且也是导致和影响这些变化过程的一种重要因素。IHDP 的宗旨是加深对控制人与地球系统相互作用之复杂机制的认识;探索和预测影响全球环境变化的社会变化;制定消除或缓解全球变化的消极影响,或者适应已经不可避免的变化的社会战略。IHDP 最大的核心项目是与 IGBP 联合开展的土地利用与土地覆盖变化(LUCC)研究。

　　自然资源研究已涉及庞大的科学群,现在已在越来越多的领域发现越来越多的相互关联,全球规模的数据正在收集和分析,关键过程的动力学研究正在逐步数量化,这些努力将减少全球变化研究的诸多误差和不确定性。一个重要趋势是实现各学科(尤其是自然科学和社会科学)研究之间的真正综合。但迄今对自然资源的研究基本上仍是由研究同一论题的不同学科分别进行,各学科使用各自传统的语言和概念。科学家们已经认识到这只是"多学科研究",它应该走向"跨学科研究",这意味着要有共同的概念框架或系统框架,来作为整个研究的基础。这是一门全新的科学,一门跨学科、国际性、综合性、系统性的,关注于切实满足人类需要的,需要有创见、能解决问题的科学。

　　IGBP 和 IHDP 计划实施以来,已形成了一个新的综合性自然资源研究的基础。目前该国际合作研究计划已进入第二阶段,其战略更加强调人类——环境系统,采用"陆地人类——环境系统(Terrestrial Human-Environment,T-H-E 系统)"的范式,这意味着要考察生态系统服务功能与人类社会系统动态的紧密联系。为此,未来研究领域包含相互镶嵌在一起的 3个方面:T-H-E 系统自身的动态变化和驱动力,T-H-E 系统变化引起的生态系统服务功能的变化,T-H-E 系统脆弱性的特征和动态。可见,当前自然资源研究前沿不仅包括自然资源变化及其驱动力和效应,而且包括对人类社会的影响及人类社会的响应。

(二)代表性研究机构

当今自然资源研究前沿的代表性机构是世界资源研究所(World Re-sources Institute,WRI)。它创立于 1982 年,是一个由个人、私人基金会、联合国及某些国家的政府部门或组织资助的独立学术和政策研究所。研究所创立的目的是为了帮助各国政府、环境和发展组织、私人企业等处理所面临的资源问题,以保证既满足人类的基本需要和经济社会的健康发展,又不损害自然资源基础和环境的完善。该研究所设在美国华盛顿特区,其研究人员的专业背景包括自然科学、经济学、政策科学等多个领域。研究所致力于提供关于全球自然资源的准确、及时的信息,发展积极的政策观念。

世界资源研究所近年来主要关注 4 个重要领域:森林和生物的变化,能源、污染与气候,资源经济与资源政策,资源环境信息;并为在自然资源管理领域内工作的各种团体提供政策咨询、野外调查设施和技术支持。

世界资源研究所从 1986 年开始,分别同国际环境与发展研究所、联合国环境规划署、联合国开发计划署、世界银行合作,定期(每两年或每年)发表一部《世界资源报告》。每部报告的主题包括两大部分:一是世界资源述评,分别评述世界范围内人口、人类居住、粮食与农业、森林与牧场、野生生物与生境、能源、淡水、海洋与海岸、大气与气候、政策与机构等诸方面的现状与趋势;二是世界资源数据表,分别列出有关当时世界及各国基本经济指标、人口与健康、人类居住、土地利用与植被覆盖、粮食与农业、森林与牧场、野生动物资源、能源与矿产、淡水资源、海洋与海岸资源、大气与气候资源、政策与机构的详细数据。此外,每部报告还会就当时世界关注的一两个重大资源问题作出专门的评述。而考察这些专门评述的资源问题的变化,可以了解国际自然资源研究焦点的转移,追踪国际自然资源研究的前沿。世界资源研究所历年发布的《世界资源报告》专门评述的重大资源问题如下:

1986 年报告(世界资源研究所等,1988)——"多种污染与森林衰退";

1987 年报告(世界资源研究所等,1989)——"管理危险废物"和"非洲撒哈拉以南的可持续发展";

1988～1989 年报告(世界资源研究所等,1990)——"退化土地的更新和恢复";

1990～1991 年报告(世界资源研究所等,1991)——"气候变化"和"拉丁美洲的资源和环境展望";

1992～1993 年报告(世界资源研究所等,1993)——"可持续发展"和"中欧的污染";

1994～1995 年报告(世界资源研究所等,1995)——"人与环境(包括自然资源的消耗、人口与环境、妇女与可持续发展)"和"中国"、"印度";

1996～1997 年报告(世界资源研究所等,1997)——"城市与环境";

1998～1999 年报告(世界资源研究所等,1999)——"环境变化与人类健康";

2000～2001 年报告(世界资源研究所等,2002)——"人与生态系统:正在破碎的生命之网";

2002～2004 年报告(UNDP et al,2003)的主题是"为地球决策:均衡、民意与权力";

2005 年报告(UNDP et al,2005)着重关注"穷人的财富:管好生态系统以战胜贫困"。

第二节 自然资源学的学科体系

学科体系的建立和划分与学科研究对象的关联域有着密切的联系,因此,可以通过考察自然资源问题的关联域,来分析自然资源学的学科体系。

一、自然资源问题的关联域

(一)人口问题

当代自然资源稀缺与冲突问题产生的最直接原因是人口过剩。人口数量与自然资源问题的关系可以用简单的算术公式表述为:某地区的自然资源消费总量等于该地区人均资源消费量与该地区人口数量的乘积;而该地区由于资源利用产生的环境问题等于单位资源利用的环境后果与自然资源总消费量(人均资源消费量和人口数量的乘积)的乘积。

人均资源消费量包括直接消费量和间接消费量;资源利用的环境后果包括资源利用造成的资源存量减少、环境污染、生态退化等,单位资源利用的环境后果主要与资源利用的方式有关。

由此看来,资源问题与人口过剩(overpopulation)有着密切的联系,当一个国家或地区或全世界人们对资源的利用达到致使资源基础退化或损耗,并污染水、空气、土壤,从而损害着人们生存环境(生命支持系统)时,人口过剩问题就产生了。人口数量过多或人均消费过多,都会引起人口过剩问题,学术界分别称之为人口数量过剩(people overpopulation)和人口消费过剩(consumption overpopulation)。当今世界,尤其是中国,已经人口过剩,中国的人口过剩主要是人口数量过剩,当然在富人阶层中也存在人口消费过剩。

人口数量过剩是指一个国家或地区的人口数量超过了当地食物、水和其他重要资源足以支持这些人生存的程度;当人口增长速度超过经济增长速度,或由于财富分配不平等,致使一部分人贫穷到无力生产或购买足够的粮食、燃料等生活必需品时,也被认为是人口数量过剩。在此类人口过剩问题上,资源问题的关键因子是人口规模及其产生的土壤、草原、森林、野生生物等可更新资源的退化。

在发达国家,如美国、英国、德国和日本,也有人认为有人口过剩问题,但是另一种人口过剩,称为人口消费过剩。这是指人口数量虽然不多,但人均资源消费过高以致引起显著的环境污染、生态退化和资源基础耗损。在此类人口过剩问题上,资源问题的关键是人均高消费及其带来的污染问题。从这个角度看,富人比穷人对资源问题应负更多的责任。

人口过剩表现为一定区域内人口的数量过多,因而与人口分布有一定的关系,某些地区人口分布过度集中必然会对资源环境产生较大的压力。例如,当众多的人口聚集于城市中时,通常发生严重的空气污染、水污染、水资源缺乏、生活垃圾堆积等问题。而农村人口虽然比较分散,但他们直接与自然生态系统发生联系,改变自然生态系统的健康状况,所以农村的资源环境问题往往表现为土地退化,森林、草原、旅游资源、水生生态系统破坏。另外,人类的战争也会对资源和环境产生灾难性的影响。

（二）科技进步

马克思曾指出,"生产力中也包括科学",并且说,"固定资本的发展表明,一般社会知识,已经在多么大的程度上变成了直接的生产力"。马克思还深刻地指出,"社会劳动生产力,首先是科学的力量";"大工业把巨大的自然力和自然科学并入生产过程,必然大大提高劳动生产率"。因此,可以说"科学技术是生产力"是马克思主义的基本原理。[①] 科学技术的发展能够有助于更加有效地开发利用自然资源,提高人类的福利。但是在人类历史上,科学技术是一把双刃剑,在促进社会发展和提高人类福利的同时,也造成了一系列的资源环境问题。

科学技术的某些发展会导致新的资源、环境问题,或加剧和扩大已有的

---

① http://baike.baidu.com/view/67120.htm.百度百科—科学技术是第一生产力.

问题。例如,煤、石油、天然气的利用都是科学技术发展到一定阶段才出现的,它们为人类的生产、生活提供能量,但也带来空气污染问题。其他形式的污染如塑料、农药、化肥、氟利昂、放射性废物等,也是科学技术发展使这些物质能够生产、使用后才产生的。

科学技术也有助于解决资源和环境问题,科技进步是提高人类资源环境承载力最大的社会文化影响因素。人类的科技进步主要是通过提高生物生产能力、提高资源开发利用效率、拓展新型替代能源等途径提高人类的生产承载力的。正是从农业技术的发明开始,人类承载力与生物承载力产生了明显的区别,人类历史上每一次重大的技术革命都会极大地提高自然资源承载力。

农业科技进步能够明显地提高耕地单位面积产量,而随着耕地单位面积产量的增加,地球能养活的人口数量也增加。在原始社会,人类的食物主要来源于狩猎,因此世界人口的数量在相当长的时期内基本维持在很低的稳定数量上,但随着人类科技的进步,特别是铁制农具的使用和耕作技术的提高、化肥农药的发明和使用,基因技术的出现等极大地提高了全球粮食的产量。在马尔萨斯时代,养活一个人需要接近 20000 m^2 的土地,而现代农业科技水平下养活一个人仅需要不到 2000 m^2 的土地,从大气中固定制造氨水的 Harbo-Bosch 化肥技术使世界人口在 19 世纪末翻了一番。20 世纪 50 年代开始的"绿色革命"使世界谷物产量在过去的半个多世纪里已经增长了 3 倍,使世界人口数量在 21 世纪初就超过了 60 亿。[①]

很多稀缺资源都由于科技发展而找到了替代品。例如,煤炭、石油、天然气等化石燃料代替了薪柴,减少了森林的砍伐。科学技术水平的发展使资源利用率得到提高,从而减少了资源浪费,例如发展节水灌溉技术,降低了单位面积的灌水定额,减少了水的无效损失,使灌溉水的利用率大大提高。科学技术也为控制污染作出了巨大贡献,例如脱硫除尘技术的发展,使单位质量的化石燃料燃烧排放到空气中的 SO_2 和烟尘的数量大大降低。因此,问题和挑战在于尽量减少科技发展对环境资源的负效应,增强其正效应。

但科技进步在提高自然资源承载力的同时,也会削弱自然环境的支撑能力。虽然科技进步能够提高资源利用效率,降低单位经济生产或单位人口的资源、能源消耗量,但是由于资源环境的外部不经济性,自然资源和生

---

① 谢高地.自然资源总论.北京:高等教育出版社,2009:84.

态资本的价值都没有列入人类经济社会核算体系之中,因此科技进步所带来的资源利用效率提高、生物产品产量增加、替代产品的生产等会导致人类表面经济收益增长、个人收入增加和消费物品价格下降,会刺激单位人类对资源、能源的消费需求,与此同时,科技进步又会使人口数量剧烈增长,在科技进步提高了人类对资源、能源的开发利用能力的情况下,人类对物质、精神生活的无限追求必然会促使人类加大对资源、能源的开发利用强度和总量,以及资源、能源消耗所排放的污染物质总量,从而损害并削弱人类的生态承载力。

(三)经济发展

自然资源与经济发展关系密切,自然资源的开发利用对一个国家或地区的经济发展起着重要的促进作用。但是经济增长又能显著地改变自然资源在经济社会发展中的地位,因为随着经济发展水平的提高,某些生产活动中所使用的自然资源可以在某种程度上由资本和劳动替代。例如在工业生产领域,可以用资本和劳动替代自然资源产品。

(四)政治制度

人类的制度和管理措施通过影响科技进步、贸易流通、生产模式和生活方式等其他社会文化因素对自然资源产生影响。制度和管理具有两面性,环境资源友好的制度和管理措施可以促使人类提高生产能力,积极采用先进的科学技术,选择并采用环境资源友好的生产模式和生活方式,避免由于贸易造成的污染转移,从而减轻对资源环境的压力,提高人类的生态承载力。而落后的制度和管理措施则会起到相反的作用,从而降低人类承载力。

科技水平、贸易流通、生产方式、制度管理等人类文化因素随着时间的推移都表现出加速的趋势,同时对人类经济社会的影响也越来越大。因此随着文化因素的加速发展,人类生态承载力跃进也表现出加快、加大的趋势。随着时间的推移,人类生态承载力每一次跃升,都会比上一次跃进的高度更高、跃进的时间更短、跃进的强度更大。

(五)伦理与观念

人类的伦理与观念在对自然资源利用、管理方面会产生重大的影响。这是因为在自然资源开发利用中,人类常常按照头脑中关于世界的认识来行动,一定时代的思想意识对自然资源的利用和管理起着重要的作用。

关于人与自然的关系(即人地关系)经历了天命论、地理环境决定论、或然论、征服自然论、人地和谐论等发展阶段。当今世界人对自然的态度基本上可归为两类：人类中心主义和非人类中心主义。人类中心主义认为人是宇宙的中心，一切从人的利益出发、按人的价值观念来判断。历史证明，人类中心主义的思想及其实践对于人类社会的发展起了伟大的促进作用，而科学技术本身无论在过去、现在还是将来都是协调人与自然关系的重要手段。但若把人类中心主义发展到极致，而不用适当的观念形态来指导科学技术的指向和应用，则会导致滥用自然资源，并最终受到大自然的报复。

现代环境伦理观强调自然的价值与权利，为了保障资源安全、军等配置和高效利用，实现人与自然的和谐发展，必须采用一系列伦理规范来约束人类的资源开发、利用和保护行为，比如适度开发、节约利用、维护世界和平、尊重自然等。

二、自然资源学的学科结构与时空尺度

(一)自然资源学的研究对象

自然资源学的研究对象当然是自然资源，研究内容包括自然资源的形成、分布、存在的问题、开发利用及其对人类社会的影响（包括有利影响和不利影响）等。既然自然资源问题涉及众多的复杂因素，作为针对这些问题应运而生的自然资源学，当然需要研究所有这些因素。《中国资源科学百科全书》指出："资源科学是研究资源的形成、演化、质量特征与时空分布及其与人类社会发展之间相互关系的科学。其目的是为了更好地开发、利用、保护和管理自然资源，协调自然资源与人口、经济、环境之关系，促使其向有利于人类生存与发展的方向演进。""它是在已基本形成体系的生物学、地学、经济学及其他应用科学的基础上继承与发展起来的，是自然科学、社会科学与工程技术科学相互结合、相互渗透、交叉发展的产物，是一门综合性很强的科学。"

资源除了包括自然资源外，还包括社会资源（人力资源、资本资源、教育资源、科技资源、人脉资源等），尽管社会资源（特别是人力资源、资本资源、人脉资源）等与各类自然资源的开发活动密切相关，且日益受到重视，但目前还没有形成从社会科学中脱离出来专门研究社会资源的独立学科。而自然资源，因其稀缺和由稀缺引发的冲突随着人类社会的发展日益严重、且其开发利用造成的后果对人类社会可持续发展形成的巨大障碍，使自然资源研究成为了社会紧迫需要，在此背景下，形成了独立完整的自然资源科学体系。

自然资源学是研究自然资源的特征、性质及其与人类社会的关系，它以

单项和整体的自然资源为对象,研究其数量、质量、时空变化、空间组合形式、开发利用及其后果、自然资源的保护和管理等。

单项自然资源研究各自从有关学科派生出来,已发展成较为成熟的科学体系,如水资源学、矿产资源学、土地资源学、森林资源学等。整体(或综合)的自然资源研究则因其发展历史较短,理论和科学体系上还未完全定型,其研究方法也在发展和完善之中。

依据上述观点,讨论自然资源学的分科时,可将自然资源学分为两个组织水平:综合研究自然资源的形成、分布、利用等的一般原理和特征的,称为综合自然资源学,它包括自然资源生态学、自然资源地理学、自然资源经济学等分支;分别研究不同类型自然资源的形成、分布、开发利用的原理与特征的,称为部门自然资源学,包括土地资源学、水资源学、生物资源学等分支。

(二)自然资源学与相关学科的关系

自然资源学研究对象是自然资源,自然资源存在于自然环境当中,通过自然生态过程产生,且其开发利用对生态系统和人类社会均产生明显的影响,因而自然资源学研究的内容必然被其他一些学科所关注;另外,由于自然物是否被看做自然资源常常取决于人的信仰、宗教、风俗习惯等文化因素,再加上自然资源能否被开发利用是由人类的技术水平决定的,所以自然资源学又常常受到其他学科的发展制约。因此,自然资源学与许多自然科学、社会科学、工程技术科学有着密切的相互联系和交叉。

1. 自然资源学与环境科学的关系

一般认为环境科学研究环境的负效应方面。陈静生指出,环境科学虽然以"人类——环境系统"为研究对象,但它"并不研究人——地系统的全面性质,而注重研究环境危害人类,以及由于人类作用于环境引起环境对人类反作用而危害人们生产和生活的那部分内容"。

环境科学在发展过程中不断扩大其领域,于是又有了广义的环境科学。《中国大百科全书·环境科学》(中国大百科全书环境科学编辑委员会,1983)指出,环境科学"在宏观上研究人类同环境之间的相互作用、相互促进、相互制约的对立统一关系,揭示社会经济发展和环境保护协调发展的基本规律;在微观上研究环境中的物质,尤其是人类活动排放的污染物的分子、原子等微小粒子在有机体内迁移、转化和蓄积的过程及其运动规律,探索它们对生命的影响及其作用机理等"。环境科学的主要任务是:

第一,探索全球范围内环境演化的规律。目前的地球环境适合人类生存是因为人类与环境长期适应的结果,但是,地球环境是不断变化的,对全球范围内环境演变的方向和变化速率及其变化程度进行全面深入研究,寻找环境演化的规律以便对未来环境状况进行预测,并做好应对环境变化的相应措施。

第二,揭示人类活动同自然生态之间的关系,使人类与自然平衡,这一平衡包括:①排入环境的废弃物不能超过环境的自净能力,以免造成环境污染,损害环境质量;②从环境中获取的可更新资源数量不能超过其自然再生能力,以保障永续利用;③从环境中获取的可更新资源要做到充分利用、合理利用,以减少污染排放和减少从环境中获取自然资源的数量。

第三,探索环境变化对人类生存的影响。环境中各种物质的浓度对人类影响机理十分复杂,例如,大气中悬浮颗粒物能够改变太阳辐射强度、作为水汽凝结核形成降水,但其浓度过高则会降低能见度、对人类健康产生不利影响等。因此环境变化对人类的影响机理也十分复杂。

第四,研究区域环境污染综合防治的技术措施和管理措施。对与人类生存和发展直接相关的区域环境污染进行研究,寻找有效的环境污染防治技术措施以及环境管理措施,以控制污染和改善生态系统健康状况,促进人类健康和社会可持续发展。

综上所述,广义理解的环境科学就与自然资源学、生态学、地理学等有了广泛的交叉。

2. 自然资源学与国土经济学的关系

《中国大百科全书·经济学》指出:"国土经济学是根据人与自然相互关系的客观规律,探求合理利用国土资源的政策与措施的理论与方法的一门应用经济学科。"中国学者还提出了另外几种国土经济学的定义,例如"研究人类生存条件的经济科学"、"研究国民经济发展与国土开发整治之间关系的科学"、"从资源利用的角度研究再生产理论的经济科学"等(中国大百科全书经济学编辑委员会,1988)。

国土经济学的研究对象是以国土为客体的人类活动与自然条件之间相互影响的经济规律,运用这些规律制定合理开发、利用、改造、保护国土资源的政策与措施,以及有关问题的理论与方法。

国土经济学的研究内容包括:①国土状况调查、描述和分析;②从经济学角度正确对待本国国土资源的原则和这些原则的科学基础;③制定开发、利用、改造、保护国土的措施和法规;④从经济学角度研究国家管理国土资源的职责、政策、法律和相应的管理机构。

　　因此,国土经济学与资源经济学也有联系,这个联系的结合点在"国土资源",国土资源的主要组成部分是自然资源,但也包括依附于国土的基础设施(道路、水利、港口、机场等)和名胜古迹等,有人还认为包括国土范围内的生产能力和人力资源。国土经济学与资源经济学也有区别,除了前者比后者范围更广外,前者似乎属于宏观(总量)经济学范畴,后者按阿兰·兰德尔的定义属于微观(个量)经济学范畴(兰德尔,1989)。

　　以上介绍的几门学科实质都是研究人类社会经济发展与自然环境的关系,因而又与研究人类与环境关系的人类生态学有联系。

　　3. 自然资源学与人类生态学的关系

　　《简明大不列颠百科全书》给人类生态学所下的定义为:研究人类集体与其环境的相互作用的学科(简明大不列颠百科全书中美联合编审委员会,1986)。人类生态学研究社会结构如何适应于自然资源的性质和其他人类集体的存在,又称"社区"研究——"社"是指人群,人类集体社会;"区"即地区、空间、环境。人类生态学把人们生活的生物学的、环境学的、人口学的和技术的条件,看做决定人类文化和社会系统的形式与功能的一系列相互关联的因素。人类生态学认识到,集体行为取决于资源及其有关的技术,并决定于一系列富有感情色彩的信仰,这些因素合在一起产生社会结构系统。

　　人类生态学中仅研究文化特征的发展与环境相互作用的那部分又称文化生态学。也有学者认为人类生态学研究无文化时期原始人群与自然环境的关系,而研究有文化人群与自然环境关系的学科称为文化生态学。

　　以上是社会学和人类学受生态学影响而发展出来的人类生态学。同时,自古有人地关系研究传统的地理学也提出了人类生态学的概念。美国加利福尼亚大学地理学家巴罗斯指出,"地理学就是人类生态学",其论文"Geography as Human Ecology"成为地理学史上的经典。如果说地理学和社会学的人类生态学都是研究人——地关系的话,可以看出,地理学的侧重点在于"地",即重点研究地理环境;而人类生态学研究的重点则在"人",即人类社会和人类文化。

　　王发曾指出,人类生态学应该成为一门以生态学原理为基础,与多种社会科学和自然科学相汇合,以人类——环境生态系统为对象,以优化人类行为决策为中枢,以协调人口、社会、经济、资源、环境相互关系为目标的现代科学。人类生态学的根本任务是:考察人类的生存方式和环境对人类生存的作用;研究人类群体之间、人类活动与环境之间的相互作用、相互依赖和相互制约的机理;解决和预防严重威胁人类生存与环境质量的生态问题,以推动人类——环境系统协同而健康地发展。而当前研究的重点应该包括：人类生态学的理论和方法、人类发展与环境、生态农业、城市生态系统、人口生态问题、经济生态问题、资源生态问题、环境生态问题和人类生态决策等。

（三）自然资源学研究的时空尺度

自然资源研究采用不同的空间尺度，其侧重的内容不同。在具体研究中，若无空间尺度的界定，就会不着边际、不得要领，只有抓住了一定空间尺度上的关键问题，才能使研究深入下去。现在学术界普遍认同资源、环境研究在空间上应该区分全球、区域、地方、地点等尺度。尺度的界定是由研究的论题决定的，换言之，研究不同的论题，要采用不同的空间尺度。

自然资源研究的宏观方面（如国家资源可持续利用战略）和微观方面（如自然资源利用技术）当然是十分重要的，但中观尺度（区域自然资源问题）可能更重要。自然资源区域分布是极不平衡的，如果不针对不同区域的具体问题制定自然资源可持续利用对策，宏观政策将会或被误用，或落不到实处，微观技术也难以取得综合效益。地理学研究中观尺度的资源、环境问题，并具有区域性和综合性的优势，可以在自然资源研究中发挥重要的作用。国际上正在关注地方 21 世纪议程的实施，全球资源、环境问题研究的重心也正向区域响应和区域对策转移，中国也应当把区域自然资源的可持续利用作为研究重点。

在时间尺度上，要区分未来近、中、远期的不同任务。当代资源、环境问题的出现和可持续发展的提出，是工业革命以来人类活动对自然生态系统干扰强度显著加大的结果，所以资源和环境退化的深层次原因和解决资源环境问题的方法均应从近百年来的变化过程中寻找。对未来的发展计划，必须分近、中、远期加以规划。近期规划目标主要是充分合理地开发利用当地的自然资源，打破资源、环境退化与发展受阻恶性循环的关键环节，实施可行的开发项目；中期规划则是从发展的可靠性着手，使当地资源、环境、经济和社会发展步入良性循环；远期规划着眼于前瞻性预测，走向自然资源的可持续利用和社会经济的可持续发展。

第一章　自然资源概述

自然资源学作为一门学科,主要是探究关于自然资源的一系列重大科学问题和实践问题。例如,什么是自然资源? 自然资源的稀缺和冲突是如何产生的? 对人类生存和社会经济发展到底会产生什么影响? 未来趋势怎样? 如何实现自然资源的可持续利用? 研究自然资源,首先要界定什么是自然资源以及自然资源的基本性质。

第一节　自然资源及其分类

一、自然资源的概念

"资源"是指一国或一定地区内拥有的物力、财力、人力等各种物质要素的总称,分为自然资源和社会资源两大类。前者如阳光、空气、水、土地、森林、草原、动物、矿藏等;后者包括人力资源、信息资源以及经过劳动创造的各种物质财富。

现代经济学认为资源有 3 大类:自然资源、资本资源、人力资源,或者说土地、资本、劳动,也称为基本生产要素。其中资本包括资金、厂房、机器设备、基础设施等,它们在现代经济中是很重要的因素。但究其来源,还是土地和劳动,正如马克思引用威廉·配第的话所说,"劳动是财富之父,土地是财富之母",这里的土地即是指代的自然资源。

(一)自然资源的不同定义

古今中外关于自然资源的定义有很多,具有代表性的主要有以下几种:

地理学家金梅曼(Zimmermann,1933)较早给自然资源下了较完备的定义,他在《世界资源与产业》一书中指出:环境或其某些部分,只有它们能(或被认为能)满足人类的需要时,才是自然资源。自然禀赋或称环境禀赋,在能够被人类感知到其存在、认识到能用来满足人类的某些需求、并发展出利用方法之前,它们仅仅是"中性材料"。他解释说,譬如煤,如果人们不需要它或者没有能力利用它,那么它就不是自然资源。按照金梅曼的这种观点,自然资源这一概念是主观的、相对的与功能性的,也就是人类中心主义的。反对人类中心主义的学者却认为,自然禀赋仅仅因其客观存在就应该被看做是资源,即使对人类没有效用也有价值。

中国《辞海》中给出的自然资源定义是,"一般指天然存在的自然物(不包括人类加工制造的原材料),如土地资源、矿产资源、水利资源、生物资源、海洋资源等,是生产的原料来源和布局场所。随着社会生产力的提高和科学技术的发展,人类开发利用自然资源的广度和深度也在不断增加"(辞海编辑委员会,1980)。这个定义强调了自然资源的天然性,也指出了空间(场所)是自然资源。

联合国有关机构1970年指出:"人在自然环境中发现的各种成分,只要它能以任何方式为人类提供福利,都属于自然资源。从广义来说,自然资源包括全球范围内的一切要素。"联合国环境规划署1972年强调:"所谓自然资源,是指在一定的时间条件下,能够产生经济价值以提高人类当前和未来福利的自然环境因素的总称。"可见,联合国定义的自然资源也是从人类利用的角度出发的。

《大英百科全书》中为自然资源所下的定义是"人类可以利用的自然生成物,以及作为这些成分之源泉的环境功能。前者如土地、水、大气、岩石、矿物、生物及其群集的森林、草场、矿藏、陆地、海洋等;后者如太阳能、环境的地球物理机能(气象、海洋现象、水文地理现象),环境的生态学机能(植物的光合作用、生物的食物链、微生物的腐蚀分解作用等),地球化学循环机能(地热现象、化石燃料、非金属矿物的生成作用等)",这个定义明确指出环境功能也是自然资源。

上述各种自然资源的定义都把自然资源看做天然生成物,但实际上现在整个地球都已或多或少地带有人类活动的印记了,现在的自然资源中已经融进了不同程度的人类劳动结果。因此,中国现代自然资源学者蔡运龙等人认为:"自然资源是人类能够从自然界获取以满足其需要的任何天然生成物及作用于其上的人类活动结果,自然资源是人类社会取自自然界的初始投入。"

综合以上定义,可以对自然资源下一个更全面的定义:自然资源是能够为人类开发利用,满足其当前或未来需要的自然界中的空间、空间内天然存在的各种物质、物质存在形式及运动形式所含的能量以及物质运动变化所提供的各种服务功能。

（二）自然资源概念的含义

从上述自然资源的定义可以看出，自然资源的概念包含以下几方面的含义：

（1）自然资源属于天然生成物。地球的陆地表面、具有自然肥力土壤、地壳中的矿物、可供人类利用的液态水、作为人类食物的野生动植物等，都是自然过程产生的天然生成物。自然资源与资本资源、人力资源的本质区别在于其天然性。但现代的自然资源中也已或多或少地包含了人类世世代代劳动的结晶。

（2）自然资源是由人来界定的。自然界中的环境要素（空间、物质、能量、生态系统服务功能等）之所以被称为自然资源，是因为它具备以下两个条件：一是人类对它本身或者它能产生的物质或服务有某种需求；二是人类必需已经具有了获得和利用它的知识、技能。缺少任何一个条件，这种环境要素都不属于自然资源，而只能属于"中性材料"。

（3）自然资源的范围是不断扩大的。人类的需要不断增加，人类对自然界的认识不断加深，人类开发利用自然资源的能力不断发展，导致自然资源开发利用的范围、规模、种类和数量都在不断扩大。由于人类对自然界中某种物质的需求量增大，使某种物质因稀缺而成为资源。例如：清洁的淡水、清新的空气等。

陈光标卖空气

2012-09-17,北京晨报

"新鲜空气也能卖?"很多人听了觉得不可思议，甚至难以置信。2012年9月16日，中国首善陈光标在香格里拉饭店宣布将于9月17日正式开售新鲜空气。在新闻发布会现场，新鲜空气被装在一些普通大小的易拉罐中，分为黄、绿两种颜色，罐身正面印有陈光标头像，罐身上还印着"节约粮食、低碳生活、人人有责"、"早睡一小时、节约一度电"等环保标语。陈光标还亲自示范了新鲜空气的使用方法："只要打开易拉罐，将鼻子贴住瓶口，用力呼吸就可以了。"同时陈光标坦言，自己销售新鲜空气不为赚钱，只希望唤醒更多的人珍惜环境，减少污染，低碳生活。

新鲜空气的原产地分别来自井冈山、延安等10个红色革命地区，玉树、香格里拉等10个少数民族地区，甚至还有来自宝岛台湾的。而这种罐装新鲜空气售价为4至5元。"由当地百姓在空中采集，采集后拿到生产线,经过挤压、封闭、装配,然后出售。一瓶可以使用一个月,打开后空气也不会自己跑出来。第一批生产了 10 万罐,通过流动贩卖车出售。里面含有负氧离子,我自己试用过,吸完后头脑清醒、心情舒畅。"陈光标表示。

陈光标坦言,自己卖新鲜空气不为赚钱,只为倡导大家保护环境。"如果我们再不开始爱护环境,再过二三十年,我们儿孙后代恐怕都要戴着防毒面具、背着氧气袋,走几步吸一口氧。说心里话,我并不希望新鲜空气畅销,只希望两种人购买,一种是支持环保的人,而另一种就是破坏环境的人。"

(4)自然资源与文化背景有关。从文化背景看,自然物是否被看做自然资源,常常取决于信仰、宗教、风俗习惯等文化因素。例如伊斯兰教徒不食用猪肉,印度教徒不食用牛肉,某些佛教徒只吃植物性食物(素食)。这些食物禁忌使他们的"食物资源"范围不同。又如,非洲一些地区的人把烤蚱蜢看做美味佳肴,而且是他们蛋白质的主要来源之一,这在其他文化背景的人看来是不可接受的。另外,关于资源与环境的伦理也在人类对自然资源的认识中起着重要作用。

越南人爱吃田鼠肉
2011-11-07,杭州日报

田鼠是农民最大的敌人,每年吃掉大量的稻谷。但在越南,田鼠肉是农民最主要的蛋白质来源。据越南《青年周日》杂志文章称,在越南的南部省份薄寮省,每天上市的田鼠肉至少有 3 吨。

在越南,田鼠肉被称为"神秘的肉"。说来奇怪,田鼠给农民造成了很大的损失,可是大部分的越南人都喜欢田鼠,这大概是因为除了田鼠肉外,越南乡下人没有更多的蛋白质来源。越南人吃田鼠肉很讲究,有鼠肉酸辣汤、炸鼠肉、咖喱鼠肉以及烤鼠肉等,都是越南人青睐的美味。

在人们的印象中,老鼠是很脏的一种动物,尤其是鼠疫更是让人胆战心惊,可许多越南人说,越南的田鼠相对而言很干净,它们只吃稻谷,不带病毒。更让人觉得神奇的是,不少越南人相信田鼠肉还有药用价值,用田鼠肉与蔬菜和草药一起熬汤喝可治疗背疼。

越南农民抓田鼠的方法多种多样,用狗和猫以及用夹子和陷阱等手段,不过最普遍的方法是用电捕鼠。这种方法比其他方法都要有效得多,先把电线围在稻田四周,等晚上田鼠活动时通上电,就可以睡觉了,第二天天一亮,到田里捡死鼠,有时在一块稻田里就能收获 30 公斤的田鼠。(据《环球时报》消息)。

人们的需要和经济地位也决定他们对自然资源的看法,例如,对于湿地,生态学家和鸟类保护者主张应该作为候鸟栖息地而予以保护,但急需粮食的农民则希望把湿地予以排水开垦用于发展农业生产,而对于失业的城市居民来说湿地的开发或保护则与他们无关。

(5)自然资源是自然环境的一个方面。自然资源与自然环境是两个不尽相同的概念,但具体对象和范围又是同一客体。自然环境是指人类周围所有客观存在的自然要素,自然资源则是从人类能够利用以满足需要的角度来认识和理解这些要素存在的价值。因此有人把自然资源和自然环境比喻为一个硬币的两面,或者说自然资源是自然环境透过人类社会这个棱镜的反映。

(6)自然资源是文化的函数。如果说生态学使我们了解自然资源系统之动态和结构所决定的极限,那么我们还必须认识到,在其限度内的一切适应和调整都必须通过文化的中介进行。因此,自然资源不仅是一个自然科学概念,也是一个人文科学的概念。文化景观论开山大师卡尔·苏尔说,"资源是文化的函数"(Sauer,1963),苏尔在这里所说的"文化"是一个广义的概念,相当于"人类文明"。这就使对自然资源的认识涉及地理学、生态学、经济学、文化人类学、伦理学等学科的诸多原理。

二、自然资源的分类

自然资源的分类可以从不同角度进行,目前世界上尚未有统一的自然资源分类系统,根据不同的研究目的和研究角度,可以形成不同的自然资源分类方法。例如,根据在地球圈层中的分布,将自然资源分为矿产资源(地壳)、气候资源(大气圈)、水利资源(水圈)、土地资源(地表)、生物资源(生物圈)五大类,各类还可再进一步细分,如生物资源可分为动物资源、植物资源等,但这种划分方法的实用性较差。

根据用途,将自然资源分为工业资源、农业资源、服务业(交通、医疗、旅游、科技等)资源。但采用这种分类时,同一种物质同时用于工业、农业和服务业时,这种物质作为自然资源就不容易归类了。例如水资源和土地资源都可以用于工业、农业、服务业,它是工业资源还是农业资源就说不清了。

目前比较普遍认同的自然资源分类是按照自然资源的可再生情况,将其分为可更新资源(renewable resources)和不可更新资源(non-renewable resources)两大类。可更新资源是在正常情况下可通过自然过程再生的资源,例如,生物、土壤、地表水等都属于可更新资源。可更新资源又分为恒定性资源(immutable or perpetual resources)和临界性资源(critical resources)。恒定性资源是按照人类的时间尺度衡量无穷无尽、也不会因人类利用而耗竭的资源,例如气温、降水、潮汐、风、波浪、地热、太阳能等;临界性资源是可能被掠夺到耗竭程度的可更新资源,如果对此类资源的使用速率超过自然更新速率,那么它就会像矿产资源一样实际上是在"被开采"。例如,地下水(尤其是深层地下水)在很大程度上属于不可更新资源。不可更新资源是地壳中储量固定的资源,即矿产资源。由于它们在人类历史尺度上不能由自然过程再生(如铁矿),或者由于它们自然再生的速度远比被开采利用的速度慢(如煤炭、石油),因而它们是可能耗竭的。有些学者主张用"流动性(flow)"或"收入性"(income)来代替"可更新性",用"储藏性"(stock)或"资本性"(capital)来代替"不可更新性"。

实际上,自然资源的"可更新"与"不可更新"是相对而言的。既然所有的自然资源都是自然循环的产物,那么严格说来所有的资源都是可更新的,但是各种自然资源更新的速率却大不一样。土壤可年复一年地耕种,从这个意义上说是可更新资源;但若利用不当,引起水土流失并最终导致表土层完全丧失而成为荒漠,就很难更新了。而这种不可更新又是从人类历史尺度上来看的;若从地质历史尺度看,水土流失后的地表也可以再经成土过程恢复成具有一定肥力的土壤,从这个意义上看又是可以更新的。矿产资源在人类历史尺度内是不可更新的,但在地质历史尺度内却是可更新的。生物资源本身是可以更新的,但若过度利用或滥用到物种灭绝,也就谈不上可更新了。所以,对大多数流动性资源来说,天然可再生性取决于人类的利用水平或强度,这是一个相对而不是绝对的概念。虽然太阳能、潮汐能和风能等恒定性资源不受利用水平的影响,但也会被污染和温室气体积聚之类的人类活动所改变。

可更新资源被认为是在人类历史尺度上可天然再生的有用"产品",这是其核心特征,把它们与化石燃料及元素矿物区分开来,化石燃料被利用后就转换成各种不能提供有用能量的物质形式,而矿物在得到再利用之前必须由人类重新加工。

例如，土地实际上是一种固定的储存性资源，尽管它有可更新能力来支持各种形式的生命。在土地利用并不强烈时，土壤的肥力可自然更新，但在现代各种农业形式下，对它必须进行人工管理并由人加以更新。此外土地的有效供给会因城市化、工业化的占用以及水土流失、荒漠化的毁损而减少。因此，在现实中可利用土地的数量就像金属矿产一样，只有在地质历史尺度上才是可天然形成或再循环的。当然，新土地的形成（如围海造田）也依赖于人类的决策和投资。

再以水资源为例，即使在湿润地区，水资源的开发、存储、输送、再循环也需要投入大量的人力物力，以增加水资源的可得性。在这种情况下，水资源的可得性是投资额的函数，自然更新的概念在这里倒显得次要了。水资源的稀缺并不是因为自然流的任何绝对限制，而是因为缺乏投资。增加流动性资源的需要和有关的投资将不可避免地有空间差异，这部分是降水量、蒸发量和径流量自然分异的结果，但在很大程度上也反映了不同的社会经济环境、公众政策目标和社会体制安排。尤其是临界性资源，若其利用强度不超过自然更新能力，则能保持自然再生；如果加以管理，人为地增加流量，还能维持较大的利用水平。

所以，与其说存储性资源和可更新资源是两类不同的资源，倒不如说它们是一个连续统一体，其一端是化石燃料，目前的利用速度大大超过了再生能力；另一端是水和空气资源，无论从总存储量还是从环境再生能力来说，至少在全球尺度上的需求仍相对很小。

某些"可更新"资源在一定时间周期和空间单元上可能被看做"不可更新"资源。例如，硬木材只在人类时间尺度上缓慢再生，在木材需求量不大、森林没有被伐木者干扰或未受农业开发影响的地区，它们能保持自然更新。然而，就目前世界范围而言，硬木已变成一种正在耗尽的采掘性资源了，要防止储存量的进一步减少只能通过制止砍伐或重新种植。当木材需由人工种植来获得时，它就不再是一种严格意义上的自然资源，而是一种作物了。

第二节　自然资源的基本属性和本质特征

一、自然资源的基本属性

自然资源具有稀缺性、整体性、地域性、多用性、动态性等基本属性，这

些基本属性对于认识人类社会与自然资源的关系具有重要意义。对自然资源的这些基本属性,具体分析如下:

稀缺性:即自然资源相对于人类的需要在数量上的不足。任何"资源"都是相对于"需要"而言的,人的需要是无限的,而自然资源的数量却是有限的,这就产生了"稀缺"。稀缺是自然资源的固有特性,是人类社会与自然资源关系的核心问题。

自然资源稀缺有以下几方面的原因:一是全球范围内人口数量是在不断增长的。储藏性自然资源(如矿产资源、地球陆地面积等)因其数量不会增加,所以人均资源量减少;流动性自然资源(如生态系统提供的生物性产品)因其增加的速度赶不上人口增加的速度,也造成人均资源量的减少。二是人均自然资源需求量是不断增加的。随着社会的发展,人类的生活水平不断提高,人均消耗的自然资源量也不可避免地增加。纵向上看,现代社会人均消耗的资源是古代人均消耗资源量的若干倍;横向上看,生活水平较高的发达国家人均消耗的自然资源量也是生活水较低的欠发达国家人均消耗量的数倍。欠发达国家也有提高本国人民生活水平,以达到或超过发达国家生活水平的需求,随着欠发达国家工业化进程,未来全球人均自然资源消费量将会进一步提高。三是人类的世代延续是无限的。而很多自然资源是使用后就不能再生了,这也造成了某些自然资源的稀缺。四是自然资源空间分布是不均衡的。这就造成不同地区的资源总量和人均自然资源量存在差异,某些自然资源在一个地区可能是充裕的,而在另一个地区是稀缺的。

自然资源的稀缺有两种情况:一种是绝对稀缺,即当自然资源的总需求超过总供给时所造成的稀缺,绝对稀缺是从全球范围考虑的;二是相对稀缺,即当自然资源的总供给尚能满足总需求,但由于分布不均而造成的局部稀缺,相对稀缺是从局部地区考虑的。无论是绝对稀缺还是相对稀缺,都会造成自然资源价格的上涨和供应的不足,产生所谓的资源危机。

整体性:从利用的角度看,人们通常是针对某种单项资源,甚至单项资源的某一部分。但实际上各种自然资源是相互联系、相互制约而构成一个整体的。人类不可能在改变一种自然资源或生态系统中某种成分的同时,又能保持其周围的环境不被改变。

各种自然资源要素的相互影响,在可更新资源方面特别明显。例如砍伐森林获取木材这种资源,不仅直接改变了森林的结构,造成区域森林面积的减少和植被覆盖率的降低,而且会间接地引起水土流失的加强和径流形成过程的变化、影响小气候并导致野生生物生境的破坏等。而全球森林面积的减少(特别是热带雨林的消失),被认为是整个全球环境变化的一个重要原因。

各地区之间自然资源的相互影响也是非常普遍的,例如,黄土高原土地资源过度开垦的结果,不仅使当地农业生产长期处于低产落后、恶性循环的状况,也是造成黄河下游洪涝、风沙、盐碱等灾害的重要原因。

各种自然资源之间的相互影响,在不可更新资源方面也表现明显。例如,一种矿产资源的存在总是和周围的环境条件有关,而当它被开发利用时,必然会受周围环境条件的影响,并影响周围环境。例如,开采铜矿,即使是富矿的铜矿石含铜量一般也不超过 0.7%。这样,每炼出 1 t 铜,需要的消耗铜矿石量约为 143 t,根据物料平衡,其余的 142 t 物质将变成废渣和废气排放到环境中去。另外,铜冶炼过程还要消耗大量能源,据统计,每生产 1 t 铜约需消耗相当于 35 t 煤的能量,如果炼铜使用的能源是通过燃烧煤炭提供的,则又会产生大量的煤灰渣,排放 CO_2、SO_2、烟尘等空气污染物造成环境污染。而开采铜矿石的过程当中会造成植被破坏、土地压占等生态影响。

自然资源的整体性主要是通过人与自然资源的相互关联表现出来的,自然资源一旦成为人类的利用对象,人就成为"人类——资源系统"的组成部分,人类采用一定的技术手段开发利用自然资源,同时对环境产生一定的影响,人与自然资源之间构成相互关联的一个大系统。

地域性:自然资源的形成服从一定的地域分异规律,其空间分布是不均衡的。某一种自然资源总是相对集中地分布于某些区域中,在这些区域内,自然资源的密度大、数量多、质量好、易开发,而在其他区域这种自然资源就表现为密度小、数量少、质量差等特点。另外,由于社会经济发展的不均衡性,在不同地区开发利用自然资源的社会经济条件和技术工艺条件也不一样。自然资源的地域性就是所有这些条件综合作用的结果。

自然资源的地域性产生了自然资源的相对稀缺,并由此导致竞争性的特征。由于自然资源的地域性,各种自然资源开发的方式、种类也就有了差异,从而使自然资源打上地域性的烙印。因此,自然资源研究除了针对一些普遍性的问题以外,还要对付各地特有的现象和规律。

多用性:大部分的自然资源都具有多种功能和用途。例如水资源可以用于农业灌溉,也可以用于工业生产,还可以用于居民日常生活。煤炭资源既可以用作燃料,也可以用作化工原料。森林资源既可以提供木材,又可以作为旅游资源,还可以调节气候等等。自然资源的这种多用性在经济学看来就是互补性和替代性。

然而,并不是自然资源的所有潜在用途都具有同等重要的地位,而且都是能充分表现出来的。因此,人类在开发利用自然资源时,需要全面权衡,特别是当我们所研究的是综合的自然资源系统,而人类对资源的要求又是多种多样的时候,这个问题就更加复杂。人类必须遵循自然规律,努力按照生态效益、经济效益和社会效益统一的原则,借助于系统分析的手段,充分发挥自然资源的多用性,达到自然资源的充分合理利用。

在处理自然资源多用性方面,人类面临着机会成本的问题,一种自然资源用于某种用途时,就丧失了用于另一种用途所能得到的效益,例如土地资源用作工业用地就丧失了作为耕地所能取得的效益。而耕地是生产粮食的,为了保证粮食安全,我们国家实行了基本农田保护政策,但是有些进行土地利用规划编修的学者按照政府的意愿将交通便利并且土壤肥沃的土地划为工业用地,把交通不便、土层浅薄不适合耕种的土地划为基本农田的做法将会造成耕地资源总体质量的下降,危及子孙后代的生存与发展。

动态性:资源概念、资源利用的广度和深度都是在人类历史进程中不断演变的。从较小的时间尺度上看,不可更新资源不断被消耗,同时又随地质勘探的进展不断被发现;可更新资源有日变化、季节变化、年际变化。长期自然演化的系统在各种成分之间能维持相对稳定的动态平衡(如达到演替顶极的群落)。相对稳定的生态系统内,能量流动和物质循环能在较长时期内保持动态平衡状态,并对内部和外部的干扰产生负反馈机制,使得扰动不致破坏系统的稳定性。一般说来生态系统的稳定性与物种的多样性和食物网的结构有关,物种越丰富,系统的结构越复杂,其对外界干扰的抵抗能力也就越大。反之,物种组成和系统结构比较简单的生态系统对外界干扰的抵抗能力较小。如经过长期群落演替达到顶极状态的自然生态系统的物种多样性比农田、人工林、草坪等生态系统高,同时结构也复杂,因而对外界干扰的抵抗能力更大,具有较高的稳定性。

自然资源加上人类社会构成"人类——资源生态系统",这一系统总是处于不断的运动、变化中。其中人类是促使该系统运动、变化的主要动因,随着人类社会的发展,人类的影响和改造自然的能力不断提高,因此该系统的变动性也就更加明显。这种变动性可表现为正负两个方面,正的方面如资源的改良增殖,人与资源关系的良性循环;负的方面如资源退化耗竭。而有些变动是一时难以判断正负的,有些人类活动造成的变动可能带来近期效益,却导致远期灾难性的后果。因此,人类应当努力了解各种资源生态系统的变动性和抵抗外界干扰的能力,预测人类——资源生态系统的变化,使之朝着有利于人类的方向发展。

与自然资源变动性有关的两个经济学概念是增值性和报酬递减性。自然资源如果利用得当,可以不断增值,例如将荒地开垦成农田,将农用地变为城市用地,都将大大增加其价值。报酬递减性是指,对一定量的自然资源不断追加劳动和资本投入,这个过程会达到一个点,在这点以后每一单位的追加投入所带来的产出将减少并最终成为负数。报酬递减是人类利用自然资源(特别是土地资源)的一个基本规律,若无此规律,人类就可以通过在单位面积的耕地上加大施肥、灌溉、劳动的投入,获得人类想要实现的产量(人有多大胆、地有多高产),这样就无需控制耕地转化为其他用地了。

社会性:资源是文化的函数,文化在相当程度上决定着对自然资源的需求和开发能力,这说明自然资源具有社会性。当代地球上的自然资源或多或少都有了人类劳动的印记,人类不仅变更了植物和动物的生长地域,而且也改变了动植物分布区的地貌、气候等环境条件,人类甚至改变了植物和动物本身的特性。人类活动的结果已经渗透进自然资源中,成为自然资源自身的某些属性。今天,在一块土地上耕耘或建筑,已很难区分土地中哪些特性是史前遗留下来的,哪些是人类附加劳动的产物。但有一点是可以肯定的,史前的土地绝不是现在这个样子。深埋在地下的矿物资源、边远地区的原始森林,表面上似乎没有人类的附加劳动,然而,人类为了发现这些矿藏、保护这些森林,也付出了大量的劳动。按照马克思的说法,人类对自然资源的附加劳动是“合并到土地中”了,合并到自然资源中了,与自然资源浑然一体了。自然资源上附加的人类劳动是人类世世代代利用自然、改造自然的结晶,是自然资源中的社会因素。

自然资源稀缺约束社会经济的发展,自然资源开发产生的生态影响作用于人类的生存和发展,自然资源的冲突和争夺冲击着社会,诸如此类的问题使自然资源的社会性有了更加深刻的内涵。

二、自然资源的本质特征

(一)不可更新资源的本质特征

不可更新资源最终可利用的数量必然存在某种极限,虽然我们既不知道这个极限在何处,也不知道如果达到这个极限时所余物质是否仍可看做资源。不可更新资源有两种:一种是使用后就消耗掉了的,另一种是可循环使用的。这两种不可更新资源的本质特征有所不同。

使用后就消耗掉的不可更新资源包括全部化石燃料,其当前的消费速度必然影响未来的可得性。因此一个关键的管理问题是:时间上最佳的利用速率是什么? 这个问题并没有公认的简单答案。

可循环使用的不可更新资源主要是金属矿产资源,大多数金属能重复使用很多次而只有少量损失,例如回收废弃的铁制工具,熔炼后再做成铁制工具。当然,生物资源有时也可以循环利用,但利用价值很可能会降低,例如回收的废纸经过处理做成纸浆生成再生纸,回收的旧棉絮处理后可以生产低等棉制品等。

(二)可更新资源的本质特征

可更新资源可分为两种:一种是似乎独立于人类活动的可更新资源,即恒定性资源;一种是当使用不超过其繁殖或再生能力时可无限更新的可更新资源,即临界性资源。

相当一部分可更新资源属于临界性资源,都可能被掠夺到耗竭的地步,甚至即使全部掠夺活动已经停止,供给流也不可能再自然恢复。依赖生物繁衍的大多数可更新性资源都属此类。当植物、动物和鸟类群落变得稀少而分散时,它们就不仅不能繁衍,而且会使捕食者更加脆弱。众所周知,过度捕捞、狩猎以及污染、破坏生境,已经严重地降低了很多物种的更新能力,甚至导致一些物种灭绝。

土壤和蓄水层也属于临界性资源。土地一旦被过度使用和误用到由于土壤侵蚀、盐碱化和沙漠化而退化,就决不能保证在与人类活动相应的时间尺度内发生恢复过程,无论自然的恢复还是人工恢复。联合国最近承认,其防治荒漠化计划已经不能控制退化过程,不能恢复重要地区受损害的土地,这清楚地表明,土壤实际上可因人类利用而从可更新资源转变为不可更新资源。同样,蓄水层具有残留物特征,是过去气候状况的产物,它们也可能被开发到耗竭的程度,绝无希望在几百年内恢复。

非临界性的可更新资源尽管有人类活动干预也仍然可更新,但是其中某些会由于过度利用而暂时耗竭。河中的水流会由于过度提取而减少,水体降解废物的能力会由于太多的营养物和污水注入而丧失,地方大气资源的质量会由于污染物的排放而降低。在所有这些情况中,流量和质量水平都是自然形成的,而且一旦使用速率控制在再生或同化能力之内就可迅速恢复。当然,某些污染物的生物降解非常缓慢,环境的同化能力只是在很长的时间里才是可更新的。

可更新资源耗损和退化的许多问题之所以恶化,是因为它们常常被视为公共财产或公共场所。这就是说,它们不能为任何个人或私营企业专有。传统上一直把它们看做不会耗竭的、所有人都可免费获取的资源。人们对资源保护和减少污染没有积极性,所发生的技术变化一直假设它们可继续免费获取。诸如鱼、飞鸟、水和空气这样的资源都是在极大范围内不可分割的;没有哪一个用户能支配其供给、控制其他用户的数目或他们获取的数量。因此,短期内生产过度或利用过度的事情就常常发生,形成长期耗竭的危险。当然,除此而外,可更新资源压力后面的原因是复杂的,需要认识自然系统、社会经济关系、政治权力、制度障碍等方面的问题,不可能找到简单的解释和简单的解决办法。

对许多可更新资源来说,自然更新并非指在有关全球自然系统内理论上总的可得性和可更新性,而是指在一定地域单元内利用速率和供给间的平衡。这些地域单元一般不是由自然划分的,而是由行政和政治决策决定的。例如,从全球尺度上看,水资源的再循环和供应并没有自然限制,水资源的供给和时空上的不平衡可通过储存和调运来解决,水的净化可通过人为干预得以加速,海水的可得性更是潜力无穷。当然,水的转移和储存对其他流动性资源(如动物、植物)的可得性与质量会有影响,从而在某种程度上限制供给的人为增加;海水脱盐与污水处理都高度耗能,则会进一步限制扩大供给的可能性。然而更为常见的情况是,供给极限是由投资不足而不是任何自然限制造成的。所以水资源稀缺是一种地区性的特殊问题,在各地的情况大不一样,反映不同的政治、制度、经济、环境和可得能源对增加流量和再利用的限制。

可更新资源的可得性其实更取决于人类的管理和利用,虽然自然资源再生过程也在起作用。对于临界性资源,为维持再生过程需要人为增加流量或进行需求管理;而对非临界性的资源(水、太阳能、风能)来说,则需要投资以便将潜在的流动性资源转换成实际的供应源。换句话说,可更新资源的可得性依赖于调控供需的政治、制度和社会经济系统,而且这个系统决定可得流动性资源在时间和空间上的分配。

第二章 自然资源的形成及其作用

自然资源是在自然环境演化过程中形成的,其形成过程是自然界各种物质循环的结果。

第一节 自然资源的形成过程

自然资源是能够满足人类需要的空间、物质、能量及各种生态服务功能。空间主要是指人类生存和布置生产所需的陆地表面、海洋表面,是地球诞生之后又经过长期构造运动形成的。人类必须生存于一定的空间中,因此,作为人类生存空间的陆地和海洋是先于人类形成的,并且都是地壳运动的结果。一个国家或地区所拥有的自然资源都是在其所管辖的陆地和海洋范围内,这种空间所有权的获得是历史发展的结果。习惯上所谓一个国家或地区的空间就是指其拥有主权的领土和领海,一个国家所有可以作为自然资源的物质和能量都是存在于其拥有主权的空间之内的。

对人类来说,作为自然资源的最主要的物质包括水、土壤、生物、矿物等。考察这些物质的形成过程,可以发现它们都是在自然循环过程中产生的。

一、水资源的形成

狭义的水资源是指人类可以直接利用的淡水。地球上的水主要存在于海洋中,但海洋中的水盐度高,是不能直接用于居民生活和农业灌溉等方面的,因此不属于狭义的水资源。

淡水资源是在水循环过程中形成的存在于河流、湖泊、地下浅层岩石空隙中的液态水。地球上的水在太阳辐射、重力等外力作用下,通过水循环不停地进行着相态转化和位置的改变。水循环包含蒸散、水汽输送、降水、径流四个环节。蒸散是指海洋、河流、湖泊以及土壤、生物体中的水不断蒸发、蒸腾进入大气中;水汽输送是指大气中的水汽随着大气环流输送到不同地域;降水是指大气中的水汽冷却形成空中的云,再以雨、雪等降水形式回到海洋或陆地表面;径流包括地表径流和地下径流,地表径流是指降到地面的水除了一部分渗入地下成为土壤水、地下水外,一部分沿地表汇入江、河,并流回海洋,地下径流是指地下水在地下岩层空隙中流动,直接或通过补给地表径流而流回海洋。降到地面的液态和固态水总有一部分会变为气态而蒸发进入大气中,土壤中的水也通过蒸发或被植物吸收后通过蒸腾而变为气态水蒸腾进入大气中。

　　人类利用的淡水资源主要是在河流、湖泊中流动的地表径流和在地下浅层岩石空隙中的液态水,它是全球水循环中水存在于陆地表面上和陆地表面以下一定深度范围内的液态存在形式。从水循环的角度看,人类对水资源的利用不过是水循环经过人类社会系统的一个支路(见图 2-1),水资源被人类利用后仍然在全球水循环中。

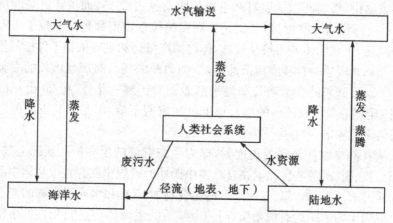

图 2-1　地球水循环与水资源利用

二、生物资源的形成

　　生物资源主要是生物产品,包括植物、动物、菌类产品,这些物质都是生态系统产品。人类对生物资源的要求包括生物产品的充裕性、多样性和高质量等方面,所谓充裕性,是指生物产品能充分供应,满足人类需要。生物资源中最重要的是作为人类食物的粮食、蔬菜和鱼类、贝类等产品,这是人类生存的物质基础。一旦食物缺乏,就会由对食物的争夺而引起社会混乱。

　　生物资源的形成是通过植物的光合作用形成有机物质,不管是陆地生态系统还是水生生态系统,直接合成有机物质的生产者都主要是绿色植物。

从物质循环的角度看,碳水化合物等生物产品实际上是碳循环、氮循环等过程中形成的有机化合物的暂时存在形式。

生物资源的形成是最重要的生态系统服务功能之一,是生态系统的供给功能。生态系统供给主要包括食物、纤维、生物化学物质、天然药品与药剂等。其中,食物分为作物、牲畜、捕捞渔业、水产养殖以及野生动植物食物资源共 5 个服务项;纤维分为木材、薪柴以及棉花、大麻和丝绸共 3 个服务项;生物化学物质、天然药品与药剂等没有进一步细分服务项。关于供给服务的变化趋势,"上升"是指通过扩大提供服务的土地面积(如农业扩展),或者是提高单位面积的服务产量,从而导致服务的总产量得到提高;"下降"是指人类对服务的利用程度超出了可持续利用的水平。

例如,1961~2003 年,世界谷类作物的产量增长了近 2.5 倍。其中,单产的提高是谷类作物产量增长的主要来源。1961~1999 年,就所有的发展中国家来讲,作物面积扩展对产量增长的贡献占 29%,而单产提高的贡献占 71%。但是,有些地区,特别是非洲撒哈拉沙漠南部地区和拉丁美洲的部分地区,土地的生产力持续较低,作物的产量仍然主要依赖于种植面积的扩展。如非洲撒哈拉沙漠南部地区,作物单产的提高对产量增长的贡献仅占 34%,而 66% 的产量增长却是来自面积的扩展。此外,在 20 世纪的后 10 年,全球谷类作物产量的增长速度已经有所下降,但是对其下降的原因目前尚未能确定。[①]

从自然界生物循环的角度看,作为生物资源的生物产品实际上是碳、氢、氧、氮、硫、磷等各种元素在自然界中循环的过程中储存在生物体中的一种存在形式。碳、氢、氧、氮等元素的化合物如 CO_2 和水通过植物的光合作用合成为生物组织的有机物质,而一个鲜活的生命体(生物)死亡后很快就会被分解为 CO_2、水和无机盐,这就是生物循环。在生物循环中,能被人类利用的、以生物组织形式存在的有机物质就是生物资源,但是,生物资源很多都会在被人类利用之前就被自然消耗掉了(被自然分解为无机物)。生物资源的形成及其损耗见图 2-2。

从图 2-2 可以看出,自然界中的生物资源不断地产生和损耗,即使没有人类利用,自然过程产生的生物资源也会不断地损耗。理论上讲,人类利用与自然损耗的总和应该是与生物资源的产生量相等,这意味着人类利用的越多,自然损耗的量越少,而如果人类不利用,生物资源也不会储存在那里。

① 张永民,赵士洞. 全球生态系统服务的状况与趋势. 地球科学进展,2007,22(5):515-520.

因此,对于生物资源的利用应该采取的策略是"花开堪折直须折,莫待花落空折枝"。

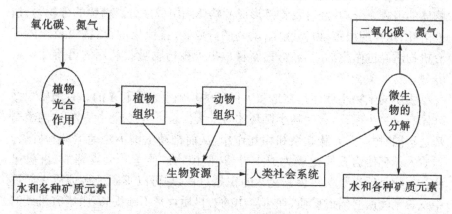

图 2-2 生物资源的形成及其损耗

三、土壤资源的形成

土壤是陆地表面具有一定肥力、能够生长植物的疏松表层,是固、液、气三相物质的混合物。土壤的固态成分包括来自于岩石圈的矿物成分、来自于生物圈的土壤有机质(活的土壤动物、土壤微生物,死的植物枯枝落叶、死亡的根系、死亡的土壤微生物,土壤腐殖质);土壤的气态成分是从大气圈进入土壤空隙中的空气,以及土壤物质分解释放出来的气体成分、土壤生物呼吸排出的气体成分。土壤液体成分是降水或灌溉水进入土壤空隙中的,在土壤空隙中运动过程中溶解了多种土壤成分的水溶液。

影响土壤形成的因素主要有母质、气候、地形、生物、时间五大类,在它们的共同作用下形成各种类型的土壤。

自然土壤形成的基本规律是物质的地质大循环与生物小循环过程矛盾的统一。

地质大循环包括地壳元素的循环、矿物的转化、岩石的转化等不同的层次。地壳中的各种元素可以在岩石圈、大气圈、水圈、生物圈中循环,改变其存在的状态,组成地壳中的各种矿物,并通过元素的循化形成矿物转化;岩石的转化是指组成地壳的三大类岩石均可在外力作用下发生风化变成碎屑物质,经过搬运、沉积、成岩作用形成沉积岩;三大类岩石通过变质作用形成变质岩。所谓的土壤矿物质均是在岩石转化过程中的岩石风化产物(各种矿物)在形成沉积岩之前的存在状态,它形成土壤的"骨骼"。

生物小循环是指植物吸收利用大循环释放出的可溶性矿物养分合成植物体的组成成分,并经过食物链形成动物体的组成成分。植物的分泌物、枯枝落叶、死亡的根系、植物残体、动物的分泌物、排泄物、脱落物以及尸体等有机物质经过微生物的分解,重新释放出可被植物吸收利用的可溶性矿物养分。

物质的生物小循环是在地质大循环的基础上发展起来的。有地质大循环才有生物小循环,有生物小循环才有土壤。在土壤形成过程中,这两个循环过程同时并存,互相联系和相互作用,从而推动土壤不停地运动和发展。地质大循环使岩石风化成为成土母质,使植物矿质营养元素释放、淋失过程。生物小循环是植物营养元素的积累过程,它可以不断地从地质大循环中积累生物所必需的矿质,使土壤中的有机质含量不断提高,由于有机质的累积、分解和腐殖质的形成,发生发展了土壤肥力,使岩石风化产物脱离母质阶段形成了土壤。

四、矿产资源的形成

矿产资源包括各种有用矿物,矿物是单个元素或若干元素在一定地质条件下形成的具有特定物理化学性质的单质或化合物,是构成岩石的基本单元。自然界中单质矿物很少,化合物构成的矿物占绝大多数。大部分矿物为晶质固体,也有少数呈液态或气态(如汞呈液态、天然气呈气态)。晶质矿物因化学成分不同,结晶构造及几何形态也不相同;而且在不同环境中相同成分可以形成不同结晶构造与外形的矿物,如金刚石和石墨。

按照人们对矿产资源的利用方式,可将矿产资源可分为:化石能源矿产(煤、石油、天然气、可燃冰、油页岩等)、金属矿产(金、银、铜、铁等)和非金属矿产(金刚石、云母、石灰石等)三类。其中,化石能源是自然界碳循环的一个库,自然界中的碳以有机物的形式储存在动植物体内,动植物的遗体埋藏在地下经过一系列的地质作用,形成化石能源。金属矿产和非金属矿产是地壳中的各种元素在地质作用下在一定地段富集形成的,而地壳中的各种元素都是参与元素地质循环的。因此,从物质循环的角度看,所有矿产资源都是地质循环过程中不同物质的存在状态。

可燃冰

百度百科

可燃冰即天然气水合物（natural gas hydrate，简称 gas hydrate），因其外观像冰一样而且遇火即可燃烧，所以又被称作"可燃冰"。它是在一定条件（合适的温度、压力、气体饱和度、水的盐度、pH 值等）下由水和天然气在中高压和低温条件下混合时组成的类冰的、非化学计量的、笼形结晶化合物（碳的电负性较大，在高压下能吸引与之相近的氢原子形成氢键，构成笼状结构）。

天然气水合物在世界范围内广泛存在，这一点已得到广大研究者的公认。在地球上大约有 27% 的陆地是可以形成天然气水合物的潜在地区，而在世界大洋水域中约有 90% 的面积也属这样的潜在区域。已发现的天然气水合物主要存在于北极地区的永久冻土区和世界范围内的海底、陆坡、陆基及海沟中。

油页岩

百度百科

油页岩（又称油母页岩）是一种高灰分的含可燃有机质的沉积岩，主要是由藻类等低等浮游生物经腐化作用和煤化作用而生成。它和煤的主要区别是灰分超过 40%，与碳质页岩的主要区别是含油率大于 3.5%。油页岩经低温干馏可以得到页岩油，页岩油类似原油，可以制成汽油、柴油或作为燃料油。除单独成藏外，油页岩还经常与煤形成伴生矿藏，一起被开采出来。

世界上已发现的非常规油气资源大多位于地缘政治相对稳定的西半球，即美国、加拿大和拉丁美洲，按探明资源量排位，中国继美国、巴西、前苏联之后位居世界第四。中国油页岩探明资源量 3.15×10^{10} t，预测资源量 4.52×10^{11} t，约 85% 以上分布在吉林、辽宁和广东省，其中吉林省已探明可采储量为 1.745×10^{10} t，约占全国油页岩探明总量的 55.3%；广东已探明可采储量超过 5.515×10^9 t，居全国第 2 位；辽宁省截至 2004 年累计探明储量为 4.13×10^9 t。

在水资源、生物资源、土壤资源、矿产资源形成的物质循环中,水资源和生物资源的形成所需的时间较短,而土壤资源和矿产资源的形成所需的时间较长。在各种物质循环过程中,伴随着能量的流动,某些物质含有较多的有效能,因而又称为能源。至于生态系统服务功能,其实质是生态系统中物质循环和能量流动的过程中满足人类需要的一些方式。

第二节 自然资源在社会经济发展中的作用

人类社会的发展经历了狩猎——采集文明时代、农业文明时代、工业文明时代,各时代具有不同的主导发展要素,在农业文明时代,土地(自然资源)取代劳动力成为主导发展要素。在工业文明初期,资本以其稀缺特性和经济效益成为主导发展要素;在工业文明的中期,技术对经济的增长起到了关键作用,成为主导发展要素;到了工业文明后期,信息的作用凸现出来。

当代人与自然的矛盾日渐突出,迫使人们注意经济增长与资源、环境协调的必要性。这一观念变革使人类社会可能进入一个新的生态文明时代,"生态化"将在未来的经济发展中居于主导发展要素的地位。

虽然主导发展要素不断更替,但先前的主导发展要素仍会发挥作用,且其作用形式也随着经济的发展不断变化。例如,狩猎——采集文明时代的主导发展要素是劳动者的体力;工业文明时代劳动力的作用依然重要,但不仅是体力劳动者,更重要的是脑力劳动者;农业文明时代的主导发展要素(土地)主要作为劳动对象,在工业文明时代土地依然作为经济活动必不可少的载体和作为经济资源的重要工具而推动经济的发展。因此,经济社会的发展必须同时兼顾劳动力、资本、技术、信息、生态等多个主导要素的作用及其更替。

就自然资源而言,显然是经济社会发展的必要条件,但不是充分条件。因为在自然资源与经济社会的相互关系中,自然资源永远是处于被动地位的。自然资源只是提供了人类活动的条件和可能性,它只有与人类劳动结合,才能产生经济效益。

一般情况下,一个国家的经济发展规模在很大程度上取决于该国的自然资源总量和类型,世界上很多经济大国都是自然资源大国,自然资源总量大、类型多的国家综合国力一般也较强。但是也有自然资源禀赋相似的国家或地区在经济和社会发展水平上会非常悬殊,而有些自然资源和自然条件较差的国家和地区经济发展水平却较高。

一、自然资源是社会发展的必要条件

(一)自然资源在维持人体健康中的作用

自然资源是人类生存的基础,且不说人类的生存离不开空气、水、食物等自然资源,仅就自然资源的质量对人体健康的影响来看,就能清楚地看出自然资源对人体健康的重要作用。例如,大气中含铅灰尘经消化系统摄入体内,会导致人体血铅浓度超标。血铅超标是指血液中铅元素的含量,超过了血液铅含量的正常值,如果过高,就提示发生了铅中毒。它会引起机体神经系统、血液系统、消化系统的一系列异常表现,影响人体的正常机能。

上海康桥儿童血铅超标事件

百度百科

2011年9月初,上海市康桥地区儿童在入园、入学前的例行体检中,陆续发现部分儿童血液含铅量超过正常指标。此后有关部门对当地1306名儿童进行血铅检测,发现49名儿童血铅超标,其中以1到3岁儿童为主。

后来的调查表明,康桥地区主要涉铅企业有3家,分别是上海江森自控国际蓄电池有限公司、上海新明源汽车配件有限公司、上海康硕废旧物资利用有限公司。调查发现江森自控公司未经批准扩大了生产规模,存在废气铅超标排放现象;新明源公司擅自调整生产工艺,新增铅合金平衡块生产;康硕公司主要从事废旧物资回收,厂区内东北角区域土壤中铅、锌浓度超过规定标准。

调查认定,血铅超标儿童地理分布特征与土壤、大气铅含量分布特征基本吻合,儿童血铅超标与环境中的铅污染相关;血铅超标主要是因儿童接触环境中含铅灰尘经消化系统摄入体内所致,这与儿童尤其是1～3儿童的生理特点和生活习惯有关。康桥地区环境中铅含量升高主要是由于江森自控公司、新明源公司等企业所排放的铅污染物在环境中长期积累所致,其中江森自控公司是该地区主要的铅污染物排放源。根据血铅超标儿童分布、大气铅排放状况和土壤铅积累趋势,康桥地区儿童血铅超标与江森自控公司铅排放有较明显的关联,与新明源公司铅排放有一定关联。此外,康硕公司等其他铅污染源对环境也有影响。

水资源的水质也对人体健康产生着明显的影响,近年来我国多地出现的悬赏请官员下河游泳的事件就是明证。

浙江一企业家悬赏20万请环保局局长下河游泳

2013-02-17,中国新闻网

16日,浙江省杭州毛源昌眼镜有限公司董事长金增敏在微博上表示,浙江省温州市瑞安仙降街道橡胶鞋厂基地的工业污染非常严重,污水直接排入河流,该河的位置在瑞安仙降街道的金光村和横街村交界处。河边金光村居民癌症患者人数高得离谱,拥有1000人口左右的小村庄,而去年单单因癌症去世的人就有17个。如果环保局局长敢在这河里游泳20分钟就拿出20万。

金增敏回忆说,他是在河边长大的,小时候经常在河里与伙伴游泳,那时候村民还在河里洗衣洗菜。现在只要一进到仙降街道就能闻到一股强烈的臭味,河面上有大量的工业塑料垃圾,对村上的居民的生活造成了很大影响。

悬赏请官员下河游泳说明河水水质已经不适合游泳,或者说下河游泳会对身体产生危害,如果河流都被污染到这种程度,我们的后代还有享受在大自然中跳入河中游泳的权利吗?

(二)自然资源在物质文明中的作用

经济发展需要有充足的、稳定的、长期的自然资源保障,自然资源是社会生产的基础,离开了自然资源就谈不上社会生产,也就谈不上经济发展。因此,自然资源是经济发展的必要条件,所谓必要条件就是说是"无此必不然"的条件,即没有这个条件,就绝不可能出现某种生产活动。例如,没有油田、气田,采不出原油和天然气;没有足够的积温、营养、水分,作物无法正常生长成熟;夏季最热月气温11℃等温线成为春小麦分布的北界。橡胶在冬温降到2℃时会受到严重的冻害。人类劳动和自然资源共同构成生产力,共同构成社会财富的源泉。在干旱地区布置工业时,充裕的水资源往往是决定性的条件。"以水定厂"、"以水定城",讲的就是这个道理。在崎岖的山地布置生产时,平坦的土地往往是决定性的条件。

发展中国家和地区的经济发展更多地要建立在自然资源可能性的基础上,否则,不但达不到预期目的,还会给国民经济带来不应有的损失。例如,过去我国曾在天然气不足的地方建设大型天然气田,修建大口径输气管线。

投入了大量资金,引进设备,修桥铺路,沿管线兴建消费天然气的企业,最终却因为资源不足而不得不下马,造成惊人的浪费。"文化大革命"期间,江西省在不适宜种甘蔗的红壤丘陵区砍伐了 2667 hm² 的马尾松以开拓蔗园,企图建设"东亚第一糖厂"。结果,甘蔗长不好,引起严重水土流失,群众失去薪炭林,工厂发不出工资。不具备自然资源就盲目上马发展项目,是中国计划经济时期,某些项目经济效益较差的原因之一。

但是,必要条件并不是充分条件,也就是说有了必要的自然条件,并不必然出现某种生产活动和经济发展,即"有此未必然"。经济发展的充分条件是由自然资源、资本资源和人力资源共同构成的。一些自然资源禀赋良好的国家或地区经济发展落后,就说明了这个问题。

(三)自然资源在精神文明中的作用

精神生产,也离不开自然资源,这是因为精神生产必须依赖于物质生产者所进行的劳动及其所提供的剩余产品(超过直接生产者本身实际需要的各种物质产品)。也就是说,必须先有农民、牧民、渔夫、伐木者、矿工、猎人、手工业者提供的剩余食物、布匹、住所以及其他生活必需品,才能有精神生产。这些剩余产品的存在是人类精神生产的必要条件(剩余产品供养精神生产的"闲人")。而物质生产者生产剩余产品离不开自然资源,自然界资源提供劳动的素材,劳动把自然资源素材变成财富。换句话说,直接从事物质生产的劳动者必须提供出剩余物,工匠、设计师、工程师、科学家、哲学家、作家、艺术家和其他文化的生产者才能够存在并发挥作用。另外,精神产品只有在一个相对稳定的社会环境中才有较高的价值,因而才会增加其产品的品质和数量。整日忙于直接生产自己所需的食物、布匹等生活资料的人们很难创造出高度发展的科学文化和艺术来。

物质文明的自然资源基础丧失后,造成的物质文明衰落,通常会引起精神文明衰落。众所周知,肥沃的表土是农业文明的自然资源基础,表土的损失必然造成农业生产的衰退,进而造成农业文明的衰落。例如美索不达米亚平原在中东两河流域,又名两河平原,是一片位于底格里斯河与幼发拉底河之间的冲积平原,相当于今天的伊拉克一带。这里是古代四大文明的发源地之一古巴比伦所在,其高度发达的文明发展的资源基础则主要是底格里斯河和幼发拉底河的河水及其流域内富饶肥沃的土壤,主要是由它们构成的自然财富使得美索不达米亚成为人类文明的摇篮,而这块土地能长期成为文明人的家园,是因为这些自然资源的相对稳定性。

两河流域有着肥沃的土地,然而,比肥力更重要的因素是几乎水平的地形与恰到好处的雨量。表土不会像山坡上的土壤那样被洪水冲走,而矿物质养分也不会像雨水丰富的地区那样被淋溶渗滤到底土深处。因此,使用相当简单的土壤管理办法,就能持久地保持土壤的肥力。这里最关键的问题是怎样为干裂的土地提供灌溉,以便作物能利用沃土的肥力。如果没有底格里斯河与幼发拉底河提供河水进行灌溉,这里的降雨量是从来不够维持哪怕是一般水平的农业生产。现代人不知道美索不达米亚的灌溉设施出现在历史首次记载之前多久,但到公元前 3000 年,苏美尔人已经在幼发拉底河流域修建了大量的灌溉渠工程。底格里斯河和幼发拉底河发源于亚美尼亚山区,从西北向东南分别流入波斯湾,亚美尼亚山区的森林和草地很早就遭受过度砍伐和过量放牧,引起了严重的水土流失,使这两条河流的水中都携带了大量的泥沙,因而引用河水进行灌溉的灌溉渠中经常淤积大量的淤泥。保持水渠畅通是生活在美索不达米亚洪灌平原上的人们发展农业文明面临的主要任务,在长达至少 20 个世纪的漫长历史中,苏美尔人和阿卡德人全力以赴地清理着灌渠中的淤泥,并且显然取得了成功。只要灌渠保持畅通,美索不达米亚的文明就能继续繁荣,因为土地仍然肥沃,富有生产力。但是到了公元前 300 年前后,从巴比伦周围灌渠中挖出的淤泥沿着河岸堆成了山,于是不得不重挖新的灌渠,尔后又无可奈何地依次将它们放弃。因为有许许多多废弃不用的灌渠及其两岸淤泥堆成的山丘,所以越来越难以把作物活命的水引到田里。于是,这个世界上一度最光辉的古老都城历经 2000 多年的兴衰演变后,最终湮灭消失,荡然无存了,流沙很快就覆盖了人们建造的一切痕迹。巴比伦被遗忘了将近 2000 年,直到近代考古学家开始挖掘出它的遗址,才将它重新展现在人们面前。[①]

二、自然资源禀赋能深刻影响经济社会发展

自然资源对经济发展会有显著的影响,具体分析主要包括以下几方面:

(一)影响生产力布局

自然资源的分布状况是影响生产力布局的重要因素之一。特别是第一产业的开发布局,一般都是与自然资源的地理分布相一致的。多种自然资源的地域组合状况也可影响生产力布局,例如,土地的开发离不开水资源;有色金属的冶炼需要有充足的能源。自然资源与消费地的距离常常是资源

---

① 〔美〕弗·卡特,汤姆·戴尔. 表土与人类文明. 庄峻,鱼姗玲译. 北京:中国环境科学出版社,1987:30-35.

开发布局的决定因素,特别是用量大,运输难的资源。

(二)影响经济结构

经济结构具有广泛的含义,一般是指国民经济各部门、各地区、各种经济成分和组织、社会再生产个方面的构成及其相互关系。一个国家或地区的经济结构是多种因素综合影响的结果,特别是社会制度、国民素质、自然条件、经济基础、历史背景等。诸种因素中很重要而且不易改变的是自然条件,自然条件的主要方面则是自然资源。

目前世界各国受自然资源自给情况影响形成的经济结构大体可分为如下 3 类:①以加工工业为主导产业的经济结构。这类经济结构的国家一般都是本国资源已不能满足生产需要或资源比较贫乏,主要靠进口资源来发展经济。西欧、日本和美国多数此类,以矿产资源为例,它们的产量不足世界的 1/4,而消费量却占世界 2/3 以上。日本几乎是完全利用国外资源的国家,它以资源加工为主导产业的经济结构,是由先进的技术、足够的资金特别是利用海岛多港湾的优势,建立了庞大的海上交通运输体系,并以此获得廉价的资源而得到保障的。②以矿业为主导产业的经济结构。沙特阿拉伯、巴西、澳大利亚等国家的经济结构均属于此类。③资源生产和加工工业并重的经济结构。这些国家由于技术和资金的限制,经济结构建立在资源基本自给自足的基础上。例如,印度和中国均属于此类。

可直接出口的自然资源产品主要是矿产资源和生物资源,而土地资源、水资源和气候资源,是以其生产力和产品(例如农产品)等资源载体间接形式出口的。自然资源的存量不仅对一个国家的经济结构会产生重要影响,而且是各国之间的经济联系变得越来越广泛和紧密,许多国家的经济相互依赖,并因此趋向集团化和区域化。这种经济关系,虽然具有不平等的性质,但对各国都有有利的一面。

(三)影响经济效益和劳动生产率

资源的质量好,开发利用流程短、投入少、产出多,经济效益就高;反之,生产流程就长、复杂、投入多、产出少,经济效益就低。随着科技的发展,人们开发能力的增强,对资源质量的认识也在不断更新。从提高经济效益的目标看,应尽可能利用高质量的资源。从某种意义上来说,经济竞争是对高质量资源的竞争。谁首先利用了高质量的资源,谁就掌握了竞争的主动权。另一方面,对自然资源要优质优用,要"地尽其力、物尽其用",否则就是资源浪费。例如优质的矿泉水用来冲厕所、优质肥沃的耕地被用来取土烧砖、优质的栋梁之材被用来生产火柴杆或用来生产纸浆。

在其他条件相似的情况下,金属矿石的品位对劳动生产率、成本、产值有决定性的影响。品位小于30％的贫铁矿采出后要经过选矿才能入炉冶炼。选出的富矿成本比天然富矿高4～5倍。铜矿品位相差更大,富矿含铜10％以上,贫矿含铜只有0.5％,导致经济效益的显著差距。油田的丰饶度对于经济效益和劳动生产率有重要影响,波斯湾每口油井每天可喷油1000 t,而很多地方的油井每口每天仅产油2 t。[①]

资源开发条件显著影响经济效益和劳动生产率。例如,我国大型煤矿建设周期不断延长,原因之一是平均井深逐年增加。第一个五年计划期间,煤矿平均井深不到200 m,建设周期三年半;第二个五年计划期间煤矿平均井深超过400 m,建设周期达6年。地形影响工矿企业与聚落的建设。地面坡度在2％～5％时,如果建筑物与等高线垂直布置,建筑物的长度受到限制。地面坡度在5％～7％时,建筑物一般只能与等高线平行布置。地面坡度超过7％时,大规模建设的经济效果较差。[②]

(四)影响产品质量

自然资源禀赋是影响产品质量的自然基础。许多地方特殊农产品,都是与当地特殊的土壤条件、气候条件有关的,如烟台苹果、莱阳梨、乐陵小枣、章丘大葱等特产的优良品质都主要由土壤条件决定,新疆哈密瓜、吐鲁番葡萄等特产的高含糖量则主要由当地大陆性气候条件决定。干旱地区小麦蛋白质含量高,营养价值也高,适合制作面包,在国际市场上售价也高;潮湿地区小麦淀粉多,则适合制作面条。茶叶质量除了与气候条件有关外,还与土壤性质和地貌条件有关,皖南休宁县产茶区考察结果表明,以千枚岩为主的震旦纪变质岩上发育的红壤土层厚、有机质含量高,保水保肥能力强,所产茶叶肉质好、味纯。花岗岩、流纹岩、花岗片麻岩、红砂岩、页岩上发育的黄壤砂性重、通气透水性好,保水保肥能力差,有机质层较薄,其上茶叶品质逊于前者。而在泥质红砂岩、泥灰岩上发育的土壤因含钙多,土壤呈中性反应,不适宜茶树生长。在河漫滩、冲积阶地和冲积扇上的冲积土以沙壤为主,土层深厚,有机质含量及自然肥力较高,生长于其上的茶树枝叶茂密,茶叶产量高、汁水好,但常遭洪水之灾。

许多地区性的轻工产品因其生产中所用的原料取自于当地特殊的自然

---

① 连亦同. 自然资源评价利用概论. 北京:中国人民大学出版社,1987.
② 胡兆量. 中国区域发展导论. 北京:北京大学出版社,1999.

资源而形成闻名世界的名牌。如贵州茅台酒、山西杏花村汾酒、四川泸州老窖特曲、四川宜宾五粮液、青岛啤酒、绍兴黄酒、即墨老酒等都得益于其产地水质优良的水资源。

三、自然资源对经济社会发展的影响具有阶段性

自然条件和自然资源的影响是不断变化的，而且变化是有规律的。制约这一变化的主导因素是生产力水平。生产力的发展水平左右着人与自然间的相互关系。生产力水平越低，人们对自然的依赖性越大。生产力水平越高，人们对自然的依赖性越低，人们利用自然的程度越高。生产力水平提高的结果，并不是人们可以离开自然，而是更深入地认识自然，利用自然，更恰当地对待自然。从这个意义上说，生产力水平提高以后，人与自然的关系更加密切了。

在生产力发展的不同阶段，影响经济发展的主导自然因子是有变化的。在人类历史的长河中，为什么经济中心、文化中心不断转移？为什么文明古国出现在亚热带地区，资本主义国家首先出现在温带地区？为什么在工业高度发达的国家，人口和经济出现新的再布局的趋势？如果要探索其中的规律性，必须研究不同阶段影响社会发展和生产力布局的主导自然因子的变化。

马克思指出："外界自然条件在经济上可以分为两大类：生活资料的自然富源，例如土壤的肥力、渔产丰富的水域等；劳动资料的自然富源，如奔腾的瀑布，可以航行的河流，森林、金属、煤炭等。在文化发展初期，第一类的自然富源具有决定性的意义；在较高的发展阶段，第二类的自然富源具有决定性意义。"马克思认为，在较低的农业生产力水平下，亚热带地区可以提供较多的剩余产品，提供产生文明古国的物质基础。但是，到了生产力进一步发展的资本主义阶段，更重要的不是自然的丰饶性，而是自然的多样性。"资本主义生产方式以人对自然的支配为前提。过于丰饶的自然'使人离不开自然的手，就像小孩离不开引带一样'，它不能使人自身的发展成为一种自然的必然性。资本的祖国不是草木繁盛的热带，而是温带，不是土壤的绝对肥力，而是它的差异性和它的自然产品的多样性，形成社会分工的自然基础，并且通过人所处的自然环境的变化，促使他们自己的需要、能力、劳动资料和劳动方式趋于多样化。"

新的技术革命出现后，自然条件影响经济发展的主导因素又有新的转机。随着人们物质生活和精神生活的提高，普遍要求良好的生活环境，首先

是良好的自然环境,包括气候温暖、风景秀丽、空气新鲜,或依山傍水,或面临海湾,同时,新型工业对原料、燃料的依赖性较小,布局上的机动性较强,对自然条件的主要追求是温暖的天气,新鲜的空气、纯洁的水源。新型工业要求接近科学教育中心,而科学教育中心对于自然环境的要求更强。

自然资源对一个国家经济发展和社会繁荣的重要意义显而易见。但发展阶段不同的国家或地区自然资源所起的作用却不尽相同。随着发展阶段的提升,自然资源的作用会逐渐减弱。而资本和人力资源的作用会越来越显著。

第三章 自然资源的稀缺性

自然资源的稀缺和冲突已成为当代全球性的问题。尽管目前自然资源消耗和废物产生的规模已经十分庞大，但是一方面世界人口仍在迅猛增长，另一方面人口占世界绝大多数的发展中国家也希望快速发展经济，达到发达国家人们的生活水平，因而自然资源的需求量将更大。特别是发展中国家快速发展经济的目标将仍是通过工业化的途径来实现，并且很可能走发达国家工业化初期先污染后治理的老路，这种低水平的经济发展将造成资源的高速消耗和污染物排放量的急剧增加，因而自然资源的稀缺和环境退化的挑战将长期存在。

第一节 自然资源可得性的度量

一种自然物一旦被看做自然资源，就必然要提出一个问题，即它可为人类利用的数量是多少？这就是自然资源可得性的度量问题。人类在估算自然资源的最终开发利用极限方面已做了大量的工作，但由于采用的方法不同、对未来人类技术和经济发展的潜力所作的假设不同，得到的结果也就不可避免地出现了很大的差别。

相对而言，可更新资源的可得性已有了较为成熟的估算方法和技术手段。在当前的科学技术条件下，全部地球表面已处于人类监测之下。由于观测手段的多样化，观测精度的提高，观测网点的加密，以及数据处理技术的迅速发展，对全球性和区域性可更新资源可得性的估算日益准确。诸如全球太阳辐射能的收支、全球水量平衡、全球气候资源、全球土地资源、全球生物资源等，都已经有了比较明确的结论，今后的研究方向是进一步提高精度，发展更先进的数学模型，并逐步向动态监测、动态度量方向发展。

对于矿产资源，由于其空间分布的随机性，其可得性的度量要求对整个地球物理过程有深入而准确的认识，需要有完善的地质构造理论和地球起源理论，还要发展深部探测技术，因而目前不可更新自然资源可得性的度量上有很大的不确定性。

一、不可更新自然资源可得性的度量指标

不可更新自然资源可得性的度量常用资源基础、探明储量、条件储量、远景资源、理论资源、最终可采储量等指标,具体介绍如下:

(一)资源基础

资源基础(resource base)指矿产资源的潜在最大数量。估算某些特殊非燃料矿物资源基础的方法是:用这些矿物的元素丰度(克拉克值)乘以地壳的总质量,更常用的是乘以 1 km 深的地壳总质量。用这种方法估算的可得资源极其巨大,但是,这显然是很不准确的,地壳中的某种"元素"实际上只有一部分将被开采。资源基础只是表明了理论上的最终极限,而不能在实际上用来预测未来资源的可得性。

不能脱离目前人类的知识和技术来做资源可得性的估算,一切关于未来矿产发现的判断都受制于过去的发展趋势,而且不仅随着勘探和开采技术的改进,也随着经济、社会乃至政治的发展而改变。因此,关于未来矿产资源可得性的估算一般不采用资源基础的概念,而采用探明储量、条件储量、假设资源(远景资源)理论资源等概念。它们是资源基础的各种动态子集,随着人类知识的发展,它们会不断扩展,在资源基础中所占的比重会逐渐增大。当然,对于某些矿产资源,这种增长过程不可避免会在某个时期终止,因为可能会发生资源的耗竭。

(二)探明储量

探明储量(proven resources)是指已经查明,并已知在当前的需求、价格和技术条件下具有经济开采价值的矿产资源储藏量。

这个定义似乎表明,对任一矿区或国家内,在任一时刻的探明储量都有一个一致的数值,而实际上并非如此。某种矿藏是否具有经济开采价值,取决于生产者的判断和利润要求,因此在采矿公司和生产国政府之间,关于储量水平的看法大不一样。如果一个公司只把能带来较高纯收益的矿区视为具有经济开采价值,就会大大降低探明储量的数值。假设需求、价格和技术水平保持不变,那么较低的收益要求将会使探明储量增加。而由于经济体制、生产目标等的不同,收益要求会有很大的差别。在发达国家与发展中国家之间、市场经济与计划经济之间会对同样的藏量作出不同的探明储量判断。私营企业的生产目标往往只是追求利润;而政府部门的生产目标一般都很广泛,包括提供就业机会、减少或增加进口等。因此,私营企业和国有

企业在探明储量的看法上就会有很大的差别。

可以用已明确的探明储量来预测资源寿命,但必须做一些假设才能使这种预测有效。首先假设地质勘探上不再有新的发现;其次还需假设生产目标、产品价格、技术等方面不变。事实上所有这些都不会变。例如地质勘探,只要投入相当数量的资金和劳动,一般都会有新的发现。私营矿产企业的往往不愿在勘探上大量投资,尤其是在他们已掌握足够的储量因而能满足相当长时期的采掘需求时。因此,就大多数矿产来说,探明储量只反映了当前的消费水平和企业在勘探上的政策,而不是资源储存量的潜在规模。事实上,有些私营矿产公司出于经济利益的考虑还会隐瞒探明储量,因为这样可以少纳税或抬高产品在市场上的价格。

除了利润要求和勘探政策外,探明储量还受以下因素的影响:①技术、知识和工艺的可得性。②需求水平。这又取决于若干变量,包括人口数量、收入水平、消费习惯、政府政策,以及可替代资源的相对价格。③开采成本。这部分取决于矿藏开采的自然条件和区位,但更取决于所有生产(土地、劳动、投资、基础设施)的费用和政府的税收政策。此外还应包括由于政策、自然灾害等原因带来的风险。④资源产品的价格。这主要取决于需求与供给的消长关系,但也受生产者价格政策和政府干预的影响。⑤替代品的可得性与价格。包括某些资源循环利用的费用。

所有这些因素都是高度动态的,而它们的变动会极大地影响探明储量。例如,人类知道并使用石油已有了几个世纪的历史,但直到 1859 年以前,人们还只是把渗到地表或可在浅层抽取的那部分储量看做探明储量。19 世纪机械化的发展极大地增加了润滑油的需求,因而其价格猛涨,这强烈刺激了深层开采技术的发展。早期钻井技术的发明使石油的开采、价格和需求都进入了一个新时期,这就使人类关于探明储量的观念发生了革命性的变化。随着这一技术上的突破,石油供给增加,价格下降,这又进一步促进了石油利用技术的发展和使用范围的扩大,于是需求又得以增加。这种相互作用的过程不断继续,探明储量也就不断增大,现在人类已能在从前想象不到的地区和深度作商业性的石油开采。此外,对含油构造中所含石油的采掘比例也越来越高,20 世纪 40 年代采掘比例还不到 25%,后来发明了在岩石构造中注水或注入天然气的技术(称二次、三次采掘技术)以增加油压,使得回采率提高到 60% 以上。因此,探明储量的评估也取决于生产者在有关构造中能否以及在多大程度上使用此类采掘技术。

上述各种因素都有显著的空间差异,使得探明储量在各个区域也各不相同。不仅价格和需求的情况在一个市场范围不同于另一个市场范围,而且总生产成本、技术的可得性、资本的可得性及其代价也都表现出显著的空间变化。因此,具有相似性自然特征的藏量并非在每个国家都可被列为探明储量。例如,某些国家(如前苏联)在矿产方面的目标是自给自足,这使得其探明储量的范围大为扩大,而其中相当一部分就其埋藏条件和生产成本在多数市场经济国家中是不能当做探明储量的。

因为探明储量是勘探的结果,而各国各地区的勘探程度存在很大的差异。有些国家在矿产品上依赖进口,表面上看其探明储量似乎不足,但并不一定意味着资源藏量的真正匮乏。例如,牙买加的石油完全依赖进口,这使该国负债累累,经济能力大大削弱。但牙买加其实有足够的石油矿藏,至少可以满足其 50% 的需求。可是它本身既无资本又无技术来做必要的钻井勘探,以证明存在按其自身可行标准能够开采的探明储量。

(三)条件储量

条件储量(conditional resources)也是已查明的藏量,但在当前价格水平上,以现有的采掘技术和生产技术来开采是不经济的。显然,这种储量也不是静止不变的,资源开发史上充满着储量突破经济可行性界限的例子,而且不仅是单向突破。正如探明储量的情况一样,经济储量和不经济储量之间的关系是复杂的,而且在很大程度上受制于政治力量和市场力量。技术革新对于经济可行性边界的变化起着关键作用,但它一般只有在需求和价格上涨的刺激下,或者是感觉到了需要在所谓安全、稳定和政治上友好的国家中发展多样化供给来源时,才是如此。

探明储量和条件储量之间的分界在不同时期和不同地方都不一样。铜矿储量的变化就提供了一个明显的例子,20 世纪初期,铜含量小于 10% 的铜矿石是不会被冶炼厂采用的,因而品位低于 10% 的矿藏不会被归入探明储量中;40 年后,技术发展了,需求也增加了,含量仅为 1% 的矿藏也被当做探明储量。20 世纪 90 年代以后,随着铜矿石开采、冶炼的成本和风险的进一步降低,即使含量仅为 0.4% 的铜矿藏也在经济上可采了。

探明储量和条件储量都是"已查明的",但它们被查明的确定程度会有很大的差别。在那些已做了密集的地质勘探,因而能确定矿藏范围、质量和地质特征的地方,可以认为已"测出"各种储量,但其可得性的估计仍有近 20% 的误差范围。对于那些勘探密集程度不足的区域内的矿藏,各种储量则是部分通过勘探资料、部分通过地质学分析估算的。而那些矿藏位置已确定但仍未勘探的地方,储量只是通过该区域的地质条件"推断"出来的。

（四）远景资源

远景资源（hypothetical resources）是目前仅做了少量勘察和试探性开发而尚未查明的储量，但可望将来有大的发现。例如，东海已生产出一定数量的石油和天然气，但并非全部潜在储油层都做了钻井探测，因此就是一个存在远景资源的区域。

估计远景资源范围的常用方法是：根据一定地质条件下过去生产的增长率和探明储量的增长率外推。或根据过去每钻井单位深度的发现率外推。这种外推必须假设曾经影响过去发现率和生产率的所有变量（政治的、经济的、技术的）将继续像过去一样起作用。诸如价格和技术发展之类的因素是极不稳定的，所以这种估计会有很大的误差，不同时期所作的估计大不一样。例如，石油价格在1973年飙升，按此前的价格水平估计的石油远景资源显著低于按此后的价格所作的估计。

为了克服机械外推的问题，曾经用特尔非法，即请一些专家来预测未来可能的发现，然后取他们估计范围的平均值。但因为专家的主观性和知识的片面性而使这种方法获得的远景资源估计值的可靠性不高。例如，人们曾经指控石油公司的专家们的估计太保守，认为他们从既得利益出发，企图造成一派稀缺的景象，以便维持较高的价格和利润。

（五）理论资源

理论资源（speculative resources）指那些被认为具有充分有利的地质条件，但迄今尚未勘察或极少勘察的地区可能会发现的矿藏。理论资源的估计困难更大。例如，全世界约有600个可能储存石油和天然气的沉积盆地，但迄今只对其中的1/3做了钻井勘探。一旦在未勘察的地区钻井，很可能会发现更多的潜在资源。中国的东海在若干年前还只是可能具有理论资源的地区，现在已确定其部分探明储量，并已开始商业性开采。但另一方面，如果做了广泛的钻井仍未发现矿藏，那么原来关于理论资源的估计则可能会被推翻。

估计理论资源的方法是根据已勘察地区过去的发现模式外推。这种方法假设目前尚未勘察的地区将会像那些条件类似的已开发地区一样，具有资源潜力并将带来利润收益。但很多专家指出，这种可能性极小。因为已经被开采的都是规模较大、地质条件较有利、通达性也较好的构造；当开发推进到自然条件和社会经济条件都较差的地区时，是不大可能实现预期的资源潜力和利润收益的。

（六）最终可采资源

最终可采储量（ultimately recoverable resources）是探明储量、条件储量、远景资源和理论资源的总和。考虑到估算的复杂性以及技术、市场、政策等因素的不确定性，对最终可采资源的估算大相径庭。几乎对所有矿种未来形势的估计都有显著的差别，对石油资源的估计尤其意见纷纭。朱迪·丽丝在所著的《自然资源：分配、经济学与政策》中写道："目前，根据公认的资料来源，大多数石油企业估计最终可采的石油资源约为 $1.7 \times 10^{12} \sim 2.2 \times 10^{12}$ 桶，不包括沥青砂和油页岩。可是 20 世纪 40 年代一致认为石油的最终可采资源是 5.0×10^{11} 桶，而目前仅"探明储量"就已超过了这个数值。虽然近 50 年对石油最终可采资源的估计已增加了 4 倍，但有人认为我们的知识已达到了某种限度，今后再以这样的比率增加似乎是不可能的了。"[①]

二、可更新资源可得性的度量

从人类福利角度看，未来可更新资源可得性的估计通常以资源在一定时期内可生产有用产品或服务的能力或潜力，以这个概念为基础，衍生出多种概念，介绍如下。

（一）最大资源潜力

最大资源潜力（maximum resource potential）是指在其他条件都很理想的情况下，流动性自然资源能够提供有用产品或服务的最大理论潜力。这个概念与不可更新资源的资源基础概念有类似之处。

对各种流动性能源，如太阳能、潮汐能、风能，已估算过它们的最大自然能量潜力，得出的数值显示出非常美妙的前景。例如，理论上全世界取自太阳并用于消费的总能量是目前获取量的 1000 万倍以上，但实际上这种估计并无太大意义，真正的可得性取决于人类把这些理论潜力转换为实际能量的能力，取决于人类是否愿意担负这样做的代价和成本，包括对环境的影响。

对生物、土地、海洋资源的总潜力也做过类似的估算，结果表明，如果最大潜力得以发挥，那么按目前的人口数量，地球每年可为每一个人生产出约 40 t 食物，这是实际需要的 100 倍，也是我国目前人均水平的 100 倍。这里

---

① 谢高地. 自然资源总论. 北京：高等教育出版社，2009：49-50.

还没有考虑从 CO_2、水和氮中化学合成食物的可能性。当然,这些除了技术上的可行性以外,还要求投入大量的能源。

应该说,对于人类未来可更新资源开发规划来说,上述估算并没有什么实际意义。重要的并不是理论上的自然潜力,而是必要的人类投资能力,有关的社会、经济、价值观、行为、组织等方面的情况,以及对环境影响的考虑。在一些人看来,把地球生态系统当做一部机器,只是让它提供人类需要的食品和能源,这至少在道义上是说不过去的。生态学家们则进一步指出,这种做法会使全球生态系统产生可怕的单一化,并导致自然生态循环的瓦解,因而是一种灾难性的策略。

上述可再生资源和生物资源潜力的估算都是建立在天然系统自然输出的基础上,而忽略了由人类经济、社会系统所施加的局限。另一种估算可更新资源潜力的方法是,根据发达地区已实现的生产能力来推算不发达地区和未开发地区的生产潜力。这种方法尤其在估算土地的农业生产潜力时用的更多。俄罗斯地理学家格拉西莫夫作了一个估算,他以土壤类型的可能性为前提,假设农业经济不发达地区农耕地的比例可达到农业发达地区的水平,那么全世界的耕地面积将达到 $(3.3 \sim 3.6) \times 10^9 \ hm^2$,而不是现在的 $1.4 \times 10^9 \ hm^2$。美国总统科学顾问委员会也曾作过估算,认为根据地球的自然条件,即使用现有技术,全世界可耕地总面积也可接近 $6.6 \times 10^9 \ hm^2$。显然,这种方法也是有局限的,因为它假设形成现有耕地的多种因素在时间和空间上都保持不变,也没有考虑需要维持一定的森林、草地、湿地等以提供必要的生态系统服务功能,这当然是不符合实际的,但它至少承认了某些人为的限制。

(二)可持续产量

可更新资源自然潜力的利用必须考虑时间上的公平分配,即应给后代留下同等的资源利用机会。把这种考虑结合进可更新资源潜力的估算中,就要采用持续能力(sustainable capacity)或可持续产量的概念。持续能力是可更新资源实际上能长期提供有用产品或服务的最大能力,即不损害其充分更新的利用能力。

一些经济学家指出,维持持续产量是要付出代价的,因为它意味着须抑制当前的消费。例如在渔业资源管理中,从理论上讲,通过控制捕捞活动,就可以使鱼产量长期维持。抑制当前消费所放弃的这一部分消费可看做对未来的一种投资,其好处必须与其他形式的投资放在一起来评价。确实,保护某一种可更新资源很可能要以其他方面的付出为代价。这样,后代在这一种资源上得到了平等的机会和权利,但是很可能在其他方面有失去了本来可以得到的机会和权利。以撒哈拉地区为例,如果把水资源的利用控制在持续能力水平上,就不可避免地导致该地区经济发展的衰退。这样,后代可能会有等量的水资源储存,但其他方面本来可以得到增长的东西却会显著地减少。

因此,如果仅从成本——效益的角度,可以想象,在某些情况下把某种可更新资源利用到耗竭的程度并不是不可接受的。但是对于那些认为人类具有道义上的责任、应保护其他生命的生存权利的人来说,这种思想是要受诅咒的。生态学家们则认为这是一种短见策略,因为从长远来看,遗传基因和物种多样性的损失,对于人类自己的生命支持系统是一种极大的威胁。

（三）吸收能力

人类利用自然资源的结果之一是产生各种废物,为了排放人类活动自觉或不自觉产生的废物,就要利用环境媒介,既大气、水、土地等。这就需要另一个衡量资源潜力的概念,称为吸收能力(absorptive capacity)或同化能力,即环境媒介吸收废物而又不导致环境退化的能力。

废物进入环境后都要经历自然界的生物分解过程,整个环境系统具有一定的吸收废物而又不导致生态或美学变化的能力。但是,如果排放的速率超过了分解能力,或者所排放的物质是非生物降解的,或只有经过很长时间才能降解,那么环境退化就不可避免。

任何环境媒介的吸收能力都不是一成不变的,它不仅随气候等环境因素的变化而发生天然变化,也可以被人类改变。例如,一条河流降解水污染物的能力,可以因为降水量增大因而流量加大而提高;相反,若河流中的水被人为抽取,从而减少了流量,或如果河道被裁弯取直、被挖深、被混凝土化从而减少了水中含氧量,河流降解水污染物的能力将会降低。如果到了极端情况,即需要氧来维持其功能的细菌极度缺氧,那么全部生物分解过程就会完全停止。

把废物排放量控制在环境媒介吸收能力限度内,这应该是一个普遍原则。为此社会必然要付出经济代价,因而有一个如何权衡生态效益、社会效益与经济效益的问题,这在很大程度上又取决于人的价值判断。

（四）承载能力

承载能力(Carrying capacity)是指一定范围内的生境(或土地)可持续供养的最大种群(或人口)数量。这个概念是建立在"应把资源利用限制在不使环境发生显著变化而使资源生产力得以长期维持的水平上"这样一个设想的基础之上的,在这一点上它类似于持续能力和吸收能力的概念。

承载能力的概念最早用于畜牧业中,指一定面积的草场可长期供养的牲畜头数。后来在试图确定各区域可支撑的人口数量时采用了这个概念。联合国粮农组织关于土地人口承载力的研究更是把这种方法发展到很精致的程度。还有一些研究用这种方法来计算旅游区的游客承载力,在确定区域旅游活动的极限时,不仅考虑了自然损害,也考虑了旅游者的心理感应。在所有这些应用里,要建立一个简单、唯一、绝对的承载能力值都是不可能的,任何计算都在很大程度上取决于管理目标和资源利用的特定途径,取决于利用者所要求的生活标准和生活空间。此外,承载能力显然还受投入水平、技术进步等因素的影响。

有些学者对承载能力作了深入的研究,认为应区别几种不同的承载能力。第一种是生存承载能力(survival capacity),即有足够的食物保证生存,但既不能保证所有个体的茁壮成长,也不能保证种群的最优增长,而且当周围环境稍有变动就可能造成灾难性的后果。第二种是最适承载能力(optimum capacity),即拥有充分的营养保证绝大多数个体茁壮成长。显然,最适承载能力要小于生存承载能力。第三种是容限承载能力(tolerance capacity),它在很大程度上是基于密度方面的考虑,在容限能力水平上,地域限制迫使种群中的多余个体外迁,或对某些基本需要(如食物和繁殖机会)实行限制。这几种承载能力概念也可应用于人口承载力,贫困国家处于生存承载能力和容限承载能力上,发达国家可认为具有最适承载能力。

第二节　全球自然资源的稀缺

20 世纪以来,全球经济快速发展,人类大量消耗资源。在短短 100 年的时间里,全球 GDP 增长了 18 倍,人类所创造的财富超过了以往历史时期的总和。与此同时,地球资源消耗的速度和数量迅猛增长,导致各种资源出现稀缺,并进而引起国家之间为争夺自然资源的冲突。

一、矿产资源

20 世纪全世界矿产资源的消费量增加迅速。石油的年消费量由 20 世纪初的 2.043×10^7 t 增加到 3.5×10^9 t,增长了 177 倍。自 1900 年到 2000 年世界钢材的消费量由 2.780×10^7 t 增加到 8.47×10^8 t,增长了 30 倍;铜

的消费量由 4.95×10^5 t 增加到 1.4×10^7 t,增长了 28 倍;铝的消费量由 6800 t 增加到 2.454×10^7 t,增长了 3600 倍。[①]

21 世纪,人类步入了信息社会,以知识经济为特征的新经济增长方式初见端倪。新世纪的经济发展是否还会像 20 世纪那样,以大量消耗自然资源为支撑?历史经验表明,工业化过程是人类大量消耗自然资源、快速积累社会财富、迅速提高生活水平的过程,是一个国家不可逾越的发展阶段。造成 20 世纪资源快速消耗的主要原因是以发达国家为主体的工业化过程和全球人口的迅速膨胀。目前,不足世界人口 15% 的发达国家仍然消耗着世界 60% 以上的能源和 50% 以上的矿产资源。步入新世纪,随着另外超过世界人口 85% 的发展中国家走向工业化,矿产资源消耗的速率和数量不可能降低。虽然,随着科学技术的广泛发展和应用,以及社会经济发展途径的改变,新世纪的工业化经济增长方式将更为丰富,工业化进程将更快,资源的利用效率会更高。但占世界 4/5 的正在进行着或即将陆续步入工业化发展阶段的发展中国家,持续更大量、更快速地消耗矿产资源将难以避免。事实上,人类目前使用的 95% 以上的能源、80% 以上的工业原材料和 70% 以上的农业生产资料仍然来自矿产资源。矿产资源作为人类赖以生存和发展的物质基础的地位一直没有发生改变。

全球化石能源探明剩余储量大约折合 8.1×10^{11} t 油当量,其中石油、天然气和煤炭的比例为 17∶17∶66。据预测(按 2020 年化石能源在一次能源中的比例下降到 80%),未来 25 年全球累计化石能源需求总量约为 2.6×10^{11} t 油当量。与之比较,全球化石能源的资源总量相对充足。若按目前世界化石能源消费结构(石油、天然气和煤炭换算成油当量的比例为 44∶23∶23),未来 25 年石油、天然气和煤炭的需求总量分别为 1.100×10^{11} t、7.0×10^{13} m^3 和 1.4×10^{11} t。与目前世界石油探明剩余可采储量 1.4×10^{11} t 和天然气探明剩余储量 1.50×10^{14} m^3 以及煤炭 9.8×10^{11} t 比较,全球石油资源供需形势不容乐观。尽管天然气资源供需形势稍好,现有探明剩余储量也仅能维持 40 年左右。煤炭资源相对充足。如果石油和天然气储量增幅不大,新能源和能源技术缺少突破,煤炭的清洁利用将成为未来保证能源持续供应的重要途径。[②]

与此同时,薪柴——广大农村的主要能源——预计将比今天更难获取,

① 蔡运龙.自然资源学原理(第二版).北京:科学出版社,2007.
② 蔡运龙.自然资源学原理(第二版).北京:科学出版社,2007.

这意味着贫困地区满足基本生活需要的燃料将更紧缺,被砍伐的森林面积将进一步扩大,更多的畜粪和作物秸秆将用于炊事而不是用作有机肥。以上预测未考虑日益增加的全球变暖效应,也未考虑目前正在积极寻求制定国际协定的种种可能性,这些国际协定企图稳定甚至减少 CO_2 的排放量,由此而降低化石燃料的消耗量。

预计未来主要非燃料矿物的需求量和消费量每年增加 3%~5%。据储量寿命指数测算,当前世界探明储量可供开采的年限,铝是 224 年,铅、汞是 22 年,镍是 65 年,锡、锌是 21 年,铁矿是 167 年。[1] 主要矿物资源中很多种类不久即将面临枯竭,尤其是全球铜资源供需形势严峻,2000~2025 年全球铜累计需求将超过 $5.0×10^8$ t,即便考虑 40%的回收利用率,25 年间 $3.0×10^8$ t 的需求量与 $3.4×10^8$ t 的铜探明可采储量几乎相当。尽管资源保证程度较高的铝对铜具有很强的替代能力,但是铜资源紧缺的形势仍将十分严峻。[2]

二、水资源

全球水资源的紧缺将是 21 世纪最为紧迫的资源问题。1995 年全球水消耗量比 1900 年增长了 6 倍(是人口增长速度的 2 倍)。随着工农业用水和家庭用水的增加,全球水消耗量将进一步快速增长。目前,农业用水在全球总耗水量中已占到 70%,预计会随着世界粮食需求的增加而增长。联合国估计,到 2025 年,农田灌溉需水将增加 50%~100%。目前人口的增长和社会经济的发展,尤其是工业和家庭的现代化,使得水需求量大大增加。如果目前的增长势头持续下去,工业用水预计 2025 年将会翻番。大部分随资源需求的增长将发生在发展中国家,因为那里的人口增长和工农业发展最快,然而工业化国家的人均耗水量也在不断增长。

从全球尺度上看,水的自然供给应该是充足的,但水资源的分布在不同国家之间以及在同一国家内的不同地区之间很不均衡。这一形势已在一些地区造成了严重的水资源稀缺,制约着发展,人类用水的需求得不到满足,水生态系统也遭到破坏。联合国用水资源利用率(即一个国家耗水量与其拥有的可用水资源量之比,体现的是水资源量被耗用即消耗利用的程度。)

① 世界资源研究所,联合国环境署,联合国开发署等.世界资源报告(1998~1999).北京:中国环境科学出版社,1999.

② 王建安,王高尚等.矿产资源与国家经济发展.北京:地震出版社,2002.

来评估水资源紧张状况,若此值超过 20%,就表示已面临中度甚至严重水资源紧张。联合国 1997 年对淡水资源的评估显示,全世界有 1/3 的人口居住在面临中度甚至严重水源紧张的国家;若今后 30 年内在水资源的分配和使用上仍没有明显改进,全球水资源形势将极大地恶化。预计 2025 年生活在中度或严重水源紧张的国家中的人口将增至全球人口的 2/3。

由于水污染导致清洁水源的减少,对其需求的竞争也就随之加剧,尤其在不断扩张的城市地区和农村使用者之间。在有着系统的水资源使用和配给法规的地方,水市场运作正常,买者以合理的价格与卖者交换供水。然而有效的水价,即将水价提高到足以抑制浪费,在一些低收入的国家仍是个极为敏感的问题,因为那里大多数人的生活依赖灌溉农业,贫水国家的社会经济发展也要严重依赖于对这一稀有资源的更为合理的分配,例如中国的计划制定者们估计,单位水资源用于工业所产生的价值是其用于农业的 60 倍以上。

加强水资源管理是减轻未来水资源紧缺和避免水生生态系统退化的关键。从目前来看,提高水的使用效率会大大增加可利用的水资源。例如,在发展中国家有 60%～70% 的灌溉用水并没有被作物所利用,而是蒸发或流失了。尽管从 20 世纪 70 年代中期以来,节水灌溉技术的使用增长了 28 倍,但节水灌溉面积仍不足世界耕地面积的 1%。

从长远的角度看,许多地区日益紧张的水资源供需状况,必须通过严格的政策来解决,即将水资源重新分配到经济和社会效益最好的用途上。同时,也有必要对节水技术和污染控制给予更大的重视。但是,即使实行了抑制水需求增长的措施和提高了水资源的使用效率,也还是需要新的水源。世界银行估计,由于多数只需低投入即可利用的水资源储备已消耗殆尽,用于进一步开发新水源所需的财政及环保的投入将会是现有投资的 2～3 倍。

既面临严重水资源危机,又因人均收入较低而无力开发新水源的发展中国家形势非常严峻。这些国家处在非洲和亚洲的干旱及半干旱地区,可利用水资源的大部分用于农田灌溉,且都苦于缺乏污染控制,发展受到严重制约,因为他们既没有多余的水资源,也没有财力将其发展方向从密集的灌溉农业转向其他产业,以创造就业机会并获得收入以进口粮食。[①]

全球变暖很可能通过水文循环对水的流动,进而对淡水资源产生重大影响。就全球而言,较暖的气候将导致海洋蒸发的增加,因此可能增加河川

---

① 世界资源研究所,联合国环境署,联合国开发署等.世界资源报告(1998～1999).北京:中国环境科学出版社,1999.

径流和淡水资源;但各区域的变化将是非常不同和非常不确定的。据大气环流模型预测,全球表面大气温度平均每增加 0.5℃,大气年降水将增加10%之多。但据分析,降水很可能主要在北半球大陆的高纬度地区和全球低纬度地带增加,而中纬度地区将减少。因此,温度升高和降水减少将使北半球农业生产高度发达、集中了全世界大部分人口和城市的广大地区土壤水分和河川径流减少,水资源进一步紧张。[①]

三、食物资源

过去 30 年中,全球农业在扩大世界粮食供应方面取得了显著的进展。虽然在这一时期世界人口增长了 1 倍,但粮食生产增长更快,使当今世界的农田和草原能养活增加了的 15 亿人。发展中国家的成就尤其突出。这些国家的人均食物供应从 1962 年的每天不到 2000 cal 增加到 1995 年的 2500 cal以上。这一进展是由众所周知的"绿色革命"——优良的种子、灌溉面积扩大以及更多地使用化肥和杀虫剂——所推动的,这一进步也得益于从世界其他地方进口粮食的迅速增长。

绿色革命

http://baike.baidu.com/view/102243.htm,百度百科—绿色革命

"绿色革命"一词,最初只是指一种农业技术推广。20 世纪 60 年代某些西方发达国家将高产谷物品种和农业技术推广到亚洲、非洲和南美洲的部分地区,促使其粮食增产的一项技术改革活动。但它导致化肥、农药的大量使用和土壤退化。90 年代初,又发现其高产谷物中矿物质和维生素含量很低,用作粮食常因维生素和矿物质营养不良而削弱了人们抵御传染病和从事体力劳动的能力,最终使一个国家的劳动生产率降低,经济的持续发展受阻。

今后 30 年要向即将增加的 30 亿人提供粮食,这将是一个更大的挑战,从短期来说,专家们预言,全球将有足够的粮食供应,但分配上的问题将导致千百万的人们营养不良。从更长期来看,还有一些问题引起人们的关注。例如,世界粮食增长率已开始放慢,小麦的产量增长率从 1961～1979 年的

---

① 世界资源研究所,联合国开发署,联合国环境署等.世界资源报告(2000～2001).北京:中国环境科学出版社,2002.

每年 2.92％下降到 1980～1997 年的 1.78％；玉米的增长率在同一时期从 2.88％下降到 1.29％；水稻产量增长率一直保持在 1.95％。产量增长停滞的一个主要原因是作物种植强度加大，特别是水稻。一些新的水稻品种使一年两熟甚至三熟得以大范围推广，同时植株的谷物产量更高。然而，这些新品种在提高复种指数的同时，对土壤产生了很大的压力，报酬递减的趋势已经出现。此外，在收割、储存和分配中造成的粮食浪费，水土流失和其他形式的土地退化使生产粮食的耕地不断减少，世界谷物价格下降使大量耕地从粮食生产转移到其他用途。

未来农业资源保障食物的能力主要受 3 个因素的威胁，一是人均耕地面积的进一步减少，二是农业用地退化，三是全球气候变化对农业的影响。

在许多发展中国家，耕地已显不足。若一个国家的潜在可耕地有 70％已在耕作中，通常就称这个国家"土地资源不足"。而在亚洲，估计目前已有 82％的可耕地投入耕作生产。在拉丁美洲和撒哈拉以南的非洲，虽然可耕地还有很大的储备，但这些保留地中大部分土壤条件较差，或者降水很不可靠，或受其他自然条件和土壤结构、地形坡度、土壤酸碱度等的限制。扩大耕地往往还要牺牲草地、林地、湿地和其他土地，而这些土地一般都在生态和经济上有着不可替代的价值，或者在生态上比较脆弱，开垦为农地会付出很大代价。因此，扩大耕地的前景不乐观。相反，随着城市用地的不断扩大，随着荒漠化、盐碱化、涝渍和土壤侵蚀不断毁损土地，耕地会变得越来越少。可是如前所述，人口还会有较大增加，因此人均耕地将会显著减少。

据 1994 年的一项研究估计，1945～1990 年的土地退化使全球粮食生产降低了 17％左右。在非洲，仅仅土壤流失造成的生产损失估计在 8％以上。不同的研究得出的数据表明，由于土壤退化造成生产力下降在一些亚洲和中东国家可能超过 20％。随着土地继续退化，预计这些损失将持续加重。

大气中 CO_2 含量增加，会使作物光合作用强度增加，因此又可能使农业增产。但温室气体增加的其他后果，例如作为世界粮食主产区的广大中纬度地带降水量的减少，作物生长关键期土壤水分的亏缺，全球变暖促使作物病虫害增加等，将会抵消这种所谓"二氧化碳施肥"的效果，甚至会导致全球粮食产量的明显下降。

渔业是一种重要的食物来源，但海岸生态系统的每况愈下，也使渔业明显受损。世界上 28％的最重要的海洋鱼类种群已经耗竭、捕捞过度或者刚刚从过度捕捞中开始恢复。另外 47％的捕捞正处在生物极限的边缘，因此也濒临耗竭。虽然淡水养殖的产量稳步上升，但淡水鱼群正被过度开发，对水产业依赖性的日益增加和自然鱼类种群的衰退，带来严重后果。

第三节　中国自然资源的稀缺

中国拥有 960 万 km^2 的陆地面积，自然资源种类多，数量大，是中国经济发展的物质基础。

一、中国自然资源基本特点

(一)总量大、类型多

中国陆地面积(国土面积 9.60×10^6 km^2，人口密度 139.6 人/km^2)仅次于俄罗斯(国土面积 1.70×10^7 km^2，人口密度 8.3 人/km^2)、加拿大(国土面积 9.98×10^6 km^2，人口密度 3.4 人/km^2)，居世界第三位，美国第四(国土面积 9.36×10^6 km^2，人口密度 33.7 人/km^2)，巴西第五(国土面积 8.51×10^6 km^2，人口密度 22 人/km^2)，澳大利亚第六(国土面积 7.62×10^6 km^2，人口密度 2.8 人/km^2)，印度第七(国土面积 2.97×10^6 km^2，人口密度 369.9人/km^2)。

中国目前耕地面积约 1.3×10^8 hm^2，居世界第四位，仅次于美国、俄罗斯和印度，(印度陆地面积居亚洲第 2 位，耕地面积居亚洲之首，多达 1.43×10^8 hm^2)。森林面积约 1.7×10^8 hm^2，居世界第六位，草地约 4.0×10^8 hm^2，居世界第二位；水资源约 2.8×10^{12} m^3，居世界第六位；水能、太阳能、煤炭资源分别居世界第一、第二、第三位。从总量上看，中国是世界资源大国之一。[1]

中国已发现矿产 168 种，矿产地(点)20 余万处，已探明储量的 151 种，其中有 20 余种矿产储量居世界前列。有 10 种矿产(钨、铋、锑、钛、稀土、硫铁矿、砷、石棉、石膏、石墨)居世界首位；有 13 种矿产(锌、钴、锡、钼、汞、钡、钽、锂、煤、菱铁矿、萤石、磷矿、重晶石)居世界第二或第三位。据有关部门对 45 种矿产探明储量的潜在价值所作的估算，中国有 13 万亿美元，仅次于俄罗斯(25 万亿美元)和美国(22 万亿美元)。[2]

中国地形多样，气候复杂，形成了多种多样的可更新自然资源。中国生

---

① 中国科学院国情分析研究小组. 开源与节约——中国自然资源与人力资源的潜力与对策. 北京：科学出版社，1992.

② 王建安，王高尚等. 矿产资源与国家经济发展. 北京：地震出版社，2002.

物多样性居世界前列,中国是世界上植物种类最丰富的国家之一,所有种数仅次于马来西亚和巴西。据统计,中国现有种子植物约 301 科、2980 属、24500 余种。其中,被子植物有 291 科、约 2940 属、24300 余种,相当于全世界被子植物科数的 53.3%,属数的 23.6%,种数的 10.8%。在世界上现存的裸子植物中,中国除南洋杉科外都有分布。中国陆栖脊椎动物约有 2000余种,约占世界总数的 10%。在中国所产的 2000 余种陆栖脊椎动物中,有不少种类为中国所特有,或主要产于中国,如鸟类中的丹顶鹤、马鸡,兽类中的金丝猴、羚羊。还有一些属于第四纪冰期后残留的孑遗种类,如大熊猫、野马、双峰驼,而产于长江下游一带的白鳍豚是世界仅有的两种淡水鲸类之一。两栖类中的大鲵,爬行类中的扬子鳄,都是举世闻名的珍贵种类。[①]

(二)人均资源量少

尽管中国自然资源总量多,但是中国目前已有 13 亿多人,因此,主要自然资源的人均占有量却很少,并且随着人口的继续增加和自然资源的消耗,人均占有量将继续降低。

从可更新资源的人均占有量看,中国各种主要可再生自然资源的人均值都低于世界人均水平:中国人均土地资源、森林资源、草地资源和耕地资源分别约占世界人均量的 1/3、1/6、1/3 和 1/4。中国人均淡水资源约为2150 m^3,而世界人年均淡水资源约为 11000 m^3;中国耕地资源的人均占有量仅为 0.1 hm^2,而世界人均耕地资源约为 0.37 hm^2,而同为人口大国的印度,人均耕地面积约 0.2 hm^2,约为中国人均耕地面积的 2 倍。

从不可更新资源的人均占有量看,中国各类矿产资源的人均占有量也是比较低的,例如,中国人均石油、天然气的占有量分别为世界人均占有量的 11%、5%。化石能源(包括煤炭、石油、天然气)的人均占有量为世界人均占有量的 58%。铁、铜、铝的人均占有量分别相当于世界人均占有量的88%、66%、67%。中国金属矿产资源仅有用量不大的小宗金属如稀土、钨的人均占有量超过世界人均水平。[②]

(三)空间分布不均

中国自然资源分布地区差异明显,且各类资源地区组合差异也很大。例如耕地资源、森林资源、水资源的 90%以上集中分布在东部,而能源、金

---

① 成升魁,谷树忠,王礼茂等.2002 中国资源报告.北京:商务印书馆,2003.

② 王建安,王高尚等.矿产资源与国家经济发展.北京:地震出版社,2002.

属矿产资源、非金属矿产等地下资源和天然草地相对集中于西部。

长江以北平原广,耕地占全国总量的 63.9%,但水资源仅占全国总量的 17.2%;而长江以南山地面积广,耕地只占全国耕地面积的 36.1%,但水资源却占全国总量的 82.8%。能源矿产主要分布在北方,长江以北煤炭占全国的 90%,仅山西、内蒙古、新疆、陕西、宁夏五省(区)就占全国总储量的 70%;而长江以南能源矿产则严重缺乏。

全国的绝大部分磷矿资源集中在西南地区,铝土矿集中分布在华北、西南,铁矿主要分布在东北和西南,铜矿以长江中下游及赣东北最为富集,其次是西部;铅、锌矿主要分布在华南和西部,钨、锡等中国优势矿产则主要分布在赣、湘、桂、滇等南方省区。

(四)自然资源质量差

中国耕地资源中,一等地约占 40%,中下等地和有限制因素的地占 60%;草地资源主要分布在干旱、半干旱地区和山区,草场质量较差;林地资源较好,一等林地约占 65%。

中国的矿产资源贫矿多而富矿少。例如,在铁矿总储量中,含铁大于 50% 的富铁矿只占 5.7%,贫矿占 94.3%,其中相当部分为难选矿。铜矿的平均品位仅为 0.87%(远低于智利、赞比亚等主要产铜国),其中品位在 1% 以上的储量只占总储量的 35.9%,而且大于 2.0×10^6 t 级的超大型铜矿品位基本上都低于 1%。铝土矿几乎全部为难选冶的一水硬铝石,且铝硅比大于 7,目前可经济开采的矿石在总储量中的比例仅为 1/3 左右。全国磷矿品位仅为 17%(五氧化二磷),富矿(>30%)仅占总资源量的 8%。在能源中,优质能源石油、天然气只占探明能源储量的 20%。这些特点加大了矿产开发利用的难度和成本。

小型坑采矿山多,大型露采矿山少。以铜矿为例,迄今发现矿产地 9000 余个,其中大型矿床仅占 2.7%,中型矿床占 8.9%,小型矿床多达 88.4%,致使 329 个已开采的铜矿区累计铜产量仅 5.2×10^5 t(2000 年),不及智利邱基卡玛塔一个矿山的年产量(6.5×10^5 t)[1]。

共、伴生矿多,单矿种少,利用难度大,成本较高。我国铁矿具有矿床类型多、贫矿多、细粒嵌布矿石多、难选矿多等特点。80% 左右的金属和非金属矿床中都有共、伴生元素,尤其以铝、铜、铅、锌等有色金属矿床为多。

---

[1]　蔡运龙.自然资源学原理(第二版).北京:科学出版社,2007.

单一型铜矿只有 27%；以共、伴生产出的汞、锑、银储量分别占到各自储量的 20%～33%。在开发利用的 139 个矿种中,有 87 种矿产部分或全部来源于共、伴生矿产。在经济技术不甚发达的条件下,不仅能够综合利用的有用组分被浪费,而且由于矿石组分复杂,致使选矿难度加大,开发成本增加。

(五)资源潜力可观

中国国土面积广大,内部分异复杂,随着科学认识和开发利用技术的发展,自然资源发现和开发的潜力还很大。例如,中国大陆是不同时代、多种类型地质单元的多重拼合体,演化历史复杂,成矿条件良好。50 年来地质工作发现大量物、化探异常和矿化点,预示着巨大的找矿远景和资源潜力。仅 20 世纪 80 年代以来,就发现异常 72000 余处,检查异常 25000 处,验证 5600 处,见矿 3200 处,发现大、中、小矿床 217 个,剩余 50000 余个未检查异常点蕴含着巨大的找矿前景。从另一方面看,中国已发现矿化点 20 余万个,仅 2 万余处作了评估,其余 80% 的矿化点的评价定会导致矿产资源发现的重大突破。此外,西部大量矿产资源调查的空白区和东部资源富集区深部地段还会展示良好的找矿前景。再者,按照世界许多资源大国矿业开发的经验,大多数矿山开发深度可达 700～1000 m,中国目前平均仅在 500 m 左右,中国已有的主要矿产富集区深部资源潜力应该是巨大的。[①]

中国资源节流的潜力还很可观,例如,我国单位产值的能耗是印度的 2.3 倍,韩国的 2.1 倍,日本的 5 倍,法国的 4.74 倍;单位产值消耗的钢材是韩国的 3.4 倍,日本的 2.32 倍,法国的 3.71 倍,美国的 2.5 倍(蔡运龙,2000)。这一方面说明我国能源和矿产资源的利用率低,另一方面也显示了在提高资源利用率上大有潜力。又如,目前农业用水超过了农作物合理用水的 1/3 以上,如果采取措施,以现有的灌溉用水量,可扩大有效灌溉面积 1/3 到 1 倍,初步估计西北和华北地区的农业节水潜力可达 1.50×10^{10} m³。工业和城市的节水潜力同样也很大,2000 年的城市污水排放总量为 4.74×10^{10} m³,通过提高污水处理率和回用率,可大大提高工业和城市的供水量。[②]

二、中国自然资源稀缺的挑战

(一)矿产资源

1. 供给保障程度不足

---

① 王建安,王高尚等.矿产资源与国家经济发展.北京:地震出版社,2002.
② 成升魁,谷树忠,王礼茂等.2002 中国资源报告.北京:商务印书馆,2003.

中国现有化石能源储量中,煤炭占世界总量的 16%,石油占 1.8%,天然气占 0.7%,三者总和折合成标准油当量占世界化石能源总储量的比例不足 11%;中国主要固体矿产储量占世界的比例,铁矿石不足 9%,锰矿石约 18%,铬矿石只有 0.1%,铜不足 5%,铝土矿不足 2%,钾盐矿小于 1%。与占世界 21% 的人口相比,中国主要矿产资源已发现的储量显得很贫乏(但是中国陆地面积仅占地球表面陆地面积的 6.443%)。

矿产资源的保障程度用储量寿命指数来表征,所谓储量寿命指数是指当前探明储量与年产量之比,它能显示储量可供开采的年限。中国主要矿产资源的静态储量寿命指数大多低于世界平均水平,即使储量丰富的煤炭,静态保障程度也不及世界平均水平的 50%。由于石油、铁、锰、铬、铜、铝、钾盐等矿产的消费已大量依赖进口,所以现有储量对消费的保障程度(储消比)更低。

2. 需求压力持续增大

目前,中国内地人均石油消费不足美国的 1/18,日本的 1/13;钢材人均消费量不足韩国的 1/7,日本的 1/5,加拿大和德国的 1/4;有色金属人均消费不足美国、德国和韩国的 1/10。主要矿产资源人均消费量是衡量经济社会发展水平的一个标志,中国正处于工业化、城市化高速发展时期,矿产资源的消费需求在数十年内还会成倍增长,需求压力越来越大。

中国人均钢消费量目前为 110 kg,预计 2012～2014 年达到 183～187 kg。2010 年钢消费总需求为 2.5×10^8 t,10 年累计需求 2.1×10^9 t;2020 年需求量为 $(2.6 \sim 2.7) \times 10^8$ t,20 年累计需求 $(4.5 \sim 4.7) \times 10^9$ t;2030 年需求量为 $(2.75 \sim 2.85) \times 10^8$ t,30 年累计需求 7.4×10^9 t。

预测表明,中国一次能源消费需求总量将从 2000 年的 8.0×10^8 t(油当量)左右增加到 2020 年的 $(2.4 \sim 2.8) \times 10^9$ t,若按照目前煤炭占 70%、石油占 23%、天然气占 3% 的能源消费结构,2020 年中国石油消费需求将从 2020 年的 2.32×10^8 增长到 2020 年的 $(5.5 \sim 6.4) \times 10^8$ t。然而,这样低比例油气的能源消费结构很难满足未来经济发展的需要,如果没有新能源的突破和大规模补充,未来实际石油需求量可能更大。

中国正处于经济增长依赖于矿产资源消费同步增长的工业化中期发展阶段,矿产资源加速大量消耗是必然趋势。2000 年,中国钢消费量已达到世界第一、铝消费量世界第二。当前中国自己的矿产资源已很难满足庞大的需求,许多重要矿产品需要大量进口,未来对国际矿产品市场的依赖会更强。

(二)耕地资源

中国有 13 亿多人口,约占世界总人口的 19.57%(2011 年 10 月 31 日凌晨前 2 分钟,作为全球第 70 亿名人口象征性成员的丹妮卡·卡马乔在菲律宾降生),民以食为天,13 亿人口吃饭、加上工业用粮等,每年粮食消耗量应该在 4.5×10^8 t 左右。而综合权威机构预测,到 2020 年中国人口规模将达到 $(1.45 \sim 1.47) \times 10^9$。人均用粮按照 395 kg 的保守标准测算,2020 年粮食总消费量将达到 $(5.7 \sim 5.8) \times 10^8$ t。我国多年的粮食库存消费比一般在 30% 以上,今后也不应低于这一比例。按此测算,到 2020 年我国粮食需求量为 $(7.41 \sim 7.54) \times 10^8$ t。这么多粮食需求冀望于通过国际粮食市场进口既不现实、也不可靠,应该主要依靠中国自己的耕地来生产,而中国耕地上能产生的粮食总产量主要由粮食单产和粮食作物的播种面积决定。

(1)粮食单产随着粮食高产品种的培育和农艺措施的改进而提高,但是,单产不会无限提高,据统计,世界粮食单产已从 20 世纪 60 年代年均增长 3.0%,下降到 90 年代年均增长 1.2%。我国粮食单产在 20 世纪 80 年代初期年均增速达到 5%,以后也明显减缓,90 年代为 2.2%,2000~2008 年为 0.87%,2003 年前的几年甚至出现负增长。

中国的人口

http://www.stats.gov.cn/zgrkpc/dlc/yw/t20110428_402722384.htm

2010 年 11 月 1 日零时为标准时点进行了第六次全国人口普查:中国总人口为 1370536875 人,其中普查登记的大陆 31 个省、自治区、直辖市和现役军人的人口共 1339724852 人,香港特别行政区人口为 7097600 人,澳门特别行政区人口为 552300 人,台湾地区人口为 23162123 人。大陆 31 个省、自治区、直辖市和现役军人的人口,同第五次全国人口普查 2000 年 11 月 1 日零时的 1265825048 人相比,十年共增加 73899804 人,增长 5.84%,年平均增长率为 0.57%。

---

(2)粮食作物的播种面积由耕地面积、粮食播种比例(粮食播种面积占农作物总播种面积的比重)和耕地复种指数等因素决定。

中国的耕地总面积是在不断减少的。1985 年前后,伴随着开发区热和乡镇企业大发展,我国城乡建设用地曾经一度急剧增加,加上农业结构调整,导致耕地面积大量减少。仅 1985 年一年,全国耕地就减少了 1.0×10^6 hm²。耕地面积锐减和随之而来的粮食大减产,引起了党中央、国务院的高度重视。1986年6月25日,全国人大常委会通过《土地管理法》,确立了严格保护耕地的一系列制度,耕地锐减局面得到遏制。此后数年,耕地面积减少放缓到年均$(2.67\sim3.33)\times10^5$ hm²的速度。1996年底中国有耕地面积约1.3×10^8 hm²(19.5亿亩),进入21世纪以来,中国耕地每年减少数百万甚至上千万亩,根据2006年的土地变更数据,2006年10月31日,中国耕地面积为1.218×10^8 hm²(18.27亿亩)。

中国粮食播种比例是不断下降的。改革开放以来,我国粮食作物播种比例总体呈下降趋势,由1978年的80.3%下降到2007年的68.8%,其直接原因是农业结构调整,根本原因是种粮比较效益低。预计粮食播种比例下降的趋势还将继续。按照趋势外推的结果,2020年粮食播种比例可能降至61%(届时这一比例仍然远高于47%的目前世界平均比例)。

耕地复种指数尽管在一定程度上能够提高,但却是有限的。根据遥感统计,2003年我国耕地复种指数约为158%。从自然条件分析,我国复种指数仍有提高的空间,但受种粮效益影响也有下降的可能。综合有关专家的意见,2020年复种指数可以达到165%左右。

通过以上分析可知,粮食安全的基础是耕地,为了保证粮食安全,必须对耕地资源进行严格的保护,但是现阶段中国耕地资源面临着严峻的压力。一方面,随着人口和人均消费的增加,对粮食的需求在很长一段时期里将持续增长;另一方面,耕地却在不断减少。耕地减少的原因,一是中国正处在城市化、工业化高速发展的时期,城市用地、工业用地、交通等基础设施用地不断扩展,不可避免地占用耕地;二是水土流失、沙漠化等不可抗拒的因素不断毁损耕地;三是农业结构调整、生态退耕等必要的土地利用变化也使耕地减少;四是曾经对弥补耕地减少起到关键作用的宜农荒地开垦已经受到极大限制,因为后备耕地资源已显不足,而且靠损失生态用地弥补耕地的做法已不合时宜。

2006年中国提出全国耕地数量要坚守住1.2×10^8 hm²红线,以确保满足国内人口的粮食需求。保护耕地是一件天大的事。而历史经验告诉我们,保住耕地又是一件天大的难事。虽然我们过去曾一次次设定过耕地总量红线,却又一次次地失守红线。

据估计,我国历史上人均耕地最多时(1724年,清雍正二年)曾达到2.067 hm²,20世纪最高水平也曾为0.235 hm²(1910年),随着人口的不断增长,人均占有土地面积不断下降。再加上各种非农建设占用耕地、农业结构调整的退耕还林还草、自然灾害毁损,导致我国耕地总面积和人均面积均大幅度减少。目前我国人均耕地面积仅有 0.087 hm²,大大低于世界平均水平(0.278 hm²),更低于加拿大(1.733 hm²)、美国(0.762 hm²),也不足印度(0.198 hm²)的一半。我国各地人均耕地不足 0.067 hm² 的有 3 个直辖市和南方 4 个省,全国已有 666 个县人均耕地低于 0.053 hm²,其中 463 个县低于 0.033 hm²。预计 2020~2030 年,人均耕地面积将下降到 0.08 hm²(蔡运龙等,2002)。

(三)水资源

水资源(water resources)一词虽然出现较早,随着时代进步其内涵也在不断丰富和发展。但是水资源的概念却既简单又复杂,其复杂的内涵通常表现在:水类型繁多,具有运动性,各种水体具相互转化的特性;水的用途广泛,各种用途对其量和质均有不同的要求;水资源所包含的"量"和"质"在一定条件下可以改变;更为重要的是,水资源的开发利用受经济技术、社会和环境条件的制约。因此,人们从不同角度的认识和体会,造成了对水资源一词理解的不一致和认识的差异。目前,关于水资源普遍认可的概念可以理解为人类长期生存、生活和生产活动中所需要的既具有数量要求和质量前提的水量,包括使用价值和经济价值。一般认为水资源概念具有广义和狭义之分。

广义的水资源是指能够直接或间接使用的各种水和水中物质,对人类活动具有使用价值和经济价值的水均可称为水资源。狭义上的水资源是指在一定经济技术条件下,人类可以直接利用的淡水。一般所讲的水资源限于狭义的范畴,即与人类生活和生产活动以及社会进步息息相关的淡水资源。

1.中国的水资源量

以 2010 年水资源数据为例,根据中国水利部发布的水资源公报,中国的水资源量情况大致如下:

降水量:2010 年,全国平均年降水量 695.4 mm,折合降水总量为 6.58496×10¹² m³,比常年值(多年平均值,下同)偏多 8.2%。从水资源分区看,松花江、辽河、海河、黄河、淮河、西北诸河 6 个水资源一级区(简称北方 6 区,下同)年平均降水量为 365.8 mm,比常年值偏多 11.5%;长江(含太湖)、东南诸河、珠江、西南诸河 4 个水资源一级区(简称南方 4 区,下同)年平均降水量为 1280.2 mm,比常年值偏多 6.7%。在 31 个省级行政区中,降水量比常年值偏多的有 20 个省(自治区、直辖市),其中新疆、辽宁和吉林等 3 省(自治区)偏多程度大于 30%;降水量比常年值偏少的有 11 个省(自治区),其中天津、北京和重庆分别偏少 18.2%、12.6%和 10.6%。

地表水资源量:2010 年全国地表水资源量 $2.97976×10^{12}$ m^3,折合年径流深 314.7 mm,比常年值偏多 11.6%。从水资源分区看,北方 6 区地表水资源量比常年值偏多 16.1%;南方 4 区比常年值偏多 10.7%。在 31 个省级行政区中,地表水资源量比常年值偏多的有 19 个省(自治区、直辖市),其中辽宁和吉林偏多程度大于 80%,海南、浙江、江西、福建、河南、安徽和新疆偏多程度为 30%~60%;比常年值偏少的有 12 个省(自治区、直辖市),其中北京、河北、天津、山西和内蒙古偏少程度为 30%~60%。

2010 年,从国外流入我国境内的水量为 $2.07×10^{10}$ m^3;从国内流出国境的水量为 $6.05×10^{11}$ m^3,流入国际边界河流的水量为 $1.34×10^9$ m^3;全国入海水量为 $1.85×10^{12}$ m^3。

地下水资源量:2010 年,全国矿化度小于等于 2 g/L 地区的地下水资源量为 $8.417×10^{11}$ m^3,其中平原区地下水资源量为 $1.853×10^{11}$ m^3,山丘区地下水资源量为 $6.903×10^{11}$ m^3,平原区与山丘区之间的地下水资源重复计算量 $3.39×10^{10}$ m^3。北方 6 区平原地下水总补给量为 $1.545×10^{11}$ m^3。北方平原区的降水入渗补给量、地表水体入渗补给量、山前侧渗补给量和井灌回归补给量分别占 50.7%、36.4%、8.3%和 4.6%。

水资源总量:2010 年全国水资源总量为 $3.09×10^{12}$ m^3,比常年值偏多 11.5%。地下水与地表水资源不重复量为 $1.11×10^{11}$ m^3,占地下水资源量的 13.2%,也就是说,地下水资源量的 86.8%与地表水资源量重复。北方 6 区水资源总量 $6.05×10^{11}$ m^3,比常年值偏多 15.0%,占全国的 19.6%;南方 4 区水资源总量为 $2.49×10^{12}$ m^3,比常年值偏多 10.7%,占全国的 80.4%。全国水资源总量占降水总量的 46.9%,平均每平方千米产水 $3.26×10^9$ m^3。

2. 中国水资源的稀缺

按照 2010 年的人口数和水资源数量计算,中国人均水资源数量约为 2255 m^3,但这一年中国水资源总量比常年偏多 11.5%。从用水量看,2010 年全国总用水量 $6.022×10^{11}$ m^3,其中生活用水占 12.7%,工业用水占 24.0%,农业用水占 61.3%,生态与环境补水(仅包括人为措施供给的城镇环境用水和部分河湖、湿地补水)占 2.0%。与 2009 年比较,全国总用水量增加 $5.68×10^9$ m^3,其中生活用水增加 $1.77×10^9$ m^3,工业用水增加 $5.64×10^9$ m^3,农业用水减少 $3.41×10^9$ m^3,生态与环境补水增加 $1.68×10^9$ m^3。

由于人口的增加,2030 年中国人均水资源量将下降为 1760 m^3,中国水资源形式相当严峻。不仅如此,目前中国年取水量已超过 5.00×10^{11} m³,约占多年平均水资源总量的 18%,是世界水资源平均利用程度的 2.6 倍。随着工农业发展和人们生活水平的提高,水资源需求量将进一步增加,供需矛盾也将更加突出。其中农业用水量所占比例最大。根据中国工程院研究预测,中国 2030 年和 2050 年的用水量分别是 7.20×10^{11} m³ 和 7.50×10^{11} m³,过量取水会给水文系统和生态系统带来极大风险。此外,为了提供新增加的 1.00×10^{11} m³ 余供水量,需要通过兴建各种蓄水和引水工程来实现,其工程规模和工程量也将面临各种限制。

中国水资源一方面严重短缺,另一方面又严重浪费。水资源浪费现象包括农业输水和用水的低效率、工业万元产值用水量定额过高等(成升魁,2003)。

三、中国自然资源开发的生态影响

近年来中国经济的高速增长,在相当程度上是以资源高消耗和环境严重污染为代价的,资源开发活动不合理对生态环境造成的不利影响主要表现在以下几个方面:

(一)环境污染

1. 土壤污染

环境污染已从城市向农村蔓延。工业"三废"和农药污染的耕面积日益增加。特别是土壤重金属污染已对中国的生态环境、食品安全、百姓身体健康和农业可持续发展构成严重威胁。

中国 1.0×10^7 hm² 耕地受重金属污染

2013-01-30,中国证券网

环保部部 2006~2010 年组织开展的土壤污染调查结果表明,在珠三角、长三角、环渤海等发达地区,不同程度地出现了局部或区域性土壤环境质量下降的现象。工业"三废"排放,各种农用化学品使用,城市污染向农村转移,污染物通过大气、水体进入土壤,重金属和难降解有机污染物在土壤中长期累积,致使局部地区土壤污染负荷不断加大。在对我国 30 万公顷基本农田保护区土壤有害重金属抽样监测时发现,有 3.6×10^4 hm² 土壤重金属超标,超标率达 12.1%。

华南地区部分城市有 50% 的耕地遭受镉、砷、汞等有毒重金属和石油类有机物污染;长江三角洲地区有的城市连片的农田受多种重金属污染,致使 10% 的土壤基本丧失生产力。

国土资源部此前表示,目前全国耕种土地面积的 10% 以上已受重金属污染,约有 1.0×10^7 hm^2,此外,污水灌溉污染耕地 2.17×10^6 hm^2,固体废弃物堆存占地和毁田 1.33×10^5 hm^2,其中多数集中在经济较发达地区。

但是中国土壤污染的详细信息却难以获取,2013 年 1 月 30 日北京律师董正伟通过在线提交和发送电子邮件方式,向环保部提交了两份信息公开申请,一份是申请公开全国土壤污染状况调查方法和数据信息;另一份是申请公开全国土壤污染的成因和防治措施(方法)信息。2 月 24 日他收到了环保部的公开答复函件,答复内容总计 22 页,但以"全国土壤污染状况调查数据属于国家秘密"为由,根据政府信息公开条例第 14 条规定,环保部不予公开。对环保部的"国家秘密"说,董正伟认为是环保部不敢公开,他说:"此前,环保部多次对媒体称土壤环境污染状况调查数据报国务院批准后向社会公开。由此看来,土壤污染状况数据十分严重,环保部不敢向社会公开。"

公众与环境研究中心主任马军认为,土壤污染不仅会对公众健康造成直接损害,它还可以通过食品、地下水、空气等对人体健康造成间接损害,土壤污染问题事关公众健康,公众应该有知情权。但他同时承认,土壤污染数据确实具有敏感性,一旦全面公开可能会造成大范围或大数量人群的恐慌。"但这些都不能成为环保部不公开土壤污染信息的理由。"马军认为公众对此有知情权,环保部应就敏感数据以及可能影响社会稳定数据作出充分解释,并告知公众,政府将采取何种有效措施进行治理,这样就可以大大降低数据的敏感性和公众的不满。

2. 水污染

2010 年全国废污水排放总量 792×10^8 t。在此排放条件下,我国各类水体水质状况及水体环境功能区达标情况如下:

河流水质:2010 年,对全国 17.6×10^4 km 的河流水质进行了监测评价,Ⅰ 类水河长占评价河长的 4.8%,Ⅱ 类水河长占 30.0%,Ⅲ 类水河长占 26.6%,Ⅳ 类水河长占 13.1%,Ⅴ 类水河长占 7.8%,劣 Ⅴ 类水河长占 17.7%。全国全年 Ⅰ~Ⅲ 类水河长比例为 61.4%,比 2009 年提高 2.5 个百分点。全国 10 个水资源一级区 Ⅰ~Ⅲ 类水河长比例由高至低排序,依次为:西北诸河区 95.8%、西南诸河区 86.9%、东南诸河区 75.7%、珠江区 70.8%、长江区 67.4%、松花江区 50.8%、黄河区 42.5%、辽河区 41.7%、淮河区 38.9%、海河区 37.2%。

湖泊水质:对 99 个湖泊的 2.5×10^4 km² 水面水质进行了监测评价,水质符合和优于Ⅲ类水的面积占 58.9%,Ⅳ类和Ⅴ类水的面积共占 27.9%,劣Ⅴ类水的面积占 13.2%。对上述湖泊进行营养状态评价,贫营养湖泊有 1 个,中营养湖泊有 33 个,轻度富营养湖泊有 37 个,中度富营养湖泊有 28 个。国家重点治理的"三湖"情况如下:

太湖:若总磷、总氮不参加水质评价,则Ⅱ类水面积占 60.1%,Ⅲ类水面积占 28.4%,Ⅳ类水面积占 11.5%,全湖总体水质为Ⅲ类。若总磷、总氮参加水质评价,Ⅳ类、Ⅴ类、劣Ⅴ类水面积分别占评价面积的 0.3%、18.8% 和 80.9%,全湖总体水质为劣Ⅴ类。除贡湖、东太湖和东部沿岸区处于轻度富营养状态外,其他湖区均处于中度富营养状态。

滇池:耗氧有机物及总磷、总氮污染均十分严重。无论总磷、总氮是否参加评价,水质均为劣Ⅴ类。营养状态与 2009 年相同,处于中度富营养状态。

巢湖:西半湖污染程度明显重于东半湖。若总磷、总氮不参加评价,东半湖评价水面水质为Ⅲ类、西半湖为Ⅳ类,总体水质为Ⅳ类。若总磷、总氮参加评价,东半湖评价水面水质为Ⅴ类、西半湖为劣Ⅴ类,总体水质为劣Ⅴ类。东半湖处于轻度富营养状态,西半湖处于中度富营养状态。

水库水质:在监测评价的 437 座水库中,水质优良(优于和符合Ⅲ类水)的水库有 341 座,占评价水库总数的 78.0%;水质未达到Ⅲ类水的水库有 96 座,占评价水库总数的 22.0%,其中水质为劣Ⅴ类水的水库有 37 座。对 420 座水库的营养状态进行评价,中营养水库有 291 座,轻度富营养水库 102 座,中度富营养水库 25 座,重度富营养水库 2 座。

省界水体水质:对全国 339 个省界断面的水质进行了监测评价,水质符合和优于地表水Ⅲ类标准的断面数占总评价断面数的 51.3%,水污染严重的劣Ⅴ类占 20.6%。各水资源一级区中,省界断面水质较好的是西南诸河区和东南诸河区,海河区省界断面水质较差。省界断面的主要污染项目是化学需氧量、高锰酸盐指数和氨氮。

水功能区水质达标状况:2010 年全国监测评价水功能区 3902 个,按水功能区水质管理目标评价,全年水功能区达标率为 46.0%,其中一级水功能区(不包括开发利用区)达标率为 54.7%,二级水功能区达标率 41.3%。

在一级水功能中,保护区达标率为 63.3%,保留区达标率为 61.1%,缓冲区达标率为 33.0%。

地下水水质:2010 年,根据 763 眼监测井的水质监测资料,北京、辽宁、吉林、黑龙江、上海、江苏、海南、宁夏、广东 9 个省(自治区、直辖市)对地下水水质进行了分类评价。水质适合于各种使用用途的 I~II 类监测井占评价监测井总数的 11.8%,适合集中式生活饮用水水源及工农业用水的 III 类监测井占 26.2%,适合除饮用外其他用途的 IV~V 类监测井占 62.0%。

3. 环境空气污染

根据《2010 年中国环境状况公报》,2010 年,全国 471 个县级及以上城市开展环境空气质量监测,监测项目为 SO_2、NO_2 和可吸入颗粒物。其中 3.6% 的城市达到一级标准,79.2% 的城市达到二级标准,15.5% 的城市达到三级标准,1.7% 的城市劣于三级标准。全国县级城市的达标比例为 85.5%,略高于地级及以上城市的达标比例。地级及以上城市(含地、州、盟所在地)空气质量达到国家一级标准的城市占 3.3%,二级标准的占 78.4%,三级标准的占 16.5%,劣于三级标准的占 1.8%。

可吸入颗粒物年均浓度达到或优于二级标准的城市占 85.0%,劣于三级标准的占 1.2%。SO_2 年均浓度达到或优于二级标准的城市占 94.9%,无劣于三级标准的城市。所有地级及以上城市 NO_2 年均浓度均达到二级标准,86.2% 的城市达到一级标准。

113 个环境保护重点城市空气质量有所提高,空气质量达到一级标准的城市占 0.9%,达到二级标准的占 72.6%,达到三级标准的占 25.6%,劣于三级标准的占 0.9%。

全国城市大气污染程度有减缓之势,但污染面有所扩大,酸雨区则由南向北缓慢推进,面积逐渐扩大。城市生活垃圾迅速增加,工业固体废弃物污染日益严重。

(二)土地退化

1. 沙漠化

沙漠化(desertification)是指干旱和半干旱地区,由于自然因素和人类活动的影响而引起生态系统的破坏,使原来非沙漠地区出现了类似沙漠环境的变化。在干旱和亚干旱地区,在干旱多风和具有疏松沙质地表的情况下,由于人类不合理的经济活动,使原非沙质荒漠的地区,出现了以风沙活动、沙丘起伏为主要标志的类似沙漠景观的环境退化过程。

中国是世界上沙漠面积较大、分布较广、荒漠化危害严重的国家之一。

在西北、华北、东北分布着 12 块沙漠和沙地，它们绵延成北方万里风沙线。在豫东豫北平原，在唐山、北京、鄱阳湖周围，北回归线一带还分布着大片的风沙化地带。全国沙漠和荒漠化土地面积达 $153.3 \times 10^4 \ km^2$，占国土面积的 15.9%。荒漠化和干旱给中国的一些地区的工农业生产和人民生活带来严重影响。中国 60% 以上的贫困县都集中在这里，其中最严重的地区温饱问题还没有解决。

在中国，直接受荒漠化危害影响的人口约 5000 多万人。西北、华北北部、东北西部地区(简称"三北")每年约有 $1.33 \times 10^7 \ hm^2$ 农田遭受风沙灾害，粮食产量低而不稳定；有 $1.0 \times 10^8 \ hm^2$ 草场严重退化；有数以千计的水利工程设施因受风沙侵袭排灌效能减弱。尽管中国从来没有停止过对荒漠化的治理，由于种种原因，中国土地荒漠化扩大的趋势还在继续。50～70年代，中国荒漠化土地平均每年以 $1650 \ km^2$ 的面积在扩大。在 20 世纪 70 年代中期以前，沙漠化年扩展面积为 $1.56 \times 10^5 \ hm^2$，1980 年代发展为每年扩展 $2.1 \times 10^5 \ hm^2$，而 20 世纪 90 年代以来则达到每年 $2.46 \times 10^5 \ hm^2$，每天就有 $5.6 \ km^2$ 的土地荒漠化。

沙漠与沙漠化的地域已由 1949 年的 $6.67 \times 10^5 \ km^2$，扩大到 1985 年的 $1.30 \times 10^6 \ km^2$，约占国土总面积的 13.6%。根据中国国家林业局于 2006 年 6 月 17 日的公布，中国沙漠化土地达到 $1739700 \ km^2$，占国土面积 18% 以上，影响全国 30 个一级行政区(省、自治区、直辖市)。沙化土地，每年还以 $60 \ km^2$ 的速度增长。

2. 土壤侵蚀

土壤侵蚀(soil erosion)是指土壤、土壤母质和其他地面组成物质在水力、风力、冻融和重力等外力作用下，被破坏、剥蚀、搬运和沉积的全过程。通常分为水力侵蚀、重力侵蚀、冻融侵蚀和风力侵蚀等。其中水力侵蚀是最主要的一种形式，习惯上称为水土流失。

由于土壤侵蚀，使土地的土层变薄、土壤肥力和质量下降，植被破坏、生态系统退化，地面被切割得支离破碎、耕地面积不断缩小。

据统计全国水土流失总面积达 $1.50 \times 10^6 \ km^2$(不包括风蚀面积)，几乎占国土总面积的 1/6。黄土高原总面积为 $5.3 \times 10^5 \ km^2$，水土流失面积达 $4.3 \times 10^5 \ km^2$，占总面积的 81%。黄土高原上被侵蚀的泥沙涌入黄河，被形象地成为"中国主动脉大出血"。据资料介绍，在晋、陕、甘等省内，每平方千米有支、干沟 50 多条，沟道长度可达 5～10 km 以上，沟谷面积可占流域面积的 50%～60%。南方山地丘陵由于水土流失严重形成的"劣地"和

"红色沙漠",面积比 50 年代增加了 38％以上。其中西南地区的喀斯特丘陵山地,水土流失造成的"石漠化"特别触目惊心。

3.盐碱化和潜育化

土壤盐碱化(soil salinization)又称土壤盐渍化,是指土壤含盐量太高(超过 0.3％),而使农作物低产或不能生长。土壤盐碱化形成的条件一是气候干旱和地下水位高(高于临界水位)。地下水都含有一定的盐分,如其水面接近地面,而该地区又比较干旱,由于毛细作用上升到地表的水蒸发后,便留下盐分。日积月累,土壤含盐量逐渐增加,形成盐碱土。二是地势低洼,没有排水出路。洼地水分蒸发后,即留下盐分,也形成盐碱地。

中国北方耕地盐碱化面积约 6.67×10^6 hm²,在干旱、半干寒区较为严重,主要由于不合理灌溉造成,如超灌、漫灌、有灌无排,东部沿海地区主要由于海水倒灌所致。

土壤潜育化(gleying process of soil)指土壤长期滞水,严重缺氧,产生较多还原物质,使高价铁、锰化合物转化为低价状态,使土体变为蓝灰色或青灰色的现象。中国南方水田土壤潜育化面积占 20％～40％。

4.耕地生产力下降

我国耕地的有机肥投入普遍不足,使耕地土壤有机质含量逐年减少;化肥结构不合理,氮、磷、钾失调。全国土壤有机质含量平均为 1％～2％,9％的耕地有机质含量低于 0.6％,59％缺磷、23％缺钾、14％磷钾俱缺。同时,大量施用化学肥料,导致土壤板结,生产力明显下降。

5.采矿迹地

矿产资源开发和工程建设过程中的剥离、塌陷,废弃矿石、废渣堆占等,使得表土毁坏。据统计,全国此类土地已达 1.33×10^7 hm²。

(三)生态系统服务功能降低

长江、黄河等大江大河源头地区生态环境恶化呈加剧趋势。沿江、沿河的重要湖泊和湿地日益萎缩,特别是北方地区河流断流、湖泊干涸、地下水位严重下降,加剧了旱涝灾害的危害和植被退化、土地沙化。草原地区超载放牧、过度开垦和樵采、林地的乱砍滥伐,致使林草植被遭到破坏,生态系统退化、生态系统服务功能降低甚至丧失。

水生态失调加重,河流断流,许多河川径流量严重衰减,全国中小河流数量减少,断流情况不仅出现在降水量少的北方地区、西北干旱区,而且出现在雨量充沛的南方地区;不仅是小河小溪断流,而且大江大河也发生断流。湖泊萎缩,实地破坏加剧。地下水位持续下降,冰川后退,雪线上升。

近海环境持续恶化,特别是 20 世纪 90 年代末,中国沿海大面积的赤潮发生频率增加,2000 年中国赤潮创历史最高纪录。在许多地方人工植被建设始终赶不上天然植被破坏的速度,森林面积减少,生物多样性降低的势头仍未改变。

湿地生态系统的丧失也是生物多样性降低的一个重要原因,湿地开垦、捕猎和捕捞过度、兴修大型水利工程破坏水生生物的栖息地和洄游路线,过度采挖野生经济植物、污染环境。

第四节 自然资源稀缺与贫困问题

当前,发展中国家或地区经济增长的紧迫需求构成了一套与发达国家极不相同的资源环境问题,发展中国家主要关注的不是环境问题,而是贫困问题,发展中国家贫困问题的实质包含稀缺、风险、公平等方面。

一、稀缺

(一)基线稀缺

基本流动性资源的供给不足以使人们在生命的"基线"标准上生存,可称为基线稀缺。目前几种重要的流动性资源严重短缺已影响到千百万人的基本生存。例如,土壤侵蚀和荒漠化现在已是一种广泛现象,导致农业生产力显著下降,造成区域性的粮食短缺。地区性的水资源短缺已影响到世界近 50% 的人口,不仅直接降低人们的健康和福利水平,还使增加农业产出的困难更加严重。森林砍伐已引起严重的地区性薪柴短缺,而薪柴在很多欠发达国家仍然是重要的燃料来源,森林砍伐又是加速土壤侵蚀的一个重要因素。

基线稀缺是由复杂的经济、社会、人口、制度和政治条件造成的,发展中国家有占世界近一半的人口缺水,即使在降水相对较多的发展中国家也面临缺水。水资源稀缺问题并不是自然造成的,也不仅是由于投资不足,生态系统服务功能退化也成为重要原因。例如水污染正威胁着很多人的健康,虽然一些污染物是工业产物,但主要是由于缺乏卫生设施、垃圾及其他废弃物污染径流而引起的。缺乏基本的基础设施以清除和处理所有形式的人类废物,这产生了在发达国家看来难以想象的城市环境问题。这些问题的解决不仅需要稀缺的财政投资,还需要在管理体制、城市和经济增长模式及观念态度等方面有显著的改变。

（二）经济稀缺

当现行价格上的需求数量超过供给数量时，就产生了经济稀缺。如果价格上升，需求量将减少，供给量将增加，使供给量接近或超过需求量，经济稀缺消失。从某种意义上说，发展中国家基本流动性资源的稀缺是经济稀缺，因为人们能够支付的价格不足以提供刺激以维持供给。但是，在这种情况下，价格的上升只能改变市场稀缺的表象，而没有触及（事实上还加剧了）供给与基线需求之间的差距这一根本问题。

当消费并不直接关系到基本生存时，所产生的任何供给短缺都可以通过增加供给和抑制需求来解决，而价格上涨是一种可行的方法，例如，管制使美国的天然气价格保持在达到供求均衡所要求的水平以下，于是经济稀缺产生了。而随着时间的推进，当对投资新供给来源的刺激也减少时，经济稀缺就变得更加显著。这种形式的稀缺在公共供水方面也普遍产生，尤其是在生活用水和灌溉方面。当供给机构将单位价格保持在长期供给成本以下时，就有产生经济稀缺的趋向，除非引入切实的配给措施，或采取大规模扩展供给能力的办法，由其他用水户或纳税人来补贴。当然，对于基本生活资源如果接受支付能力是正确的分配标准，那么价格的变化可以解决稀缺，但也只能解决在相互竞争的用户之间分配供给的问题，而不能解决基本供给的稀缺问题。

二、风险

风险与事物发展的不确定性、缺乏对事物发展方向的预测能力、应对风险体制的不完善有关。

（一）全球风险

人类活动已经在全球尺度上降低了生物多样性，改变了地球能量的收支平衡以及生物地球化学循环的速率。从自然生态系统的角度看，环境变化本身无所谓好坏，自然生态系统一直在独立于人类活动而发生着变化。例如，地球演化历史上曾经出现过多次的冰期和间冰期，这种气候的变化与人类活动无关。人类直到近100年才对自然有了显著的影响，问题是人类引起的变化是否会威胁到人类自身的长期存在，地球能量收支平衡和地球生物化学循环受人类活动干扰的强度能有多大，人类造成的环境变化的后果是怎样的，所有这些对人类目前的认知能力来讲都是不确定性的。

20世纪70年代环境运动的高峰时期，生命支持系统很快就会崩溃的预言盛行一时,其基础常常是对自然规律或调节机制的推断和猜想。今天,普遍认为人为引起的环境变化可能有深刻的社会经济含义。例如,全球变暖问题的解决将依靠各国如何联系世界经济范围内其他(通常是更为紧迫的)经济、政治和社会"危机"来响应,并依赖于政策将如何干预。

(三)地方风险

在地方尺度上,资源环境冲突也具有不确定性。甚至在科学家之间,对于有害设施(如核电厂)、人工肥料和杀虫剂利用及潜在有害废物的堆积等有关的风险,看法也不一致。许多此类风险具有公共性质,个人对风险扩散和改变废弃物战略的影响很小。

世卫组织称日本福岛核电站周边地区患癌症风险增加

2013-03-01,国际在线专稿

东日本大地震发生两周年前夕,世界卫生组织 28 日在日内瓦发布报告对福岛核事故的健康风险进行评估。报告称,福岛第一核电站周围最受影响地区人群患癌症风险加大,而包括中国在内的日本以外地区人群的健康风险不会有明显增加。

这份报告以 2012 年 5 月公布的世卫组织福岛核事故初步辐射剂量估算为基础,由独立国际专家对最受辐射影响的福岛县和世界其他地区人群的健康风险进行评估。世卫组织公共卫生和环境司长玛丽亚·内拉女士在当天举行的新闻发布会上介绍说,报告按照地区和年龄分类对潜在健康风险进行评估:"报告对福岛县居住的人、福岛县以外的日本其他地区、邻国和世界其他地区进行评估和分析。另外,我们将人群分成不同年龄段,包括 1 岁的婴儿、10 岁的儿童和 20 岁成人。"

该报告是福岛核电站事故后首次对辐射暴露造成的全球健康影响进行分析。报告说,考虑到估算的辐射照射水平,最可能发生的潜在健康影响就是癌症风险增加。评估主要针对白血病、乳腺癌、甲状腺癌和实体肿瘤(即可通过 X 光、CT 扫描等临床检查发现的有形肿块)玛丽亚·内拉表示,按照年龄、性别和距离核电站远近对数据进行了分解,发现居住在受辐射污染最严重地点的人群确实面临更高的癌症风险。

"在福岛县受辐射影响最严重的两个地点,预计受照男婴一生中患白血病的风险增加 7%,1 岁女婴(一生)患乳腺癌的几率增加 6%。我们对实体肿瘤进行了集中统计,预计受照女婴患病风险增加 4%。对于甲状

癌,受照女婴一生患病风险最多增加70%。"

报告说,除了最受辐射影响的地点外,预计一般人群健康风险很低,预计不会观察到高于癌症基线风险(即常规风险水平)的增加。报告进一步指出,预计受损核电站释放的辐射剂量不会导致流产、死产以及其他影响事故后出生婴儿的身体和精神疾病发病率增加。世卫组织食品安全和人畜共患病司代理司长安杰里卡·特里舍表示:"福岛县以外的地区,特别是日本的邻国,预计健康风险是否定的,所以在这些地区不会因为福岛核事故产生额外的健康风险。"

这份长达166页的报告还特别涉及福岛核电站应急救援人员这一特殊群体。据估计,约有2/3的福岛第一核电站紧急救援人员的癌症风险与一般人群一致,另外1/3一生罹患白血病、甲状腺病和所有实体肿瘤的风险估计将高于基线水平。

玛丽亚·内拉表示,这份报告的主要意图在于向预计风险较大地区的政策制定者、健康工作者提供建议,帮助制定应对措施。她表示,继续进行长期环境监控是接下来的重要工作:"下一步我们希望这份报告能够为公共卫生行动提供帮助,需要保证进行包括食品和环境在内的监控。这些监控也许要进行几十年的时间。当有了更多的研究和数据后,我们也将可以进行更细致的风险评估。"

除了对健康的直接影响外,报告还注意到,心理影响可能对人们的健康和安宁产生不良后果。专家组认为,在对灾害做出总体应对时,不应忽略这方面的影响。

对潜在有害活动的审核程序中如何考虑风险,经济学家长期以来一直在研究这个问题。但是,要客观看待这些问题总是很困难的,因为大部分对资源环境风险的评价都是主观的。例如,科学家根据概率估算,概率发生的时间间隔,以及按死亡、伤害或损坏评估的结果来评价风险;然而公众都是主观地感知风险,很少理性地评价。在风险感知方面的差别对理解人类响应至关重要。甚至在诸如洪水或旱灾这样突出的风险中,常有各种记录给出了充分准确的发生概率,但个人的感知与实际的可能性差别很大,并且随不同人的经历、教育背景等而变化。

福利经济学依据消费者权益推理,设想个人的偏好应该是决策的基础之一,然而这在资源环境风险评价上导致了3个问题。

(1)低风险的行为是否就是可行的？对于低概率风险（如核电站泄漏）公众一般都认为是不会发生的，但是，低概率并不一定不发生。所以，低风险的行为的可行性仍值得怀疑。

(2)风险评价的公众调查范围如何确定？通常在对某一行为造成的风险进行评价时，采取调查公众对风险的可接受程度的方法。但是这种方法常常会因为调查的公众范围不同而得出不同（甚至相反）的结论。

(3)如何汇总公众避免风险的观点？每个人的风险感知不同，如果风险涉及很多人，那么风险对于作为一个整体的社会可能是中性的。但对于受风险直接威胁的个人来讲则是巨大的。

三、福利分配

可更新资源各种形式的退化都会产生经济和福利损失，如人体健康受损、农业产量降低、环境美学价值降低、污水处理费用增加等。另一方面，避免或减轻损失需要投资。那么，如何把这些费用和损失在社会不同集团之间进行空间和时间上的分配？

对于各种自然资源开发利用产生的效益都是由资源开发者享用，而资源开发活动产生的污染代价却可能是由其他人来承担。例如，一条河流上下游居民对河水的利用关系，居住在河流上游的居民利用河流中的水资源，产生一定的经济效益，同时利用后的废水不经处理就排放到河流中，使河流水质下降。下游居民取用的河水就是已经被污染了的，在利用之前需要经过净化处理，而处理的费用只能由自己承担。这种情况下，上游居民作为水资源的开发利用者，污染河水的行为是损人利己的。

当然大多数情况下资源利用产生的污染也会损害污染者本人，但是，污染者本人承担污染损失，却也享受了资源利用带来的福利。而污染者周围没有享受资源利用所带来的福利的人们却也与污染者同样承担污染损失。例如，燃煤的企业所有者将燃煤废气不经处理直接排放，被污染的空气既损害企业主的身体健康，也损害企业周围居民的身体健康。这种情况下，仅从污染损害的角度看，企业主的行为是损人不利己的。

尽管自然资源开发会造成环境污染和生态破坏，但由环境污染和生态破坏造成的损失尚未严重到让人愿意放弃开发自然资源。在这种权衡过程中，决策者一般仅从自己资源开发的经济收益和资源开发带来的污染的经济损失考虑，并且常常不考虑对别人带来的污染损失。

四、资源耗竭

从人类中心主义的角度看,耗竭和稀缺之间并无必然的一致性。在一般情况下,耗竭确实会产生供应短缺的问题,如地下水、森林、土壤肥力耗竭,但是,稀缺是一个文化概念,且隐含着对特殊财货与服务的需求;如果存在替代品,则某种自然资源的耗竭并不一定意味着稀缺。例如,如果很容易找到替代能源,则天然气储存的耗竭就并不重要。如果海洋中某种鱼类资源的产量能保证人类对水产品的需求,则另一种鱼的储存量的耗竭就不成其问题。这就出现了一种可能,即如果有新资源可望取代所关注的流动性资源作为产品和服务的来源,则耗竭只不过是一种概念问题。当然,这种观点违背生态学原理,因为生物多样性对人类长期生存至关重要。这种观点也不符合动物保护主义者的愿望,更会受到那些认为所有生命都有生存权利的生命伦理者的抵制。

第四章 自然资源的相对稀缺与冲突

自然资源的供给相对于人类的需求而言是不足的,在这样的情况下,国家之间为了取得生死攸关的资源供给就有可能发生冲突。即使在同一个国家内部的不同地区之间,也会因为可供分配的资源有限而发生冲突。

第一节 自然资源相对稀缺的产生

当全球尺度上自然资源的总需求量超过总供给量时所造成的稀缺称为绝对稀缺;在自然资源的总供给尚能满足总需求,但由于分布不均而造成的区域性稀缺称为相对稀缺。迄今为止,世界各地所发生的自然资源稀缺都是相对稀缺而非绝对稀缺的逼近。

在国家和区域尺度上,资源稀缺、饥饿、贫困广泛存在。但是这并非意味着全球自然资源的供给已达到了极限,而是在很大程度上由自然资源在全球尺度上分布的不平衡、国际经济秩序的不合理、国家内部经济——社会体制不适应、地域经济发展水平差异、社会分配不公以及其他政治、军事文化等原因造成的。

一、资源分布不均与经济发展差异造成的稀缺

资源利用是不平等的。首先,资源的地理分布是不平衡的。一些国家可能拥有丰富的矿藏、土地和森林,而另一些国家则可能资源缺乏。其次,经济发展阶段和资源开发的历史不同,有些国家经过长期的资源开发,已经在相当程度上消耗了本国的资源,造成国内资源的短缺。第三,经济发展水平和人口分布的差异,造成人均资源消耗大不一样,如一个美国人每年消耗的能源是一个印度人的 35 倍,消耗的水量是一个加纳人的 70 倍。总的来看,占世界人口 1/5 的发达国家消耗的资源占世界资源消耗量的 2/3。

这种资源分布、消费和生产在空间上的不一致,就会引起地区性的资源稀缺,无论是发达国家还是发展中国家都存在一定程度的资源稀缺问题。

二、国际关系造成的资源稀缺

由于自然资源分布的不均衡,某些持有某种战略性资源的国家通过控制这种资源的出口价格等手段,影响其他地区这种资源的可得量,造成供不应求的稀缺。例如,成立于 1960 年的石油输出国组织(OPEC,目前包括伊朗、伊拉克、科威特、沙特阿拉伯、阿拉伯联合酋长国、阿尔及利亚、利比亚、尼日利亚、卡塔尔、委内瑞拉、安哥拉和厄瓜多尔共 12 个成员国,根据《BP世界能源统计 2011》,2010 年底该组织成员石油总储量为 1.0684×10^{12} 桶,约占世界石油储量的 77.2%)的联合行动,已造成被公认的三次石油危机,分别发生在 1973 年、1979 年和 1990 年。

全球三次石油危机

http://baike.baidu.com/view/150914.htm

第一次危机(1973 年):1973 年 10 月第四次中东战争爆发,为打击以色列及其支持者,石油输出国组织的阿拉伯成员国当年 12 月宣布收回石油标价权,并将其积沉原油价格从每桶 3.011 美元提高到 10.651 美元,使油价猛然上涨了两倍多,从而触发了第二次世界大战之后最严重的全球经济危机。持续三年的石油危机对发达国家的经济造成了严重的冲击。在这场危机中,美国的工业生产下降了 14%,日本的工业生产下降了20% 以上,所有的工业化国家的经济增长都明显放慢。

第二次危机(1978 年):1978 年底,世界第二大石油出口国伊朗的政局发生剧烈变化,伊朗亲美的温和派国王巴列维下台,引发第二次石油危机。此时又爆发了两伊战争,全球石油产量受到影响,从每天 5.8×10^6 桶骤降到 1.0×10^6 桶以下。随着产量的剧减,油价在 1979 年开始暴涨,从每桶 13 美元猛增至 1980 年的 34 美元。这种状态持续了半年多,此次危机成为上世纪 70 年代末西方经济全面衰退的一个主要原因。

第三次危机(1990 年):1990 年 8 月初伊拉克攻占科威特以后,伊拉克遭受国际经济制裁,使得伊拉克的原油供应中断,国际油价因而急升至42 美元的高点。美国、英国经济加速陷入衰退,全球 GDP 增长率在 1991年跌破 2%。国际能源机构启动了紧急计划,每天将 2.5×10^6 桶的储备原油投放市场,以沙特阿拉伯为首的欧佩克也迅速增加产量,很快稳定了世界石油价格。

此外,2003 年国际油价也曾暴涨过,原因是以色列与巴勒斯坦发生暴力冲突,中东局势紧张,造成油价暴涨。几次石油危机对全球经济造成严重冲击。

20 世纪 50～80 年代世界社会主义与资本主义两大阵营的对峙,对一些重要的战略资源实行了封锁和禁运;近年来,国际社会中存在的一些局部(如伊拉克、波黑、古巴等)的封锁和禁运,导致遭受封锁和禁运的国家或多或少面临着资源稀缺问题,有的甚至导致人民生存必需的食物、燃料等资源的匮乏。

但是,国际关系中的对峙随着时间的推移会有所减缓,因而由国际关系紧张造成的资源稀缺是局部的和短期的。特别是 20 世纪 80 年代末以来,东西方对峙的局面已不复存在,世界经济的联系越来越密切,随着经济全球化,同住地球村的世界各国人民之间的交往越来越多,各国、各地区相互之间的依赖程度越来越大,这有利于解决地区性资源稀缺问题。

三、贫困造成的资源稀缺

欠发达国家的资源稀缺通常是与其贫困问题、生态退化问题互为因果地联系在一起的。

在完备的市场条件下,资源稀缺一般是通过价格的上涨以平抑需求、刺激供给来解决的。但是这个过程取决于人民能否承受得了价格上涨带来的冲击。相对而言,大多数发达国家的经济系统更接近这类完备的市场条件,因而有能力做出适当的调整,以应对某些特殊种类资源的稀缺。但是在欠发达国家和地区,人们的生活水平很低,价格上涨导致人们的购买力下降,甚至影响其基本生活需求的满足。因此,价格上涨不仅不能解决稀缺问题,反而有可能使稀缺加重。不过,这种稀缺并不意味着自然的限制,而是由于经济原因及消费者缺乏有效需求以调整各种投资去克服稀缺。

对贫困地区或国家而言,当市场上的资源产品与免费的天然可用之物竞争时,改善供应就更加困难。例如,地方河流可以代替自来水,尽管河水已高度污染;在附近的荒野里樵采可以代替在市场上购买燃料。政府出于保护人民身体健康和保护环境与资源的愿望,当然不愿意公众利用这些"替代品",但又很难投资改变这种状况。

很多发展中国家为了发展农业生产和改善生活条件,还经常从非常紧张的财政预算中拨款对灌溉和生活用水实行补贴。由于所收取的水费很低,使很多人感觉节约用水的必要性不大,使用水量进一步增加,这样不仅没有缓解水资源的稀缺,反而使稀缺加重。而为了增加水资源的可得量投资建成的水利设施,收益比计划的要低得多,以至于补贴成为国家巨大的财政负担,许多国家对这些水利设施的运营和维护也不堪重负,水资源稀缺更加严重,这在中国、埃及等国家都是普遍存在的现象。

靠出口本国资源和初级产品的发展中国家,因经济问题引起的资源稀缺,其后果更严重。例如,赞比亚的国民经济在很大程度上依赖铜的生产和出口。20世纪70年代大举借债进口石油和其他设备发展工业和运输系统,以便扩大铜的生产,出口创汇,偿还外债和发展经济。但是由于石油涨价、外债利息上涨,同时铜价在国际市场上下跌,更是雪上加霜。从1977年起出口铜矿石已不能收回成本,因而无力支付利息、购买石油、更新设备和运输系统以保持正常的生产能力。发展中国家出口的初级产品价格下降是造成出口收入降低的主要原因,使急需的工业设备、配件、能源和粮食也无力进口,局面继续恶化。

四、生态系统退化造成的资源稀缺

自然资源是通过生态学过程产生的,生态系统服务功能是自然资源产生的基础。但是在自然和人为干扰下,自然生态系统发生了退化,从而使生态系统服务功能降低,进而使自然资源稀缺程度增大。

生态系统退化包括两方面,一是生态系统的无机环境退化,二是生态系统的生物群落的退化。

自然生态系统的无机环境发生变化,导致可再生的生物资源数量的变化,从而使人类社会的食物资源的保障受到冲击。无机环境的变化可以是自然原因造成的(例如因降水量减少而引起的干旱,使粮食产量下降而造成食物资源稀缺),也可能是人为原因造成的(例如人类排放污水使水体受到污染,造成鱼类等水产品产量降低;人类不合理的利用使耕地肥力下降,造成粮食等农产品产量降低)。当然,实际的生态系统无机环境质量的降低大多是自然和人为原因共同影响的结果。

生态系统生物群落的退化表现为物种多样性降低、种群数量和密度降低,生物生产量下降等。生物群落的退化主要是人类活动引起的。例如森林的过度砍伐、草场的过度放牧、鱼类等水产品的过度捕捞等。

第二节　自然资源相对稀缺引发的冲突

一、资源争夺的原因

由于存在着区域性的自然资源稀缺,世界各国之间(特别是邻国之间)或同一国家的不同地区之间为掠夺自然资源而进行的局部冲突和战争时有发生。国家或地区之间的冲突和战争不可避免地会造成人员伤亡和财产损失,因此,一般情况下,各国、各地区都愿意依靠本国的自然资源来满足需求。但随着这些国家或地区内部的自然资源消耗而逐渐走向枯竭,必然会把攫取的目光转向周边国家和地区。

除了地区性的自然资源稀缺这一原因之外,还因为有许多自然资源的主要来源地或储藏地由两个或更多的国家共有,或者是位于有争议的边界地区或近海经济专属区。在某种自然资源稀缺时,国家或地区政府自然会设法最大限度地谋取有争议地区的和近海的储藏,从而与邻国发生冲突的危险随之增加。这种事情即使在所涉及的国家相互之间比较友好的情况下,也具有潜在的破坏性;而如果这种冲突发生在已经敌对的国家之间,就像在非洲和中东的许多地区那样,则对重要资源的争夺很可能是爆炸性的。

资源争端可能源于某一跨国资源(例如,大流域系统或地下储油盆地)的分配。尼罗河流经 9 个国家,湄公河流经 5 个国家,幼发拉底河流经 3 个国家。流域上游的国家始终处于能控制下游国家河水流量的有利地位。当上游国家利用这种优势而牺牲下游国家的利益时,冲突就可能发生。同样,如果两个国家跨在一个大型储油盆地上,并且其中之一抽取与石油总供给量不成比例的较多石油份额,那么另一个国家的石油资源就受到侵害,并由此引发冲突。事实上,这就是 20 世纪 80 年代后期伊拉克和科威特关系紧张的一个主要因素。伊拉克声称科威特正在从两国共享的鲁迈拉油田抽取超过其应有份额的石油,因此妨碍他从 1980~1988 年的两伊战争中恢复过来。沙特阿拉伯和也门在鲁卜哈利沙漠的边界不清,为争夺双方共享的石油资源也发生过冲突。

第二种类型的冲突归因于对能源或矿产资源蕴藏丰富的近海地区权利主张有争议。《联合国海洋法公约》允许临海国家有主张最多 200 n mile(1海里=1.852 km)的近海专属经济区的权利,在此专属经济区内享有唯一的开发海洋生物和海底资源储藏的权利。这一制度可在开放型广阔海域上推行,但如果几个国家与一个内陆海(例如里海)相邻,或相邻于一个相对狭小的海域,则会引起摩擦。各国要求的海上专属经济区往往会交错重叠,引起对于近海边界划分的争端。

争端还可能产生于对重要资源运输必经通道(例如波斯湾和苏伊士运河)的权利之争。全世界消耗的石油中,有很大比例是通过波斯湾运往欧洲、美洲和日本的,对波斯湾航线权利的争夺不可避免。

二、国际间资源的争夺

在人类历史上,各类战争的发起方总是会提出各种理由,以证明自己用武力惩罚对方是师出有名的,但是,很多冠冕堂皇的理由都只是借口,其真正的原因是为了获取利益(掠夺对方的资源)。为了获取利益,一个国家可以与信仰不同的国家结盟去打击与本国信仰相同的国家。例如美国是信仰基督教的国家,却在里海地区与3个伊斯兰国家(阿塞拜疆、土耳其和土库曼斯坦)结盟,而跟两个基督教占压倒优势的国家(亚美尼亚和俄罗斯)对垒。在其他地区也有类似的模式,这就是资源的利益战胜了种族和宗教的从属关系。

对世界上许多国家而言,追逐或保护重要资源已经成为国家安全的重要组成,资源问题在世界上许多军事力量的组织、部署和使用上起重要作用。尽管争夺资源并不是所有国际关系的唯一,但它可以解释当今世界上正在发生的许多事情。

国家采取以经济为中心的政策,不可避免地要对资源保障给以足够的重视,至少对那些依赖原材料进口来保持其工业实力的国家来说是如此。今天世界上意识形态的冲突已逐渐消失,这也促成了资源问题的中心化,因而追逐和保护紧缺资源被视为国家首要的安全功能之一。此外,某些资源本身的价值无可估量。例如,按美国能源部1997年的估计,里海盆地未开发石油的价值约为4万亿美元,所以值得争夺以从中获益。美国知道,没有安全的能源供应,国家的安全也就得不到保证,美国需要进口大量的石油来支持其经济发展,其中大量石油来自波斯湾国家,所以,美国对波斯湾发生的事件十分关注并保持介入,以保卫至关重要的石油供给。

全世界范围内需求的迅速膨胀,资源稀缺日益显著,以及资源所有权和控制权的争夺,构成了资源冲突的3个因素,其中每一个都可能造成冲突的危机。

在大多数情况下,这些冲突并不一定需要诉诸武力,冲突涉及的国家可能通过谈判解决冲突,全球的市场力量也会鼓励妥协。因为妥协的好处一般总是大大高于战争的可能代价,于是在解决冲突中就有了"土地换和平"的方法,不过,以土地换和平有个弊端,就是得到土地的一方可能得陇望蜀,等这次得到的土地固定下来以后又会另起炉灶,再找借口谈判另一块土地。所以,各国都必须努力发展经济、军事,使别国不敢觊觎自己国家的资源。好在各国政府都是理智的,在尊重历史和现实的基础上,只要能够从世界资源的大蛋糕上保证分到各自认为能够接受的一块,多数国家都会做些让步。

三、国内资源的争夺

在许多发展中国家,贫富差距越来越大,这又使内部资源冲突和争夺的危险进一步增加。因为社会底层人发现自己越来越难以得到生存必需的物质,如食品、土地、住房、安全的饮用水。随着供给的缩减,许多物质的价格上涨,穷人发现他们的处境越来越令他们感到绝望,因而就容易产生夺取资源所有权的冲动,而一些有野心的人通过许诺夺取政权后能给他们土地、矿产等资源的手段,就容易蛊惑他们参加到反对政府的暴乱中。

第三节　自然资源冲突事例

一、历史上的资源的争夺

人类历史上的战争主要是资源争夺的战争,这种战争可追溯到最早的农业文明时代。

从中国历史看,自秦汉历唐宋至明清,中国北方游牧民族与中原农业王朝之间,由于政治、经济和文化冲突而伴随着军事征讨,形成波涛滚滚的历史大潮,越长城,席卷中原,激荡江淮,波及全国,秦汉时代偏居塞外的北方游牧民族到汉魏六朝之际开始割占中原,至两宋时代一统黄河流域,蒙元帝国和大清王室先后建立了中国历史上的"牧者王朝"。在历史大潮的间歇期,游牧人遁居塞外,黄河—长江流域无风尘之警,天下太平。以汉唐为代表的中原农业王朝国势鼎盛,"偃武修文",登上了世界封建文化的顶峰。历代王朝治乱相间、盛衰更迭,周期循环,游牧人步步南迁、冲击华夏神州。

从世界历史看,第二次世界大战以后,因为美、苏之间政治和意识形态竞争的紧迫性,对资源的争夺相形见绌。但在当今,它又以新的严重程度浮现出来。鉴于国家安全政策对经济活力的重视程度日见增加,鉴于世界范围内资源需求的上升,鉴于资源稀缺日益明显,鉴于资源所有权的争端频频发生,对生死攸关的资源的冲突和争夺会越来越剧烈。

二、当代世界自然资源的争夺

尽管最基础的国土资源已经不能靠武力占领,但是因为一些历史遗留的领土争端仍然存在,因此当今世界小规模的领土争端仍然时有发生。例如南沙群岛是中国南海诸岛四大群岛中位置最南、岛礁最多、散布最广的群岛。主要岛屿有太平岛、中业岛、南威岛、弹丸礁、郑和群礁、万安滩等,南沙群岛的曾母暗沙是中国领土的最南点。南沙群岛领土主权属于中华人民共和国,行政管辖属中国海南省三沙市(2012 年 6 月,撤销原西南中沙群岛办事处,设立地级三沙市,管辖西沙群岛、中沙群岛、南沙群岛的岛礁及其海域)。目前除中国大陆和台湾控制的少数岛屿外,南沙群岛的许多岛屿被越南、菲律宾、马来西亚等国侵占。

菲律宾是东南亚国家中占领中国南海岛礁较多的国家(仅次于越南),"冷战"后屡次在南海问题上与中国发生争执,尤其美济礁问题一度成为国际上的焦点,对中菲关系发展造成了很大的负面影响。包括南沙群岛和黄岩岛在内的南海诸岛是中国领土的一部分,中国最早发现和命名了南海诸岛,并且对南海诸岛的经营和开发由来已久。近代以来,中国在南海诸岛的主权受到挑战,一些国家占领了中国的部分南海岛礁。1933 年,法国侵占了南沙群岛,引发了"九小岛事件",中国舆论哗然,各种团体进行了保卫南沙主权的活动,政府通过外交途径对此做了交涉。尽管如此,法国对南沙群岛的控制仍未放弃。1939 年,日本占领了南沙,在太平岛上修建了军事设施,作为南进基地。日本战败后,中国国民政府派军于 1946 年收复了南沙,在太平岛等岛礁上竖立了主权碑。1950 年,国民党当局为了集中兵力防卫台湾,撤回了驻守南沙群岛的军队。第二次世界大战后,出于各方面的原因,菲律宾政府多次讨论了据有南沙群岛的必要性和可能性。1946 年 7 月23 日,菲律宾外长加西亚声称"南沙属于菲律宾的国防范围"。同年,在联合国大会上菲律宾提出:"二战"期间被日本侵占的南沙群岛必须"归还"给它。20 世纪 70 年代之前,菲律宾尽管不断地到南沙活动,但并未占有南沙群岛任一岛礁,1970 年起,菲律宾政府开始派兵占领南沙群岛部分岛礁。到 1980 年,菲律宾已侵占南沙 8 个岛屿。20 世纪 90 年代上半期,发生了菲律宾军方舰船在南海海域骚扰、破坏中国渔民生产生活的事件,但双方均保持克制态度,低调处理。20 世纪 90 年代后期,中菲两国因美济礁和黄岩岛的主权争执和中国渔民的生产活动屡被菲律宾破坏,两国关系一度跌入低谷。[1]

近年来周边国家觊觎中国海岛的事件又多次发生,如众所周知的钓鱼岛事件、黄岩岛事件等。

中国钓鱼岛岂容他人肆意"买卖"

2012-09-11,人民日报

钓鱼岛及其附属岛屿(简称钓鱼岛)包括钓鱼岛、黄尾屿、赤尾屿、南小岛、北小岛等岛屿,自古以来就是中国的固有领土。早在 1403 年(明永乐元年)出版的《顺风相送》中就明确记载了"福建往琉球"航路上中国的岛屿"钓鱼屿"和"赤坎屿",即今天的钓鱼岛、赤尾屿。中国明清两代朝廷先后 24 次向琉球王国派遣册封使,留下大量《使琉球录》,较为详尽地记载了钓鱼岛地形地貌,并界定了赤尾屿以东是中国与琉球的分界线。

1879 年日本吞并琉球后,立即把扩张的触角伸向中国的钓鱼岛。1884 年日本人古贺辰四郎声称首次登上钓鱼岛,发现该岛为"无人岛"。1885 年 9 月至 11 月,日本政府曾三次派人秘密上岛调查,认为这些"无人岛"与《中山传信录》记载的钓鱼台、黄尾屿、赤尾屿等应属同一岛屿,已为清国册封使船所悉,且各附以名称,作为琉球航海之目标。

甲午战争后,清政府将台湾全岛及所有附属各岛屿割让给日本,包括钓鱼岛。日本从此时起至 1945 年战败投降,对包括钓鱼岛在内的台湾实行了 50 年殖民统治。

1951 年,美国及一些国家在排除中国的情况下,与日本缔结了《旧金山和约》,规定北纬 29 度以南的西南诸岛等交由联合国托管,而以美国作为唯一的施政当局。1971,美国与日本签署了《关于琉球诸岛及大东诸岛的协定》,将琉球诸岛和钓鱼岛的"施政权""归还"日本。对此,中国政府和人民以及海外华侨华人表示了强烈反对。中国外交部发表严正声明,强烈谴责美、日两国政府公然把中国领土钓鱼岛划入"归还区域",指出"这是对中国领土主权的明目张胆的侵犯。中国人民绝对不能容忍!"

2012 年以来,日本政府在钓鱼岛问题上动作频频。继年初对钓鱼岛的几个附属岛屿搞"命名"闹剧之后,又姑息纵容右翼势力掀起"购岛"风

---

① 张明亮. 南中国海争端与中菲关系. 中国边疆史地研究,2003,13(2):102-108.

波,并最终跳到前台,直接出面"购买"钓鱼岛及附属的南小岛和北小岛,对之实行所谓"国有化"。目的是通过所谓"国有化",强化其对钓鱼岛的所谓"实际管辖",以最终实现对钓鱼岛的侵占。

无论日本政府如何辩解和粉饰,都掩盖不了这一行径的实质是在拿别人的东西进行"买卖"。稍有常识的人都知道,这种行为是荒唐的,也是非法的,并且注定是不可能得逞的。

第五章 自然资源绝对稀缺的争论

区域性自然资源稀缺以及由此造成的冲突是如此普遍、复杂和严重，人们自然就会担心全球性的自然资源绝对稀缺。在自然资源是否会出现绝对稀缺的问题上，生态学家和经济学家的观点大相径庭，因而产生了与自然资源的绝对稀缺相联系的极限之争。

第二次世界大战期间，金属矿产和能源矿产的探明储量迅速耗竭；战后重建和工业复兴、经济增长所需要的这些矿产还能得到多少？这个问题曾掀起了一股忧虑的浪潮。各种报告预测着石油储量的枯竭，能源稀缺被看成重建的一大限制；1950 年时曾认为世界铁矿供给仅能维持 20 年。

但是，人类对资源短缺采取的经济和技术适应都十分迅速，使自然资源短缺危机的到来被有效推迟，甚至自然资源的供给量不断增加而使稀缺程度得到缓解，给一部分人留下了全球性自然资源的绝对稀缺不会发生的印象。然而，自然的极限是客观存在的，目前自然资源的消耗速率却不断增大，因此，大多数人仍然相信资源稀缺迟早会出现，甚至会导致经济崩溃。

第一节 关于资源绝对稀缺的"十年之赌"

关于自然资源会不会出现绝对稀缺的争论由来已久，20 世纪 80 年代，就有一位经济学家和一位生态学家为地球的未来下赌注，展开了关于自然资源是否会出现绝对稀缺的争论。

一、十年之赌及其结果

1980 年，美国经济学家朱利安·L·西蒙（Julian L. Simon）在《科学》杂志上大谈他对未来的幸福憧憬。他认为，当前人们颇为担忧的人口快速增长不是危机，而最终将意味着大有裨益于更洁净的环境和更健康的人类。未来的世界将更美好，因为将有更多的人提供更聪明的思想。人类的进步是无限的，因为地球上的资源不是有限的。

西蒙的文章引来了大量愤怒的书信。其中就有斯坦福大学的生态学家保罗·R·埃利希(Paul R. Ehrlich)，被激怒的埃利希给西蒙提供了一个简单的计算：地球的资源不得不按当时情况每年以 7500 万人的速度而增加的人口来分配，这超过了地球的"承载能力"——地球上食品、淡水和矿物的储存量。随着资源的更加短缺，商品一定会昂贵起来，这是不可避免的。西蒙以挑战的方式做了答复。他让埃利希选出任何一种自然资源——谷类、石油、煤、木材、金属——和任何一个未来的日期。如果随着世界人口的增长资源将变得更加短缺，那么资源的价格也要上涨。西蒙要求以打赌的方式肯定价格反而会下降。

埃利希接受了西蒙的挑战。他精心挑选了 5 种金属：铬、铜、镍、锡、钨。赌博的方法是，各自以假想的方式买入 1000 美元的等量金属，每种金属各 200 美元。以 1980 年 9 月 29 日的各种金属价格为准，假如到 1990 年 9 月 29 日，这五种金属的价格在剔除通货膨胀的因素后果然上升了，西蒙就要付给埃利希这些金属的总差价。反之，假如这五种金属的价格下降了，埃利希将把总差价支付给西蒙。

打赌的合同签好了，埃利希和西蒙在整个 20 世纪 80 年代互相攻击，但这两人至死也未曾谋面。

这是一场时间和金额不成比例的赌博，期限长达十年，而标的仅有 1000 美元。这当然算不上豪赌。但世人对这场赌博的关注程度远远超过了拉斯维加斯这些大赌城的任何一场豪赌。因为它涉及人类的未来，与此攸关者何止千元——其中有对地球最终极限的看法，有对人类命运的设想。一位看见的是杀虫剂渗入地下水，而另一位眼中则是农场的谷仓里装满了创纪录的大丰收；一位所见的是热带雨林被大批毁坏，而另一位所见的是人们寿命的延长。这其实是一场乐观论者和悲观论者短兵相接的论战。

生态学家保罗·R·埃利希是美国斯坦福大学的生物学教授。1968 年他的代表作《人口炸弹》一书发表后，成为世界知名的科学家之一。该书销售量为 200 多万本。如果埃利希不是在斯坦福大学教书或研究蝴蝶的话，那就可以发现他在搞讲座，参加领奖或在"今日"节目中露面。人们认为他是悲观论者。

《人口炸弹》一书是这样开头的："养活所有人类的战斗已经结束。20 世纪 70 年代将死于饥饿者达亿万之数。什么也防止不了世界死亡人口的大幅度增长。"1974 年他预言："1985 年以前，人类将进入一个匮乏的时代。在这个时代，许多主要矿物供开发的储蓄量将被耗尽。"

经济学家朱利安·L·西蒙，是马里兰大学的教授，据说他的观点经常影响着华盛顿政策的形成。但有意思的是他却从未在学术上或知名度上有埃利希那样的成就。他是乐观论者。

这两个人分别领导着两个思想派别——有时也被称作毁灭论者和兴旺论者,这两大派别为世界是在蒸蒸日上还是在走向毁灭而争论不休。

西蒙坚持认为环境和人口危机被夸大了。他抱怨说,"一旦一场预测的危机没有发生,这些毁灭论者就匆匆转向另一个。为新的问题担忧,这无可非议,但是情况总的来说在好转。"

在学术界,西蒙在这场辩论中似乎占了上风。尽管许多科学家对西蒙对未来发展一概表示乐观的思想感到很不舒服,因为谁也不能保证过去的良好趋势会永远持续下去,但是科学家中更为一致的意见是不赞成埃利希视人口增长为极大罪恶的见解。

然而,若提起谁在公众中占上风的话,西蒙则远远落在后面。1990年地球日之前,埃利希在电视上推销他的新作《人口爆炸》,此书声称"人口炸弹已经起爆"。在美国华盛顿举行的地球日集会上,当埃利希告诉人们人口增长可能产生这样一个世界,即他们的子孙将在美国大街上忍受食品暴乱时,超过十万人的人群都为之鼓掌。

同一天,在只隔一街区远的一个小会议室里,西蒙针锋相对地将人口增长称为人类对死亡的胜利。他说:"这是难以置信的进步",接着西蒙矛头一转说道:"你本指望人类生命的热爱者们欢欣鼓舞;可相反,他们却在为如此多的人仍然活着而痛惜。"为西蒙发布的这个消息而祝贺的听众只有16人。

埃利希和西蒙的打赌在1990年的秋天平平淡淡地结束了,埃利希不过是给西蒙寄去了一纸金属价格计算账单以及576.07美元的支票。埃利希所选的5种金属中的每一种,在剔除了1980年以来的通货膨胀因素以后,价格都下降了。

二、十年之赌的结果分析

西蒙在赢了这场赌博之后说,自己一开始就对赢得赌博充满了信心,因为他相信人类社会的价格机制和技术进步。其实对于许多经济学家来说,这场赌博并没有什么悬念。

早在1931年美国经济学家霍特林已经在其论文《不可再生性资源的经济学》中充分地分析了这一问题。他把不可再生性资源价格的上升率称为这种资源存量的利率,这种利率会随着其他资产的利率上升而同比例上升。这被称为霍特林原理。这一原理证明了使不可再生资源不会耗尽的是价格机制。这正是西蒙敢于打这场赌的理论依据。他的获胜不是偶然的运气，而是客观经济规律的必然结果。

埃利希所选的 5 种金属无疑是不可再生性资源，但也同任何其他资源一样由价格调节。当这五种金属越来越短缺时，其价格必定上升。但为什么现实中这五种金属越来越少，而价格反而下降呢？秘密就在于价格上升刺激供给的作用。

在市场机制和价格的作用下，资源匮乏会导致更好的替代品出现，从而解决了人类面临的资源短缺问题。3000 年前，希腊人从青铜时代向铁器时代的过渡就是由于锡贸易中断而引起的。制造青铜需要锡，而锡的不足使得希腊人试用铁。同样，16 世纪的英国因木材短缺而开始了用煤的时代；发生于 1850 年前后的鲸油的短缺促成了 1859 年第一口油井的开发。

世界上大多数资源都有其替代品，不可再生性资源同样也有替代品。当这五种金属的价格上升时，就刺激了人们去开发它们的替代品，发明并大量生产替代这五种金属的塑料和陶瓷制品就变得有利可图了。电话信号改由卫星和光导纤维传递而不再是铜线，切削刀具使用的是陶瓷制品而不再用钨。金属的许多用途都被更便宜的材料取代了，特别是塑料制品(今属容器改为塑料容器、金属门窗改为塑料门窗)。当这些替代品大量生产出来时，供给增加，价格下降，人们就会用替代品取代这些金属。这时，这些金属的需求大大减少，价格自然就下降了。可见在刺激替代品的开发和生产中，价格十分重要，只有价格上升到一定程度，当开发和生产这些金属的替代品有利时，才能刺激这种创新活动。

替代品的开发与大量生产是技术进步的结果，但刺激这种技术进步的是价格机制。在市场经济中，包括专利在内的产权受到立法保护，人们可以从自己的发明创造中获得丰厚利益。这是激励人们开发各种替代品的动力。发明者寻找和开发这五种金属的替代品——陶瓷或光导纤维等或许不是为了解决社会面临的这五种金属短缺问题，而是为了获利。但在他们为获利而开发这五种金属的替代品时，他们就为社会进步作出了贡献。价格调节使发明者的个人利益与社会利益相一致。这就是市场调节自发刺激技术进步的机制。由这种机制，人类就可以生产出一切不可再生性资源的替代品。因此，像这五种金属一样的不可再生性资源，不会枯竭，价格也不会无限上升。而且，价格上升到一定程度后，必然由于替代品的大量生产而再下降，甚至低于原来的价格水平。所以，西蒙赢了。

三、争论的发展

　　价格机制能很好地解决人类面临的资源匮乏问题,但是资源不会耗尽,并不能表明现今的生态系统和生产方式不存在问题,也不意味着人类不存在危机。当前全球存在的环境问题和生态危机多种多样、数不胜数,与此相比,资源匮乏仅仅是一个很小的方面。价格机制和技术进步能否完全解决这些问题,目前还是未知数。

　　人类虽然依靠市场机制和价格的作用,解决了不可再生性资源的短缺问题,但是本来不需要市场和价格调节的可再生性(俗称取之不尽,用之不竭)资源,却不得不由价格机制来调节了。随着市场经济的日益繁荣,像空气、水等这些可再生性资源的状况越来越糟。原先被认为是"无限的"洁净空气和水反而变得稀缺,价格机制又可以大显身手了。

　　埃利希赌输了以后并不服气。他说:"看看新出现的问题吧:臭氧洞、酸雨及全球变暖。如果下一世纪生态系统继续走下坡路的话,我们有可能面对巨大的人口总崩溃,对此我毫无疑问。"

　　1995 年埃利希联合了同事史蒂夫·施奈德教授和西蒙再次对垒。这次不是"价格战",而是就关系全球环境和人类发展的 15 种趋势打赌,每一趋势下注 1000 美元。埃利希终于转向了他擅长的环境问题。这些趋势包括全球气温升高、人均耕地面积的减少、热带雨林缩减,以及贫富差距扩大等等。如果这些趋势恶化,埃尔里奇就赢了;如果这些趋势得到改善,西蒙就赢了。这次比赛仍然为期十年。

　　这一场赌不像上一次那样能轻松地预测其结果,因为它涉及的问题比第一次要复杂得多。不可再生性资源问题,的确可以用价格机制解决。但有关人类未来的十五大趋势就远非一个价格机制所能解决了,何况这些问题要涉及全球各国。

　　虽然赌博胜负难分,乐观派与悲观派仍在争论。悲观论者认为,人类还没有解决可持续发展问题,并借用环境保护论者的一条标语来表达他们的思想:"我们不是从父辈那儿继承地球;我们是从孩子们那儿借用它。"西蒙说,美国的空气和水在过去的数十年中变得越来越清洁了,这应归功于更大的富裕(更富有的社会有能力支付控制污染的费用)和工业技术(与本世纪初烧煤的炉子所释放的煤烟和马所排放的粪便相比,我们城市中由汽车所引起的污染是微不足道的)。但乐观的西蒙忘了一点,美国提升了产业结构,把众多的高污染企业转移到较贫穷的国家,使这些国家原本清洁的空气和水污染了。

不管这场赌博的最后结果如何，有一点是可以肯定的，今天人类的任何行为都要明天来继承，未来不过是今天人类活动的成果。这样看来，今天是明天的赌注。

第二节　增长的极限

持全球自然资源将会达到绝对稀缺观点的人们，大致有"太空船地球说"、"热寂说"和"世界模型3"几种理论。

一、从全球物质循环视角看绝对稀缺

"太空船地球说"是从全球物质循环的角度来说明自然资源绝对稀缺的，该假说认为：地球就像一艘太空船，它是一个封闭的系统，其自然资源和环境容量都是有限的，而以此为基础的人口数量和经济总量迄今仍呈无限增长趋势，这是一个根本性的冲突。如果这种冲突得不到调和，迟早会导致地球生命支持系统的崩溃。

全球物质的生物地球化学循环遵循物质不灭定律，即地球上的各种物质尽管不断地改变形态和结构，但在任何与周围隔绝的体系中，参加反应前各物质的质量总和等于反应后生成各物质的质量总和。即不论发生何种变化或过程，其总质量始终保持不变。或者说，任何变化包括化学反应和核反应都不能消除物质，只是改变了物质的原有形态或结构。这个规律也叫做质量守恒定律（Law of conservation of mass），它是自然界普遍存在的基本定律之一。

根据这个规律，地球上物质的量是固定的，使用后仍存在于空间有限的地球上。地球上物质的量是固定的，它意味着自然资源是有限的；而地球上的资源使用后仍存在于空间有限的地球上，它意味着地球上的自然资源使用后产生的废弃物不会离开地球，但地球容纳废弃物的环境容量也是有限的。

长期以来人们并未将这个自然规律用于思考地球上的自然资源与人类发展的关系领域。鲍尔丁（Boulding，1966）通过"太空船地球（spaceship earth）"的概念证明这个自然规律会影响人类社会的经济活动基础。他指出，经济系统一直被认为是一个开发系统，与外界有着密切的物质能量联系和交换，能够从外界获得投入，并向外界输出污染物，而且外界供给和吸收物质和能量的能力是无限的,这显然是从局部的、眼前的认识,而不是从地球整体、从人类长远的发展来认识的经济现象的。在这种认识下,衡量经济成功与否的指标是被加工和转化的物质流的量(一般用 GDP 或 GNP 表示),并且认为它越大越好。鲍尔丁认为,地球实际上是一个封闭系统,它只能与外界进行有限的能量交换(太阳辐射的输入和地球表面向宇宙空间的长波辐射),而不能与外界进行物质的交换(即地球系统不能从宇宙空间获取物质,也不能向外界排放废弃物)。因此,人类经济活动只能开发利用地球系统内部的各种自然资源,由此产生的各种环境污染物不可能排放到地球系统以外。因此,地球就像一艘太空船,其物质储备并非是无限的;地球上的人类就像太空船中的宇航员,只能在地球上开发自然资源和处理废弃物。

在地球这个"太空船"里,不可更新资源的储量固定又不可再生,可再生资源虽然可以循环产生,但其再生量受接受到的太阳辐射能和地球上的化学元素浓度限制。因此,在太空船地球上,人口和经济活动应该有一个适度规模,为了延缓自然资源绝对稀缺的到来,经济活动所加工和转化的物质流的量应该是越低越好。人类的经济活动不能产生任何新的物质,只是把从自然环境中取得的物质转化为对人类更有价值的产品。但是从自然环境中获取的所有物质最终必然要回到环境中去,尽管其形态发生了转化。

从全球物质循环的角度看,可以得到以下几点结论:

(1)地球上的自然资源是有限的,人类经济活动从自然界中获取自然资源的速率越低,自然资源绝对稀缺的到来就会越晚。

(2)自然资源利用后形成的废弃物不能离开地球,根据物质不灭定律,从自然界中取得多大质量的物质,就会向环境释放多大质量的废弃物。

(3)人类活动可以改变自然界中的物质形态和位置,例如把自然界中的物质变成对人更有用的物质,把有害的废弃物变成无害的物质或者把有害物质存放在远离人类活动的地方。

(4)物质的循环利用对于减缓自然资源的稀缺非常重要,通过循环利用提高了原材料的利用效率,就可以减少从自然界中获取自然资源的量,同时也减少向环境排放废弃物的量。

二、从全球能量流动视角看绝对稀缺

地球上对人类有用的元素单质或化合物只有富集到相当程度才能称为自然资源。例如铁元素分散在岩石当中,只有岩石中的铁达到一定的含量才能称为铁矿石,铁矿石通过冶炼和加工成为铁制品就成为人类的生产工具或消费品。而铁矿石的开采、铁矿石的冶炼、铁制品的加工等环节都需要能量。

自然资源是自然界中具备有效能的物质,即低熵(或高负熵)物质;自然资源被利用后变成含有无效能的物质(即高熵废物)排放到环境中。能量的概念与熵的概念紧密联系,都可以用热力学来说明。

热力学第一定律指出,能量既不能产生也不会消失,只能从一种形式转化为另一种形式。在物质富集而形成自然资源的过程中,在自然资源被开发利用而使物质消散的过程中,在物质再循环过程中,都发生着能量的转化。

热力学第二定律指出,所有正在转变其形式的能量都倾向于转变成热能而消散。热力学第二定律也可以表述为:在一个封闭系统中,当任何过程中所有的贡献因子均被考虑时,熵总是增加的,而且是一种单方向的不可逆过程。于是系统从非均衡状态趋于均衡状态,从有序到无序。根据这个定律预言作为一个巨系统的宇宙,其熵会不断增加,意味着越来越多的能量不再能转化成有效能,一切运动都将逐渐停止,宇宙将走向"热寂"。

地球和太阳有着有限的能量交换,但并无物质交换,因此地球实际上是一个封闭系统,也必然遵循热力学第二定律。这并不是说地球的热寂就在眼前,而是要指出,我们现有的由矿物燃料和特殊金属组合构成的物质能量基础正在濒临枯竭,需要我们向新的物质能量领域转变。历史进程中每一种新的物质能量基础都有与之相适应的技术类型,与新技术一道应运而生的还有新的社会组织、新的价值观和世界观,要求人类社会按照新的方式组织生产与生活,从而影响整个社会的面貌。熵定律似乎使人沮丧,哥白尼宣布宇宙的中心不是地球时,很多人同样地感到沮丧,可是人们终于设法适应了现实。熵定律只是为地球上生命和人类的游戏规定了物理规则,然而究竟怎样做这场游戏,还取决于人类的行为。

三、从世界未来的预测模型看绝对稀缺

罗马俱乐部 1972 年发表的《增长的极限》中,将世界系统用一个计算机模型(世界模型 3)来模拟未来。这个模型包括:①可供耕作之土地数量的极限;②单位面积耕地农业产量的极限;③可开发的不可再生资源的极限;④环境同化生产和消费产生的废弃物能力的极限。

对世界人口和经济增长若干方面的统计分析表明,生物系统、人口系

统、财政系统、经济系统和世界上其他许多系统都有一种共同的指数增长过程。他们还在对这些系统共同构成的世界系统作了系统动力学模拟后看出,任何按指数增长的量,总以某种方式包含了一种正反馈回路,即某一部分的增长引发另一部分的增长,反作用到这一部分又导致更快的增长。正反馈造成恶性循环,使增长失去控制。而支撑地球上人口、经济等系统增长的自然资源和吸收这些系统增长排放的废弃物的能力却是有限的,它们将最终决定增长的极限。

模型研究得出以下结论:

(1)如果世界人口、工业化、污染、食物生产和资源消耗保持目前的速率,地球将在今后 100 年中的某个时候达到增长的极限,结果是人口和工业能力突然且不可控制地下降。

(2)改变这种增长趋势,并建立生态和经济稳定的条件,就能够实现可持续地发展的未来。要达到全球均衡状态,这就是,地球上的每个人的基本物质需要得到满足,有同等的机会去实现个人的潜能。

(3)如果全球所有人们都决定为实现可持续发展而不是无限增长而努力,那么行动越早,成功的机会越大。

即使地球的物质系统能支持大得多的、经济上更富裕的人口,但实际的增长还要依赖于诸如社会稳定、教育和就业、科技进步等因素。虽然迄今为止科技进步尚能跟上人口增长的步伐,但人类在提高社会的(政治的、伦理的和文化的)变革速度方面实际上并无实质性发展。在过去,当环境对增长过程的自然压力加剧时,技术的应用是如此成功,以致整个文明是在围绕着与地球之极限作斗争而发展的,而不是学会与极限协调共存而发展。今天有许多问题并没有技术上的解决办法,而且技术发展常有物质上和社会上的副作用。罗马俱乐部认为,根据其世界模型所得到的发现中,最普遍和最危险的反应就是技术乐观主义。为了寻求一种可以满足全体人民基本物质需要的"世界系统",并能长期维持下去而没有突然和不可控制的崩溃,人类需要自觉抑制增长;需要人口出生率相应于死亡率;要求投资率等于折旧率;需要通过把技术变革与价值变革结合起来,使整个系统的增长趋势减弱;从而达到一种动态的均衡,这种均衡并不意味着停滞。总结论就是"从增长过渡到全球均衡"。

四、增长的极限提出的意义及其缺失

提出和信奉增长的极限的人主要是自然科学家,他们继承并发挥了马尔萨斯提出的假设：人口按几何级数增长，食物供应按算术级数增长，最后食物供应不能满足需求，只能通过饥饿、瘟疫和战争来减少人口。这些人对人类的未来抱有悲观的态度，这种悲观既有其进步意义，也有其自身的局限性。

(一)对未来提出警示的进步意义

虽然悲观派的观点和理论引起了某些争议，但增长的极限的提出在人们沉溺于经济高速增长和空前繁荣的时候，指出了地球对人类发展的限度，以及超越这个限度的悲剧性后果，促使人类从根本上修正自己的行为，并涉及整个社会组织。它的全球观点，以及发展全球战略来应对当代人口、资源、环境和发展问题的取向，极大地促进了关于人类未来的全球性研究。在《增长的极限》的更新版本(《超越极限》)中他们郑重声明，书中的观点只是警告，不是悲观的预测，更非判决。它要求人类作出选择，那就是可持续发展。增长存在极限，发展却不存在极限。

(二)增长的极限中动态观念的缺失

增长的极限之所以被许多人怀疑，并且与目前世界发展的现实不符，主要原因是它存在以下动态观念的缺失。

首先是关于无视矿产资源探明储量的动态性。关于增长的极限的判断往往基于静态观念，这种静态观念在矿产资源的静态寿命指数的计算中表现得最为典型。矿产资源的静态寿命指数是当前探明储量与年消耗量之比。以静态寿命指数为基础计算，多数矿产的静态寿命指数不足 40 年，虽然煤的寿命指数约为 2000 年，铁矿石的寿命指数约为 200 年。但各种矿产资源的消耗量都是逐年增加的，各种矿产资源将在比静态寿命指数更短的时间内枯竭。基于当时探明储量的静态寿命指数的预测都被时间证明是错误的，因为随着时间的增加，探明储量也在增加，各种矿产资源在预测的将要枯竭的时间点上都没有枯竭，甚至比做出预测时更丰富了。例如，1939年美国内政部就预测其国内石油储量将在 13 年内耗竭，然而，此后的 40 年里，探明储量的增加一直与年产量的增加同步，总保持比产量大 9～15 倍的水平。同样，1950 年曾预测世界铁矿储量会在 1970 年以前耗竭，事实上，1970 年前储量的增加足以使那时的消费水平再维持 240 年。导致这类预测错误的根本原因是把自然资源的探明储量当成了不变的，而随着勘探技术的发展以及勘探区域的扩大，多种矿产资源的探明储量增加的速度一直超过(或至少持平于)消费量的增加速度。现在的世界石油消费量比 1940

年高出好几倍,但探明储量与年消费量之比并未下降。相反,1940 年的这个比值显示全世界的供给会在 15 年内耗竭,而今天的比值则表明还有 30 年以上的寿命。即使假设无新的发现,实际的石油储量能维持的时间也比储量/消耗量之比所表示的也长得多。因为任何油田在发现时所公布的探明储量都是高度保守的估算,而当生产推进后都会无例外地向上修正,这种修正过程从根本上影响到储量与产量之比值和期望寿命之估算。如果说过去的消耗量呈指数增长,那么探明储量也呈指数增长,而且事实上以更快的速度增长。自 20 世纪 50 年代以来,世界石油的探明储量一直以比消费量高 2% 的增长速率增长。虽然每一种资源储备必然都有一个极限,但我们既不掌握可证明这个极限在哪里的证据,也不能确定当接近自然极限时所剩物质是否还能当做资源。任何对动态的资源概念设定静态的物理量纲的模型,无论多么复杂,都会"按马尔萨斯的推理演绎成灾难"。

其次是忽略了人类对自然资源稀缺响应的动态性。过度信奉增长的极限的人们的错误还在于其忽视了人类的响应机制。实际上,人类不是被动的机器,不会把自然资源消耗到灾难性的极限。人类生活方式不一定非得依赖某种特定的资源储备,当某种特定的资源耗竭时,人类可以找到其他的替代物。人类还具有控制消费的能力,可以保护和循环利用资源,也有开发更新资源潜力的能力。

自然资源是由文化决定的,是社会需求、技术进步和经济发展及其相互作用的产物,而不仅仅是自然界的中性存在。问题在于我们的政治、社会和经济制度能否在实践上足够快地行动,以防止矿产资源稀缺成为经济继续发展的障碍。

第三节　没有极限的增长

考察人类社会发展的历程,经济发展水平是不断提高的,直接的表现是在全球总人口爆炸性增长的条件下,人均物质产品的占有量也在增加,世界范围内人民物质文化生活水平得到了极大地提高。这样,关于增长的极限的论断在事实面前似乎已经不攻自破了。因而造成一部分人,特别是经济学家对全球性自然资源的绝对稀缺持否定观点,在自然资源问题上给世界以乐观的未来图景。他们认为增长是没有极限的,其理论主要包括:历史外推论、市场响应论和耗散结构论等。

一、历史外推论

西蒙在《没有极限的增长》一书中宣称，历史和现实都表明：人类的资源没有尽头，生态环境日益好转，环境恶化只是工业化过程中的暂时现象，未来的食物不成问题，人口将会自然达到平衡。西蒙认为，用数学模型的方法预测世界的未来往往与实际相去甚远，历史外推法才是最切合实际的。

衡量自然资源是否稀缺的最可靠数据是长期的经济指数，最恰当的指标是获取自然资源的劳动成本以及资源相对于工资和其他商品的价格。而迄今的这些数据和指标都表明，自然资源稀缺的状况一直在趋向缓和。环境污染的问题当然有，但总的看来，我们现在的生活环境与历史上相比较，不是趋于恶化，而是更清洁、更卫生。至于人口问题，当然，每增加一个人，必然要消耗资源。但新增的人也是一种有利因素，他可以为社会提供劳动，从而生产商品、增加资源，为净化和美化环境做出努力；更为有价值的是，他通过自己的创造力可以提供新思想，改进技术和工作方法，从而提高社会的劳动生产率。事实上，新增人口的生产大于消费，对于自然资源也是如此。

这些观点过分相信科技进步对于克服自然资源极限的作用，因而被称为"技术丰饶论"，相信技术丰饶论的人又被称为技术乐观主义者。正如西蒙所言："最大的可能是凭借现有的知识和将要增长的知识，我们和我们的后代能够获得所需要和渴望得到的原材料，其价格相对于其他物品和我们的收入，比过去任何时候都要低……"

二、市场响应论

人类对自然资源的需求和供给都要通过市场来实现，而市场体系会对极限自动作出响应。

以煤炭资源为例，在完备的市场条件下，当市场上煤炭资源的供应量远小于需求量时，煤炭价格就会上涨，通过减少需求量和增加供应量来实现供需平衡。

减少需求量的途径主要有两个：一是当煤炭资源因稀缺而价格上升时，以煤炭作为原料的生产企业生产成本增加，企业为了控制成本，可能采取先进的技术（主要是能更充分利用煤炭的节煤技术）来降低单位产品的耗煤量。这样便在生产规模不变的情况下，降低了煤炭资源的需求量。二是当煤炭资源价格上涨时，以煤炭资源为原料的企业经营者选择煤炭资源的替代品（例如石油、薪炭等）为原料，从而在不影响企业生产的情况下，通过降低企业对煤炭资源的消耗,从而降低全社会煤炭资源的需求量。减少煤炭资源的需求量实际上是在煤炭资源稀缺的情况下,利用煤炭资源的经济实体在新的煤炭价格下不用或少用煤炭资源实现供需平衡,克服煤炭资源的稀缺。

增加供给量的途径也主要有两个:一是煤炭价格上涨会刺激煤炭资源勘探的积极性并促进勘探技术的发展,勘探热情高涨的人们在更加先进的勘探技术的帮助下,会使煤炭资源的探明储量大大提高,也可能找到更加容易开采的煤炭资源,这就增加了煤炭资源的供给量。二是煤炭价格上涨时原来开采起来不经济的矿藏变成经济的,例如,原来比较薄的煤层开采成本高于市场价格,市场价格提高后开采成本低于市场价格,原来不值得开采的煤层也值得开采了,这也就会增加煤炭资源的开采和供应量。经济系统运作的这种自动响应机制也使自然资源的绝对稀缺不会很快到来。

三、替代的作用

对自然资源需求的减少当然会使其耗竭的速度放慢。理论上讲,某种自然资源因稀缺而价格上涨,将导致以这种自然资源为原料生产的产品的价格上涨到部分消费者买不起或者只能买更少的量,而使整个社会对这类自然资源产品的总消费量降低,间接导致自然资源需求的减少。

但是,现实中比较常见的情况是,当以某种自然资源为原料的产品因稀缺而价格上涨时,消费者转而使用替代品,而使这种自然资源的需求量降低。自然资源之所以为社会所需要,是因为它能用来生产对人类有用的产品,因此,只要找到能提供同样产品的其他自然资源,稀缺的自然资源就会被替代。例如,由于森林面积减少,作为实木家具制作原料的木材稀缺,实木家具不像以前那样便宜了,于是出现了金属家具、塑料家具等实木家具的替代品。而金属家具、塑料家具等与实木家具相比还有自身的优点,例如不会被虫蛀、不发霉等,因而现实生活中降低某一种自然资源的消耗也并不一定会使人的生活质量下降。

替代的第二种形式可称之为技术替代或资本替代,即某种特定资源产品或服务的需要由于技术或资本的发展和增加而减少。以铜为例,铜的重要用途之一是用作通信电缆,在通信日益发达的情况下,电缆的用量增加,但是由于光纤技术的发展,现在很多通信电缆已经不再使用铜。再加上微波技术和通信卫星的发展,对铜电缆的需要已大大减少。而提高资源利用效率的技术进步和投资也能显著地减少消费。例如,生产 1 t 生铁所需的焦炭,已从 19 世纪中期的 8 t 多降到现在的不足 0.5 t。资源重复利用和循环利用技术的发展也能产生替代作用,例如,从废品中回收的很多金属材料可以重新冶炼生产金属产品而减少开采金属矿石的量,而这种废品回收再利用技术通过减少矿石开采量,不仅能节省生产成本,还能减轻环境污染和生态破坏。

替代的第三种形式可称之为文化替代,即改变生活方式,减少某种自然资源的需求量。例如,提倡"光盘行动",减少"舌尖上的浪费"就能减少食物资源的人均消费量。这种消费的降低并不危害人体健康,但是可能使一些人感觉没面子,因为他们觉得招待客人一定要在餐桌上剩一些饭菜才表示自己的热情。而当社会上普遍接受节约光荣、浪费可耻的观念后,光盘行动将成为时尚。

替代的第四种形式是产业结构替代,产业结构从资源密集型的重工业和初级产品生产为主,转向以使用较少资源的技术密集型高新技术产业为主的经济结构,就能减少自然资源的需求。

美国经济学家罗塞尔·罗伯茨曾以小说形式写了一本介绍经济的书,书名是《看不见的心——一部经济学罗曼史》。这本书的主人公山姆·戈登是经济学硕士,爱德华学校的经济学教师。他在第一天给学生上经济学课时,向学生提了一个问题:比如,世界现已探明的石油储藏量为 5.31×10^{11} 桶,每天石油消耗量为 1.65×10^{10} 桶,我们这个世界什么时候将用完这些石油? 他要求学生一分钟做出回答。许多学生开始用计算器计算。但山姆·戈登告诉他们,答案是永远用不完。因为当石油越来越少,价格上升过高时,人们就不会用石油,而用其替代品做燃料了。只要石油价格上升到足够高,一定会有替代品出现,剩下的石油由于开发成本太高,无人开发,石油自然不会用完。

四、耗散结构理论

针对宇宙将走向"热寂"和地球将走向无序的熵值增加理论,一些研究地球未来的学者应用耗散结构理论对其进行了反驳。

耗散结构理论的核心内容是:任何远离平衡状态的开放系统,都能在一定条件下通过与外界的物质、能量交换而发生非平衡相变,实现从无序向有序地转化,形成新的有序结构,即耗散结构。

人类生存于其中的自然地理环境系统本身以及人类社会与自然环境构成的自然——经济社会复合生态系统都不是封闭系统,而是能够与外界不断进行物质、能量、信息交换的开放系统。这些系统通过与外界的物质、能量交换,能够获得负熵流使系统的熵值不增加,甚至减少。这样就能保持系统远离平衡状态而产生有序、稳定的结构即耗散结构。耗散结构要求不断地消耗来自外界的物质能量,同时不断地向外界扩散消耗的产物,所以是一种活的有序结构,其产生有序结构的运动过程就是自组织现象。自然——经济社会复合生态系统是具有典型的远离平衡状态的耗散结构系统,不仅在于自然地理环境系统不断地与外界(地外系统和地内系统)交换物质和能量(地壳内的岩浆进入地表与地表的岩石进入地下变成岩浆、地外的太阳辐射能到达地表与地表的长波辐射进入宇宙空间等),而且在于人作为智能生物,具有一定的识别和调控负熵的能力,并会不断提高这种能力。因此,自然地理环境系统和自然——经济社会复合生态系统不会走向无序,而是将更加进步、高级。自然地理环境中的自然资源不会被耗竭,人类的未来是光明的。

五、没有极限的增长面临的挑战

信奉"增长是没有极限的"这种观点的人,从人类历史发展进程看到人类社会是不断进步的,于是坚信人类的未来会越来越美好。实际上社会发展的主要驱动力是科技进步,而科技进步的最终结果是人类对自然界的认识得到了加深,因而能够更好地利用自然(发现自然界中的新资源、发现物质的新用途、认识自然规律并遵循自然规律)。从根本上讲,对于自然资源利用,不管是市场响应还是替代品的使用,都仍然需要使用地球上的物质。从地球上各种元素的含量来看,都是有限的。认为市场响应能自行解决一切稀缺问题的观点,存在着一些现实的挑战,主要包括:市场的不完备性、市场运作结果与社会目标不符,并有可能加剧某些自然资源的稀缺。

(一)市场的不完备性

为了对需求、技术和供给变化作出响应,以便在时间和空间上优化配置资源,市场需要完善的竞争机制,包括要求构成市场的企业经营不受政府干涉,能按合理的方式行动以使其利润最大化,要求企业经营者能准确地预测未来资源的需求状况和价格水平等。而实际上这些条件很难满足,也就是说,现实世界中的市场具有不完备性,因而市场机制能自动地对自然资源稀缺作出响应只是理论上的。

现实市场的竞争机制是不完善的,矿产资源产品很容易被少数几个大型私有企业或国有企业控制,这使稀缺问题有可能变得更严重而不是更缓和,甚至人为制造出稀缺。因为这些垄断企业为了使其利润最大化,可以通过控制当前的产量或市场供应量来控制市场价格。换言之,与完备的市场条件相比,垄断的存在会使生产和消费的资源更少,因而将来可利用的资源必然更多,但会使当前的资源稀缺程度更高。

在不完备的市场条件下,一个企业经营者为了将来能获得好的报酬,需要对未来的需求、供给和价格的变化情况有准确的把握,以便优化其生产计划。但是,企业经营者不可能对未来科技新突破带来的技术革新等引起的供需状况的变化有准确的预测,矿产资源的探明储量、粮食产量的长期预测、地区之间物质流通的能力变化、消费者的偏好及生活方式的变化、替代品的出现等因素都具有很大的不确定性,因而企业经营者未来的报酬存在很大的风险,特别是矿产资源生产企业,为了规避未来风险就会加速开发当前的资源。

(二)市场运行与社会目标的背离

市场运行的目标,简言之就是报酬最大化,但对社会来说,资源开发利用还需要满足一系列其他目标,例如,保障国家必要的战略资源、促进地区就业和发展、改善环境质量等,这些目标不可能依靠市场运行实现。

1.资源保障

市场体系并不能保证每一个国家都能保障其资源供给,即使一国的自然资源丰富多样,足以满足生产所有基本产品和服务的需要,但总会在某些资源上具有优势而在另一些资源上处于劣势。因此,合理而有效的战略是融入国际资源产品市场,互通有无。而对于国内自然资源不能满足需求的国家,更需要依靠国际市场来保障资源产品的供应。但国际市场体系并不存在保证每个国家都能进口必须资源的机制,支付能力、地缘政治等因素都会影响一个国家从国际市场上获取所需资源的保障程度。

当某些资源大国联合成国际性垄断组织而能左右某种资源在国际市场上的供给时,就很容易采取一些背离市场机制的手段来实现其政治、经济、军事或者宗教目的,例如,采取限制生产、冻结价格、贸易禁运等手段人为制造资源稀缺。对此,进口国可能建立大规模战略性资源储备(多数发达国家都已采取了类似的对策),制定抑制需求的政策,加强国内资源勘探和开发,开发替代品和改善资源保护技术。所有这些反应就长期看,都会削弱欠发达的资源出口国的作用,并可能进一步加大国家之间的贫富差距。

这种世界市场体系的不完备性,既不能满足资源出口国增加收入的目标和政治控制的目标,也不能满足资源进口国的资源保障目标。资源出口国采取的那些政策,阻碍了其国内吸引资源开发和勘探的投资,投资的减少导致探明储量不能增加而表现出资源稀缺。

2. 就业与经济发展

对资源稀缺的市场响应机制理论上可能会阻止全球尺度上资源消耗达到资源的最终极限,即自然耗竭。但在自然耗竭到来之前,由于开采成本随着资源储量的减少而增加,当在一定的技术条件下,开采活动已经达到不经济时,就会发生能获利资源的耗竭,这称为经济耗竭。

市场体系根本无能力防止某些特定矿藏的经济耗竭,因为市场力量刺激消耗,使开发成本增加,事实上很可能加速经济耗竭的发生。例如,英国自 20 世纪 60 年代就关闭了煤矿,至今仍在关闭。其实煤矿资源远未开采完毕,但是在当前市场条件和政治环境下,开采已得不偿失,经济耗竭发生了。

当这种经济耗竭发生时,政府为了促进地区就业和社会稳定,不得不干预矿产市场,给矿产开采企业补贴,或者限制国外生产者的竞争,这又进一步加剧了市场的不完备性。

如果一个国家或地区的经济基础依赖于单一的矿产资源开发,经济耗竭就会引发严重的社会、经济问题。市场机制也无能力防止依赖矿产资源开发和出口的国家和地区的经济、政治危机。一般来说,发达国家具有高度多样化的经济,能抗御某些资源的经济耗竭,经济耗竭对其国内经济不会有太大的影响,失业率也不至于显著增加。但是,即使在这些国家,区域性衰落和失业问题也绝非小事。欧洲和加拿大在为创造就业机会以弥补采矿工人的失业方面,困难重重。

以资源出口为主的欠发达国家面临的经济耗竭问题更为严重,很多此类国家高度依赖某一种(或与之相关的一组)矿产品的出口。在这种情况下,该种主要矿产的经济耗竭对整个国民经济是一种严重威胁。

(三)市场机制加剧了某些资源的稀缺

1. 环境恶化

资源开发和利用过程中的每一阶段,都会对环境产生不利影响。例如,矿产资源的开采活动会破坏土壤、清除植被、改变地表水和地下水的路径等,产生水污染和空气污染,降低景观价值,损害周围人群的身体健康等。而市场机制一般会造成资源的掠夺式开发,因为大多数自然资源(如:公共水域、大气质量、野生动植物以及优美的自然景观等)历来是被看成"自由财货"的,即自然资源是没有或少有市场价值的。例如合成氨工业中使用的大气中的氮气在当前世界的任何国家和地区都是没有市场价值的;农业灌溉中使用水资源的市场价值实际上只是把水输送到农田中所消耗的电能的市场价值,水资源也没有市场价值。因此,资源开发和消费的市场机制,绝不会考虑市场外部的环境变化。

因此,市场机制即使可以保护人们的物质利益,但却可能会造成人类福利的实际水平下降。因为资源开发和资源产品的生产和消费过程中一般都会产生一定的环境污染,因而存在着负外部性。

技术变化和市场机制的某些适应方式,例如,改变生活方式,节约利用或更多地利用可更新资源,可以减少资源利用的环境代价和社会代价。然而,诸如开发合成材料以替代天然矿物元素之类的途径将增大生态风险,此类现代技术对环境的破坏难以修复。市场机制不仅不能制止,甚至还会刺激环境质量退化和生态服务功能下降之类的所谓"外部性"代价,加剧环境资源的稀缺。

2.造成可更新资源稀缺

技术进步和市场机制不能减少对可更新资源的压力。在发达经济中,收入增加增进了对更高生活质量和更清洁环境的需求,并伴随着人们活动能力的提高而增强了对舒适景观和其他康乐性资源的压力。同时,现代工业产出的规模、技术发展的速度、对更多物质需求的压力等结合起来,大大加快了环境变化的速率。例如,为增加农业产量而采取的一系列措施,使用杀虫剂和化肥、湿地排水开垦等,都影响了景观质量,减少了生物多样性,甚至破坏了土壤的自然结构,引起土壤侵蚀。而从深层次看,自然环境的这些变化都源于集约生产的压力。

技术和市场机制不能保证可更新资源的持续可得性,这在欠发达国家更为明显。农业技术进步使农业生产对机械、化肥、农药、种子的依赖性增大,而小农户无力投资这些。

可更新资源稀缺表象后面的原因是复杂的,需要认识自然系统、社会经济系统等方面的复杂问题,不可能找到简单的解释和简单的解决办法。可更新资源耗损和退化的问题之所以恶化,一个重要原因在于他们常常是公共财产或公共场所,所有人都可以免费获取。诸如鱼、飞鸟、水和空气这样的资源都不可分割,没有哪一个用户能支配其供给,控制其他用户的数目或他们获取的数量。于是,人们对资源保护和减少污染就没有积极性。因此,短期内利用过度和消耗过度就常常不可避免,进而形成长期耗竭的危险。

(四)增长的社会极限

即使不发生增长的资源和环境极限,增长也会面临社会极限。一旦总体上的物质丰富已满足了主要的生理需求(即维持生命的衣食住行),经济增长的过程将变得日益难于满足人们的愿望。随着平均消费水平的上升,消费的日益增长既体现在个人方面也体现在社会方面,因此,衡量个人对商品和服务的满足程度,不仅依赖于人们自己的消费,而且还依赖于其他人的消费。

例如一个人从使用轿车中获得的满足取决于有多少人使用轿车。拥有轿车的人越多,空气污染和交通拥挤的程度越严重,使用轿车得到的满足感就越低。而且人们对某种消费品的满足程度取决于相对于其他人消费的相对水平,而不是自己消费的绝对水平。一个人在别人尚未拥有轿车的时候拥有了轿车,他的心理感受是满足的,但当他周围的人大多都拥有轿车的时候,他拥有轿车的心理满足感就很低了。

第六章　自然资源的利用

自然资源是人类生存和社会发展的物质基础,而且随着社会的发展,自然资源开发利用的强度越来越大,自然资源利用的范围也越来越广。

第一节　人类对自然资源需求的演进

一、人的需要与自然资源

自然资源是相对于人的需要而言的,美国社会心理学家亚伯拉罕·马斯洛在 1954 年出版的《动机与个性》一书中提出了需求层次论(need-hierarchy theory),将人的需求分为 5 个层:生理需求(physiological needs)、安全需求(safety needs)、爱与归属的需求(love and belonging needs)、尊重需求(esteem needs)、自我实现的需求(self-actualization needs),1970 年新版书内,又改为如下的 7 个层次:

生理需求(physiological needs),指维持生存及延续种族的需求;

安全需求(safety needs),指希求受到保护与免于遭受威胁,从而获得安全的需求;

隶属与爱的需求(belongingness and love needs),指被人接纳、爱护、关注、鼓励及支持等的需求;

自尊需求(self-esteem needs),指获取并维护个人自尊心的一切需求;

知的需求(need to know),指对己对人对事物变化有所理解的需求;

美的需求(aesthetic needs),指对美好事物欣赏并希望周遭事物有秩序、有结构、顺自然、循真理等心理需求;

自我实现需求(self-actualization needs),指在精神上臻于真善美合一的人生境界的需求,亦即个人所有需求或理想全部实现的需求。

其中,第一种为基本的生理需求,其余的为心理需求。显然,生理需求是直接的物质需要,心理需求则是间接的物质需要。例如,要求满意的工作,要求自我实现,要求维护自尊心等,除了涉及个人能力、价值观、社会制度等非物质因素外,也必须有一定的物质装备和经济基础。追根溯源,满足人类需要的物质都来自自然界,即自然资源。

人类要生存最基本的生理需要是对食物的需要,人体从食物中吸收营养物质,并利用储存在食物中的化学能完成自身的生理活动。人类的食物主要是植物和动物的各种组织,也就是生物产品。而生产食物需要有土地、阳光、水、生物等自然资源。人类的某些心理需求也要从自然资源中得到满足,如生态服务,包括环境质量和湖光山色等景观资源。从需要的角度来考察,人的欲望或需要通常被认为是无穷的。这些欲望或需求一个接一个地产生,一旦前一个欲望或需求得到满足甚至仅部分得到满足,就会接着产生后一种欲望或需求。然而,满足欲望或需求的资源却是有限的。

前一个欲望满足就产生后一个欲望

人的需要与自然资源的关系,以个人需要为基础,但是必须放在由个人组成的社会这个层次来考虑。

二、社会发展与自然资源演进

从狩猎—采集社会,经农业社会到工业社会,人类对自然资源的开发利用经历了漫长的历史过程,在这个过程中,自然资源的概念、开发利用的范围及深度、环境影响都是在不断地演进着的。

(一)狩猎—采集社会的自然资源开发利用

1.早期的采集与狩猎者

考古发现与人类学研究都证明,早期的人类大多数是以群居的方式生活在一起组成部落,通过一起劳动以获得必要的食物维持生存,获取食物的方式是从事狩猎和采集活动。在这种部落里一般是男人从事狩猎活动,女人从事采集活动。在热带地区,植被茂密且植物全年生长良好,因而女人的采集活动收获丰厚且稳定,提供了整个部落食物的 60%～80%,而且女人还承担了养育孩子的工作,所以女人的社会地位高于男人,成为母系氏族社会。而在寒冷地区,植被稀少加上季节性变化明显,食物主要是从狩猎和捕鱼活动中获得的,这主要是男人从事的劳动,所以这些地区盛行父系氏族社会。

当一个部落的人口数量增加到一定程度后,在步行到达范围内能获取的食物不足以养活整个部落时,一般情况下,部落的一部分人会离开原地而形成另一个新部落。因此早期的部落人口数量不会太大,即早期的部落都是以小群聚居的方式生活的,而且很多原始部落都常常面临食物稀缺,为了获取食物可能随着季节变动或被捕食动物的迁移而流浪。

这些采集和狩猎者为了更好地生存,需要了解周围的自然环境,获取了关于通过观察风云变化等预测天气的知识,通过尝试和经验积累发现了多种可食用和药用的植物和动物,学会了制作工具,并用来改造自然,于是,人与自然开始了分离。但是,早期的人类人口数量不多,相对来说土地广阔,人类对自然环境的影响主要依靠体能,自然资源开发利用的环境影响轻微且是局部性的。当对部落附近小范围区域自然环境的不利影响危及到部落生存时,还有很多未受影响的区域可供其迁移定居,因而有回旋的余地。

2.后期的采集者与狩猎者

人类在获取资源的过程中,逐渐改良了工具和武器,考古表明,大约12000 年前出现了矛、弓、箭等工具,人类还学会了使用火和陷阱,使人类可以捕猎大型野兽,学会了焚烧植被以促进可直接食用的植物和猎物喜食的植物的生长。

工具的改良特别是火的使用,使后期的狩猎者和采集者对环境的影响加大,但采集者和狩猎者仍然属于自然界中的人,仍然主要是通过适应自然来求得生存的。

(二)农业社会的自然资源开发利用

农业社会大部分人以直接栽培作物和养殖动物作为获得食物的主要途径,通过驯化、挑选出来的野生食用植物,把它们栽种在居住地附近,这样人们就不用到很远的地方去采集他们,于是出现了种植业。在人类捕获的动物暂时不需要杀死食用的情况下,就会被圈养起来,于是出现了驯养野生动物的畜牧业。

对野生动植物的驯化大约发生在10000 年前,考古显示,最早的植物栽培很可能是从热带森林地区开始的。那里的人们发现,把薯类植物的块根

(茎)埋入土中,就能长出新的植株,提供更多的食物。为了准备栽种作物,人们先清除小片森林,首先把林地上的树木等植物砍倒、晒干、放火焚烧,然后在空地上种植作物,这种种植方式为刀耕火种。热带地区的气温高、水分条件好,微生物活性高,因而土壤中有机质分解快且彻底,养分含量低,一般种植3~5年就把土壤养分耗尽了。原有地块的土壤肥力耗尽后,人们就放弃该地块,到新的地块上开始新一轮的刀耕火种,所以这种种植方式又称游移种植。被放弃的地块休闲10~30年后,森林植被又发育了起来,土壤肥力也得到了恢复,为再次刀耕火种提供了条件。这种农业还只是农业的雏形,西方称之为生计农业(subsistence agriculture),一般只种植足以养家糊口的作物,仍依赖人的体力和原始的工具,因而,这种农业对环境的影响相对较小。

真正的农业是随着畜力和金属农具的使用而出现的,开始于大约7000年前。用被驯化的动物牵引犁耙等农具来耕翻土地,这不仅大大提高了作物产量,也使人类能够种植更多的土地。肥沃的草原土壤由于其土层深厚、土壤中植物根系丰富而难以人力耕种,有了畜力和金属农具后就可以开垦了。于是农业向草原地区扩展,这很可能是人类文明中心转移的原因之一。在一些干旱地区,人类学会了开挖水渠引水灌溉农田,人类对水资源的认识有了很大的发展,并进一步提高了作物产量。这种靠畜力和灌溉支持的农业通常能收获足够的食物满足日益增加的人口需要。

真正的农业社会,男性从事种植业活动,女性主要生育后代,操持家务,父系统治得以盛行起来。农业的发展对社会发展有以下几方面的影响:

(1)由于食物供给增多、供应稳定,人口开始快速增加。

(2)人类越来越多地清理和开垦土地,开始了对地球表层的控制和改造,以满足人类的需要。

(3)由于相对少量的农民就可以生产出足够的食物,除了养家糊口外,还有一些剩余用于出售,于是城市化过程开始了。很多原来的农民迁入了永久性的村庄,这些村庄逐渐发展成小镇和城市,并成为贸易中心、行政中心和宗教中心。

(4)专业化的职业和远距离贸易发展起来,村镇和城市中以前的农民学会了诸如纺织、制陶、制造工具之类的手艺,生产出手工制造的商品用以交换食物和其他生活必需品,于是资源得以流通,自然资源开发利用的环境影响也扩散开来。

(5)私有制出现。大约在5500年前,农民和城市居民之间贸易上的相互依赖,使得很多以农业为基础的城市社会在先前的农村聚落附近逐渐发展起来。食物和其他商品的贸易使得财富不断地积累,并促成了对管理阶层的需要,以调节和控制商品、服务和土地的分配。土地所有权和水资源的占有权成为很有价值的经济资源,于是争夺资源的冲突增加。统治者和军队掌握权力并夺取大片土地,强迫农奴和无地的农民生产粮食,修建灌溉系统,建造庙宇殿堂,很多古代文明就是这样建立起来的。

以农业为基础的城市社会对环境已经有了明显的影响,农业社会阶段,世界各地出现了若干农业文明中心,人口日益增加,需要更多的食物、木材和建筑材料。为满足这些需求,大片森林被砍伐,大片草地被开垦,许多野生动植物的生境被破坏而退化,导致某些物种的灭绝。已开垦地区经营管理不善常常使土壤侵蚀大大加速,森林进一步遭受破坏,牧区出现过度放牧,使曾为肥美草原的地方变成沙漠。水土流失导致河流、湖泊和灌溉渠道的淤塞,很多古代著名的灌溉系统就是这样遭到毁灭的。

城市人口集聚,废弃物积累,使得传染病、寄生虫等传播开来。13世纪欧洲流行黑死病(鼠疫),使当时的人口下降到公元前1000年的水平。一些地方的水源、土地、森林、草地和野生生物等重要资源的逐渐退化,成为使历史上一度辉煌的文明衰落的主要原因。中东、北非、地中海地区在公元前350年到公元580年间都曾经有过经济和文化非常繁荣的农业文明,但这些文明都建筑在掠夺土地资源的基础上,结果终于走向衰落,例如,美索不达米亚文明、中美洲的玛雅文明和中亚丝绸之路沿线的古文明均是如此。农业的发展意味着人类已从狩猎者和采集者那种"自然界中的人"变成了农民、牧民和城市居民这种开始"与自然对抗的人",虽然其能力还只能"顺天时,量地利"。人类对待自然的态度的这种变化具有深远的意义,很多学者认为这就是今天资源与环境问题的开端。

(三)工业社会的自然资源开发利用

17世纪中叶开始于英国的工业革命是自然资源开发利用史上的一个里程碑,工业革命使小规模的手工生产被大规模的机器生产所取代,以牲畜为动力的马车、犁耙和以风为动力的帆船被以化石燃料为动力的火车、汽车、拖拉机、收割机和轮船所取代。

这些技术的革新和发明,在几十年内就使欧洲和北美以农业为基础的城市社会转变为城市化水平更高的工业社会。工业社会阶段,农业、制造业、交通运输业等都大量使用依赖化石燃料提供动力的机器,这在提高生产力、促进商品流通和贸易的同时,也使能源消耗量增加,对环境影响的不利后果也大大加剧。

工业发展使向城市输入的矿物原料、燃料、木材、食品等物质大大增加，结果是，一方面为城市提供这些资源的农村地区生态系统退化、环境污染、资源损耗；另一方面，接受资源利用形成的废弃物排放的城市地区因污染而使环境质量下降。工业社会阶段的农业生产活动采用农业机械、化肥等技术，使农业生产力得到提高，农作物单位面积产量增加，从事农业的人数减少，农村剩余劳动力增加，于是大批农村人口迁入城市，城市化进一步扩展，废气、废水、废渣和噪声在城市里蔓延开来。工业社会具有以下特点：生产得到了极大增长，对不可更新资源(煤炭、石油、天然气、金属矿产)的依赖性大大增加，新材料(化工合成的)部分地替代了天然材料，人均能源消耗急剧上升。这些特点使人类享受工业化、城市化带来的福利的同时，也使资源环境问题更加突出，并且越来越明显地威胁到人类自身的生存和发展。

工业化使人类与自然的矛盾突出，人类越来越脱离自然、脱离土地，农业的工业化、不断扩展的采矿、城市化等也使得表土、森林、草原、野生生物等可更新资源不断退化，不可更新资源渐趋耗竭。

(四)人类对自然资源开发利用的演进

在人类社会的发展过程中，人口数量增加，在人均自然资源消费量不变的情况下，自然资源的总的需求量将会与人口数量呈正比例地增加；而在历史发展进程中，人类生活水平不断提高，因而人均的自然资源消费量也增加。这样，整个社会的自然资源总需求量不断增加。这必然导致人类对自然资源的需求量达到和超过地球上自然资源的总量，即达到绝对稀缺。

但是，人类对自然界的认识越来越全面和深入，关于自然资源的概念也不断发展，导致自然资源的种类和数量都在增加，使得自然资源在历史上没有出现过绝对稀缺，甚至某些种类的自然资源越来越丰富。

在人类社会早期，阳光、空气不被看做资源，甚至连土地、水等也不被看成资源，因为土地和水的数量相对于人的需要来讲是非常巨大的。随着农牧业的兴起和灌溉技术的利用，土地、水也就成为资源了。在人类生活水平较低的时期和地区，人们主要注意温饱，资源的概念是物质性的；而当生活水平提高后，人们就把风景、历史文化遗产、民俗风情等审美性的事物也当做资源了。20世纪50年代以前，石油都采自陆地；现在人类已在海洋开采石油。其他资源的开采范围也在向海洋扩展，未来的人类很可能到月球、火星上去开采资源。"洪水猛兽"曾被看做灾难，但当人类有能力控制它们以后，也可以变为资源。

另一方面,正如今天大部分十分珍贵的资源在几个世纪以前被认为是毫无价值的一样,当年很有价值的资源在今天看来可能没有什么价值。例如,某些作为燃料用的植物,在染料化工发展起来以前曾经是很宝贵的资源,但现在已无太大价值了。

总之,人类社会发展过程中对自然资源的认识和开发利用能力是不断发展的,因此,有些学者(主要是历史学家和经济学家)对资源和环境问题的前景持乐观态度,他们认为技术进步能不断改变或扩展资源和环境的极限。

(五)未来的挑战

1.对技术丰饶论的挑战

从人类历史看,科技进步保证了自然资源没有出现绝对稀缺,由此也导致了人类对未来的乐观,形成了自然资源问题上的技术丰饶论。但是科技进步在解决资源稀缺问题上到底能有多大的作用,或者未来的技术进步能否保证矿产资源探明储量的增加量或发现新的矿产资源来满足人类的需要,这是人类在资源问题上对技术丰饶论的主要担心。

实际上,科学技术是一把双刃剑,每一种技术都有副作用,例如,金属冶炼技术的发明和应用,给人类带来了使用金属产品的便利,但也引起了矿产资源过度消耗和环境污染等问题。伐木机械的发明和改进大大提高了伐木的工作效率,但也造成了快速无林化,并引起物种多样性降低、水土流失加剧等生态问题。化肥生产技术的产生,提高了耕地粮食产量,但化肥的大量使用也是土地退化的主要原因。同样,医学中器官移植技术的产生与发展,使得一些人长命百岁的愿望得以实现,但也催生了贩卖人体器官的犯罪行为。

不仅如此,技术不是万能的。例如城市扩张造成世界上许多大城市面临的噪声、空气污染、分配不公和贫困、城市居民的生活质量下降、人际关系淡漠、精神压力增大等问题,以及世界文化冲突、军备竞赛等社会问题并非技术都能解决的,而需要在人类价值观和道德观念等方面做出努力。

2.对全球性问题的挑战

目前,人类面临着一系列更复杂、更隐蔽、分布更广泛、影响更持久的资源环境问题,其中很多是全球性的大问题,如全球变暖、臭氧层破坏、海平面上升、大气酸沉降、持久性有机污染等。要降低全球变暖的程度,就必须急剧减少 CO_2 和其他温室气体的排放,要制止臭氧层的破坏,就必须逐步禁止使用氟氯烃;要减少酸性沉降对陆地和水生生态系统的危害,就必须急

剧减少 SO_2 和 NO 等的排放。此类问题就涉及限制使用某些资源和开发这些资源的替代品,其中很多重大策略都需要制定国际协议和进行国际合作。

但是达成资源利用和环境保护方面的国际合作一直困难重重。例如,为了人类免受气候变暖的威胁,1997 年在日本京都召开的《气候框架公约》第三次缔约方大会上通过了国际性公约《联合国气候变化框架公约的京都议定书》(简称《京都议定书》),为各国的 CO_2 排放量规定了标准,即:在2008 年至 2012 年,全球主要工业国家的工业 CO_2 排放量比 1990 年的排放量平均要低 5.2%。条约规定,它在"不少于 55 个参与国签署该条约并且温室气体排放量达到附件中规定国家在 1990 年总排放量的 55% 后的第 90天"开始生效,这两个条件中,"55 个国家"在 2002 年 5 月 23 日当冰岛通过后首先达到,2004 年 12 月 18 日俄罗斯通过了该条约后达到了"55%"的条件,条约在 90 天后于 2005 年 2 月 16 日开始强制生效。但是,美国、加拿大等国对待该议定书的态度并不积极,美国人口仅占全球人口的 3% 至 4%,而排放的 CO_2 却占全球排放量的 25% 以上,为全球温室气体排放量最大的国家。美国曾于 1998 年签署了《京都议定书》,但 2001 年 3 月,布什政府以"减少温室气体排放将会影响美国经济发展"和"发展中国家也应该承担减排和限排温室气体的义务"为借口,宣布拒绝批准《京都议定书》。2011 年12 月,加拿大宣布退出《京都议定书》,继美国之后第二个签署但后又退出的国家。

为了保护不可更新资源,使之能持续利用,需要加强矿物资源的循环利用和重复利用,节约能源,加速开发利用恒定的和可更新的能源。人类必须改变目前的生活方式和消费习惯,凡直接或间接导致资源浪费、环境污染或退化的,都应当抛弃。

野生生物保护应更加重视大型自然保护区,而不是仅像现在这样重视在动物园和避难所内保护少数濒临灭绝的物种。一个很迫切的重要任务是制止(或至少要减缓)世界上现存热带森林的迅速破坏。人类还须尽最大努力来恢复已退化的森林、草地、土地,应该积极开展并大力加强恢复生态学的研究。

对人口控制、环境治理和资源保护的研究,迄今大部分都是互相独立地进行的,解决一个领域的问题可能引起其他领域的新问题。人类应加深认识这些问题的相互关系,迫切需要对这些问题作综合研究,进行综合治理,制定协调的策略。

人的世界观、态度和行为是造成资源、环境问题的关键,也是解决这些问题的关键。人类必须在思想方式上有大的变革,把与自然对抗、从自然中夺取的态度,改变为与自然协调、利用自然的同时也保护自然的态度;把重视事后治理污染变为重视事前制止污染,防止潜在污染物进入环境,防患于未然。

迄今为止,在对付资源和环境施加于增长过程的自然限制上,技术进步及其应用是如此成功,以至于全部文明都是在围绕着与极限作斗争而不是学会与极限相适应而发展的。今天,我们肯定技术进步在克服资源环境极限中仍有极大意义,同时必须反对盲目的技术乐观主义。社会欢迎每一项新的技术进步,但在广泛采用这些技术以前,必须对以下 3 个问题有较为清晰的认识:①如果大规模引进和推广这些新技术,会产生什么物质上和社会上的副作用? 怎样克服这些副作用? ②在这种发展完成以前,需要进行什么样的社会变革? 如何完成那些社会变革? 完成那些社会变革需要多长时间? ③如果这种发展完全成功,并排除了增长的自然极限,那么增长着的系统下一步将会面临什么新的极限? 怎样克服新的极限? 在排除现有极限和面临新的极限之间如何权衡。

第二节　自然资源的开发与再开发

一、自然资源开发与再开发原理

广义的自然资源开发包括初始开发和再开发两种情况,狭义的自然资源开发是指初始开发,即对原来没有开发利用的自然资源进行开发利用,特别是对本来未受人类影响的区域进行的开发活动。例如,在把农区的未利用地改造成农田或林地,把无人区的沼泽排干开垦成农田等农业开发活动等。但是,人类发展到现阶段,地球上未受人类影响的区域已经很少,人类的自然资源开发活动大多是对已开发的资源进行追加开发或替代开发,即自然资源的再开发。例如把原来经营着的森林开垦成农田,农场转变为工业区、旧城区改造等把原有土地利用方式改变为新的利用方式的开发项目都属于再开发。

人类对自然资源的开发和再开发都是为了满足人类对各种产品和服务的需要。这种需要既包括对人类维持生存的基本物质(如食物等)的需求,也包括对精神(如审美享受、尊严维持)的需求。自然资源开发的决策者希望通过对自然资源的开发利用,满足社会对产品和服务的需要,并由此获得效益。因而在开发前他总会预先权衡自然资源开发的成本与效用,只有在确信总效用大于总成本时,才会实施开发计划;而再开发只有在自然资源的新用途比继续目前的用途能带来更大效用的情况下才会发生。当然,决策者考虑的自然资源开发效用既包括物质效用,也包括精神效用,如各种精神享受、个人满足和社会价值等。尽管不同的自然资源开发者对成本与效益的权衡的精确程度不同、对未来存在的风险的预测能力不同,但几乎所有的自然资源开发利用活动都力图实现效益最大化。

在市场机制下,人们愿意支付的价格通常决定谁得到什么和得到多少。如果资源的供给相对于当前的需求是短缺的,那么人们通常可以通过支付比他们的竞争者更多的钱来获得资源以保证其需求,另一方面,对资源需求的上升又常常导致价格上涨,这又会刺激资源的供给。因此,在整个经济学思想中都充斥着"价格支配生产并决定资源配置"这个一般假设。根据这个假设,自然资源趋于向那些出价最高的经营者手中转移。一般农业土地的经营如此,城市土地的经营也是这样。这种自然资源利用的总趋势表现出所谓"资源利用更替性"原理。按照这个原理,每当不同资源用途的有效需求变化,导致适于这些用途的资源的经济潜力也发生变化时,所涉及的资源就趋于向最高层次和最有经济效益的用途转移,除非这种转移为制度所不容许,或者有非营利的其他目标,或者经营者反应迟钝。

人类利用自然资源的历史是一个长期的资源利用更替历史。大多数自然资源,特别是那些通达性好、具有较高经济利用潜力的自然资源,已被人类开发和改善。这个开发过程绝不是一件一劳永逸的事情,随着时间的推移,一些已经被开发的资源,必然会在一定时间被再开发,改作其他更高效益的用途。例如,生长有原始森林的土地被开发成经济效益更高的农田;森林采伐后自然生长的灌木林被再开发成商业性林地;曾经是沙漠的土地上开辟出灌溉农业或农场,与世隔绝的大自然奇景被开发为旅游胜地等。

城市土地利用更替过程表现得更为显著、更为生动。例如,一些城市中心商业区以前可能还是一片荒野,然后开始成为地区贸易集散地村落,再后来成为繁荣的商业社区,最后成了飞速扩展中的城市商业中心。在这个更替过程中,开始时的小路,后来变成了横贯商业区喧嚣的交通要道;昔日居民的平房也让位给大银行、商店和摩天大楼;当初以很低的价格可能还难以卖出的土地,现在已是寸土寸金。

资源利用更替过程是一个动态过程,会随需求和技术的变化而不断做出调整。例如,随着城市的发展,昔日的牧场和耕地上会建起房屋和商店;个别水井和简陋的卫生设施为公共供水和地下水道系统所代替;公共设施建立起来了,新街道出现了。随着城市的发展和繁荣,旧城区被不断再开发,原来的道路必须加宽、重新铺设,下水道需要扩展和拓宽,商店要翻新,旧平房被推倒让位给新的高楼大厦,有条件和有必要的地方还要建设城市公园和开放空间……

资源利用更替性往往要求做出长远的决策。多数自然资源开发都需要相当数量的投资,因此要求进行仔细的投资核算,要求计算新开发所必需的经营成本、投资成本、时间成本、替代成本和社会成本,以及扣除上述成本后的期望效益,以便平衡收支,并能获利。这往往要做出一些重要抉择,例如,不同开发计划之间的抉择,不同规模与比例的可比项目之间的抉择,使个人利润最大化的项目与强调社区和社会目标的项目之间的抉择。

二、自然资源开发中可能产生的问题

(一)造成资源闲置和资源的低效利用

若自然资源开发者一开始过高估计了预期收入,或过低估计了开发成本,就会造成自然资源开发的预期回报不能实现。这时如果经营者不接受较低的效益继续原有设计的开发活动,就有可把自然资源暂时闲置起来,或把自然资源转到一种投资较少的"低效"用途上去。例如,房地产开发商购买一块土地后,由于房价降低或建设成本升高(人工费、建材价格上涨等)等新情况的出现,发现按照原来的项目规划建成商品房效益太低,他就可能暂时把这块土地闲置起来,等将来房价上涨或建材价格下降后再开发,也有可能把这块地种上树,作为林地经营一段时期。

如何对待不赢利的自然资源开发项目,在很大程度上取决于总效益、经营成本和投资成本等的相对关系。只要总效益超过总成本,经营者就会倾向于继续原设计的开发项目,但如果总效益低于总成本,经营者就会放弃开发。

历史上预期效益不能实现的资源开发活动经常发生,例如,在一些并不适宜耕种的地方开荒种地,不仅经济效益低下,还有可能引起生态灾难。

> ### 美国"黑风暴"
>
> http://baike.baidu.com/view/18231.htm,美国黑风暴
>
> 　　1870年以前,美国南部大平原地区是一个生机勃勃的草原世界,土壤肥沃,畜牧业发达,一片人与自然和谐共处的景象。1870年后,美国政府鼓励开发大平原,再加上受世界小麦价格飙升的影响,南部大平原进入了"大垦荒"时期,草原被大面积地毁掉而种上了小麦。经过几十年发展,南部大平原从草原世界变为"美国粮仓"。
>
> 　　进入20世纪30年代,美国经历了一次百年不遇的严重干旱,南部大平原风调雨顺的日子彻底结束,一场场大灾难随之而来。1934年5月12日,一场巨大的"黑风暴"席卷了美国东部的广阔地区。沙尘暴从南部平原刮起,形成一个东西长2400千米、南北宽1500千米、高3.2千米的巨大的移动尘土带。风暴持续了整整3天,掠过美国2/3的土地,刮走3亿多吨沙土。1935年春天,一场沙尘暴再次震惊了美国。从3月份开始,南部大平原上开始大风呼啸、飞沙走石。大风刮了整整27个昼夜,3000多万亩麦田被掩埋在了沙土中。
>
> 　　在其后持续的沙尘暴中,美国有数百万公顷的农田被毁,牲畜大批死亡,南部大平原不再适合耕种,于是还引发了美国历史上最大的一次"生态移民"潮。到1940年,大平原很多城镇几乎成了荒无人烟的空城,总计有250万人口外迁。

(二)引发土地投机活动

　　"投机"是指为预期获利目标而进行的冒险投资,土地投机可定义为持有通常处于非最佳和非最高层次利用状态的土地资源,其主要经营目标着重于通过转售获得资本效益,而不在于从目前的利用方式中谋取利润。土地投机者很少关心从目前的土地资源利用方式中可能获得多少利润,而只是把土地看成一种可以通过买卖而获利的商品。土地投机者有时也会在土地改良方面进行一些投资,以提高土地资源的等级,但他最感兴趣的还是尽快把土地卖出去,使其资本投资有利可图,并尽快周转,而不是长久地持有、经营土地资源。

　　土地投机冒险可能给投资者带来巨大效益,也可能带来严重损失。土地投机是在土地资源开发历史上较为普遍的现象,特别是在农村用地正在向城市用地、工业用地转移的地区。

在土地价格上升时,土地投机往往最活跃,而在价格走低时土地投机者会将持有的土地留在自己手里待价而沽。由于投机者并不积极开发土地,这将会造成土地资源的长期闲置。

如果土地投机者的投资成本要支付较高的利息,或者政府采取让持有土地者交纳较高的财产税等措施,使土地投机者承受的压力增大,则土地投机者就可能以其可得到的任何价格出售其持有的土地,也可能放弃投机梦想而进行土地资源的开发和再开发,这有利于土地资源进入市场得到开发利用。当然,土地投机者也可能采用折中的方法,将土地资源用于一些低效益的利用,如作为停车场、临时集市、临时货栈等,这些用途的收入可足以弥补持有成本,并仍保留日后有机会向更高层次和更高效益的土地用途转移的选择余地。

（三）导致个人利益和社会利益冲突

自然资源开发过程中常常会出现个人目标与社会目标相冲突的情况。例如,在城市化和工业化过程中,农业用地不断向城市用地和工业用地转移。在市场经济体制下,从效益最大化目标看,农业土地利用效益比较低下,向城市用地和工业用地转移更符合经济规律。尽管作为耕地的土地利用方式效益低下,但耕地被大量占用后,将威胁到一个地区的农业发展和粮食安全,从长远来看会对社会利益造成损害。

在此类情况下,应该将个人利益和社会利益统筹考虑,在某些情况下,个人利益可以最大限度地得到保障,但在大多数情况下,个人利益应让位于社会利益。

从使用者的角度看,资源用途的更替往往是对市场价格的反映,只要资源所有者或出价最高的投标者将资源用于社会许可的用途,那么冲突不会发生,使用者能追求利润最大化。然而,如果经营者为了使其利润或其他效用最大化,将资源改作他用时损害或剥夺了其邻居乃至整个社会的利益,那么冲突就不可避免。

此类受损害的社会利益往往在市场上体现不出来,例如,可能涉及私人土地上的林木、湖泊、溪流以及地质构造等所能为公众提供的美学享受、环境质量等,或者涉及将这些资源作为娱乐用地的机会;也可能是指某个经营者的活动对自然环境质量可能造成的不良影响,如因经营导致土地退化、水土流失、空气和水污染、噪声污染等。这些影响构成了重要的负外部性和社会成本。然而,它们很难在传统市场上评价,因而对某些使用者的成本——效益核算没有影响。在这种情况下,为保护社会利益,有必要采取社会措施,其中包括区域土地利用规划、对个人土地利用的社会控制措施等。

社会控制(管理)是否用来指示、引导,有时乃至限制个人土地开发决策,既取决于社会利益和个人利益之间冲突的程度,也取决于当时对社会干预的流行观念,更取决于一定的社会体制和政策。需要建立适合的政府机构并切实履行其职能,还需要确定必要的控制手段并得到公众舆论的支持,这样就可以制止危害社会利益的土地滥用现象。但是,政府和社会管理部门往往贬低和反对使用者为谋取最大利润而进行的资源开发,往往出台一些未经斟酌的社会控制政策,不仅使社会效益不能实现,还会损害本来可以实现的土地开发效益。

第三节　自然资源的可持续利用

世界环境与发展委员会在 1997 年发布的《我们共同的未来》中第一次正式提出了"可持续发展"的概念,其定义是:"既满足当代人的需要,又不损害后代人满足其需要的能力的发展"。其后,关于"可持续发展"和"可持续性"的定义如雨后春笋般涌现,迄今已有上千个。虽然这些定义不尽相同,但都包含以下几个方面的含义:

(1)理想的人类生存条件:即满足人类需求的、可永续存在的社会,尤其是世界上贫困人民的基本需要必须特别优先得到满足。

(2)持久的生态系统状况:即保持自身承载能力以支持人类和其他生命的生态系统。

(3)公平性:不仅在当代人与后代人之间,也在各代人内部,平等地分配利益和平等地承担代价。如果在发展政策中忽视资源分配问题(代际分配和代内分配),则不能实现可持续发展。可持续发展在很大程度上是资源分配问题,狭义的可持续性意味着对各代人之间社会公平的关注,但还必须合理地将其延伸到对任何一代人内部的公平的关注。

一、人类的需求

发展的主要目标是满足人类的需求,但目前世界上存在应当扭转的两种倾向。

(1)发展中国家大多数人的基本需求没有得到满足。发展中国家的大多数人连粮食、衣服、住房、就业等都没有得到满足,他们有要求这些基本需求得到满足并提高生活质量的权利。

（2）发达国家很多人的生活消费大大超出了基本的需求，例如能源消耗和其他消费，如果按目前美国的人均标准，世界只能维持 10 亿人口，其余 60 亿人口生存的权利就被剥夺了。人们对需求的理解是由其所处的社会条件、经济条件和文化背景决定，只有各地的消费水平控制在长期可持续限度内，全体人民的基本生活水平才能维持。资源的可持续利用要求促进这样的观念，即鼓励在生态可能的范围内的消费标准，鼓励所有的人都可以合理地向往的标准。

满足基本的需要在一定程度上取决于实现全面发展的潜力。显然，在基本需求没有得到满足的地方，资源的可持续利用则要求实现经济增长（主要表现为人均国内生产总值 GDP 的增长）。在其他地方，若增长的内容反映了可持续利用的一般原则，又不包含对他人的剥削，那么这种经济增长与资源的可持续利用是一致的。但在有些地方，经济增长并非就是可持续发展，当高度的生产率与普遍的贫困共存，当经济增长以破坏资源和环境为代价，就谈不上是可持续发展了。因此，可持续发展要求社会从两方面满足人民需要：一是提高生产潜力，二是确保每个人都有平等的机会。

二、可持续的限制因素

（一）人口

人口增长会给资源增加压力，并在掠夺性资源开发普遍发生的地区影响到生活水平的提高。这不仅仅是人口规模的问题，也是资源分配的问题。只有人口发展与生态系统能提供的生态系统服务功能中的生物生产潜力相协调时，可持续发展才能够进行下去。

（二）环境

人类社会发展，尤其是技术发展，能解决一些迫在眉睫的问题，但却会导致更大问题的出现。社会发展经济的盲目发展可能会危害许多当代人的利益，也可能在许多方面危害后代人满足其基本需要的能力。在发展过程中，人类对自然系统的干扰是越来越大的，从原始的狩猎——采集，到定居农业、水道改向（灌溉）、矿物提炼、余热和有害气体排入大气、森林商业化、遗传控制、核能利用等，都是人类干扰自然生态系统的例子。不久以前，这类干扰还只是小规模的，其影响也是有限的。但现在的干扰在规模和影响后果两方面都更加强烈，并从区域到全球各种尺度上严重威胁生命支持系统。这已经对发展的可持续性构成了严重的威胁。可持续发展不应危害支持地球生命的自然系统：大气、水、土壤和生物。

（三）资源

可再生资源的开发利用要有一定限度，超过这个限度就可能引发生态灾难。生物产品、水、土地等资源的利用强度都有自己特定的限度，其中许多以资源基础的突然丧失的形式表现出来，有些则以成本上升和收益下降的形势表现。知识的积累、科学技术的发展等会加强资源基础的负荷能力，但最终仍有一个限度。可持续性要求，在远未达到这些限度以前，全世界必须保证公平地分配有限的资源，并调整技术上的努力方向，以减轻资源压力。

对可再生资源来讲，经济增长和发展显然会引起自然生态系统的变化。对森林中的树木的砍伐强度、对水体中的鱼类的捕捞强度、对草原上牧草的放牧强度，以及对耕地的利用强度等都应该控制在一定的限度内，否则就会导致森林、草地退化、耕地地力下降、鱼类资源趋于耗竭等后果。而如果利用适度、用养结合则不会使资源枯竭，甚至有可能使资源的数量更多。例如，对耕地资源的合理使用和土壤培肥，就能使耕地的土壤肥力增加；对草地的适度放牧，能使草地上的草生长更好、产草量更高，而且草地上植物的物种组成对畜牧业更有利；对海洋渔业的捕捞强度进行限制，规定网眼的尺寸，制定合理的休渔期，就能使海洋鱼类产品持续地获得较高的产量。但是，利用强度的把握比较困难，要对资源进行动态监测，防止生态系统退化导致的资源枯竭。

对不可再生资源来讲，显然是用多少就少多少。但这并不是说不可再生不能利用，而是应该确定一个持续的损耗率。例如，对煤炭、石油、天然气等化石燃料矿物，要在其耗竭速度、节约利用等方面制定一定的标准，以确保这类资源在找到社会可接受的替代物之前不会枯竭。

三、平等与共同利益

（一）国际不平等

20 世纪 70 年代人类就开始意识到资源与环境问题是没有国界的，例如，某一国家或地区排放的 SO_2 可能随着大气环流到达邻国上空，然后以酸雨的形式沉降，并危害酸雨区的水体、森林、建筑物等。而像 1986 年 4 月 26 日的切尔诺贝利核电站核泄漏事故，由于原子炉熔毁而漏出的辐射尘飘过俄罗斯、白俄罗斯和乌克兰，也飘过欧洲的部分地区，例如土耳其、希腊、摩尔多瓦、罗马尼亚、立陶宛、芬兰、丹麦、挪威、瑞典、奥地利、匈牙利、捷克、斯洛伐克、斯洛文尼亚、波兰、瑞士、德国、意大利、爱尔兰、法国(包含科西嘉)和英国。因此,任何国家或地区的环境污染,都不仅会给本国造成危害,也会给邻国带来危害。为了人类的未来,在环境污染控制方面,需要全世界的共同努力。1972年联合国在瑞典斯德哥尔摩召开的人类环境会议上,明确提出了"只有一个地球"的口号。

但在这个唯一的地球上,却存在着220多个国家和地区,每个国家和地区所处的自然环境不同,自然资源的丰饶状况悬殊,发展历史不同,最终表现为当前的贫富状况不一。目前,每个国家和地区都在为自己的生存和繁荣而努力,但是,在发展本国经济的过程中,很少会考虑对其他国家的影响。总体来看,当前世界发达国家消耗了过多的地球资源并向环境排放了过多的废物;发展中国家的人们为了生存又不得不过度砍伐本国的森林、过度放牧、过度利用耕地,依此生产出满足自己基本生存需要的初级产品,同时,还要大量开采本国的矿产资源并以相对低廉的价格出售以换取一些高新技术产品。这样,不论是发达国家还是发展中国家都在损害着人类共同生存所必须依赖的地球环境。

就目前的国际、国内政治经济秩序看,要维护共同的利益是很难的。因为行政管辖权限的范围与环境影响所及的范围常常是不一致的。在一个国家管辖范围内的能源政策会造成另一个国家管辖范围内的酸性沉降,一个国家的海洋捕捞政策也会影响另一个国家的捕捞量。

商品的对外贸易通常使环境容量和资源匮乏问题成为国际性问题,如果能平等地分配经济成果和贸易收益的话,共同利益就能普遍地实现。但目前国际贸易秩序是不平等的,发展中国家出售的木材、矿产资源等初级产品价格低廉,不仅影响这些生产部门,也影响主要依赖这些产品的发展中国家的经济发展水平和生态保护效果。

(二)国家内部不平等

国家内部不同人群(不同地区的人群或不同阶级)之间的不平等也很普遍。例如,在一个流域上游的人群能够在一定程度上控制下游地区的人群获得水资源的数量和水质,而且这种控制可能是无意识的,如上游地区的土地利用方式影响到下游的径流量、上游地区农业化肥、农药的使用强度影响下游的水质。这样就会造成地区之间的矛盾。

不同阶级之间资源利用的不平等更加普遍,一个企业排放了浓度超标的废气而污染大气,或者排放未经处理的废水而污染水体,但企业主可能不被追究,因为,受害的是企业周围的穷人,他们不能有效地申诉,而且政府部门会采取一定的措施保护企业主,因为,企业主与政府职能部门的主要人员之间可能有着密切的利益关系,例如通过贿赂政府人员,使其违法行为能得到庇护。

(三)不平等是限制资源可持续利用的主要障碍

资源利用的不平等能产生许多问题。不平等的土地所有制结构使部分土地过度开发,这不仅使资源基础受损,也对环境和发展两方面造成不利影响。而当某一系统临近生态极限时,不平等会更加尖锐。这样当流域环境恶化时,贫苦人由于居住在易受危害的地区,而比居住在环境优美地区的富人更易遭受危害;当矿产资源枯竭时,工业化过程的后来者丧失了取得低成本供应的利益;在对付可能的全球气候变化影响上,发达国家在资金和技术上处于有利地位。

因此,我们没有能力在资源的可持续利用过程中促进共同的利益,往往是国家内部和国家之间忽视了经济和社会平等的结果。资源的可持续利用的概念不仅支持"只有一个地球"的口号,还提出了"只有一个世界"的口号,以倡议平等,维护可持续发展。世界环境与发展委员会的总观点就是"从一个地球到一个世界"。

"可持续发展"或"可持续性"已成为世界各国制定经济和社会发展目标的普遍共识,无论是发达国家或发展中国家,也无论意识形态和社会制度如何。但也有人对可持续发展概念持批判态度,《增长的极限》的作者梅多斯认为,"实现可持续发展为时已晚,生态的、政治的和经济的现实已不可能满足当代和后代的需要,除非全球人口数量远低于现在的水平"。他确信能维持像样生活标准又不对全球生态系统造成损害的全球人口数量,肯定要比现有数量低。因此,我们面临两种未来,或者维持一个少数人富裕、多数人贫穷并由集权和贫困支配的世界,或者某些灾难使人口数量下降到"可持续"水平。只要正视未来,我们就有必要开始探求一种"可生存发展"的概念和战略。

第七章　自然资源消耗

客观世界存在两大类自然资源的消耗形式："自然消耗"与"能动消耗"。"自然消耗"自人类和人类社会产生以前就在自然界中自然而然地发生,如太阳辐射、水流、风动、生物之间的取食等;"能动消耗"是人类发挥主观能动性,通过与自然的相互作用及社会实践所发生的资源消耗。

随着人类社会历史的发展,人类改造自然的能力逐步提高,自然资源消耗也由以"自然消耗"为主逐渐转变为以"能动消耗"为主。从不同空间区域和不同视角来看,自然资源消耗的组成、分布及影响也不同。

第一节　自然资源的自然消耗

客观世界是能量驱动物质不断循环而变化和发展着的。在没有人类干预的情况下,客观世界的发展变化完全由自然力参与和控制。所谓自然力,是指自然物质或能量在其发展运动过程中,自然环境系统内部各要素、系统与外部物质条件相互作用所形成的一种作用力。

根据物质或能量受人类影响的程度,自然力可分为两类,第一类是天然自然力,它不是劳动的产物,包括人类可利用的基础性能量(如太阳的光和热、气候)和人类能够加工改造但尚未加工改造的自然力(如未开发利用的土地与湖海、野生动植物、原始森林等);第二类是结合性自然力,即已经与劳动相结合的自然力,如已开发利用的土地、已建成的水利工程、人工采集或培育的动植物品种等。自然力参与物质循环和能量流动的过程,也是资源自然消耗的过程。但并非所有自然力都会发生自然消耗。例如,气候资源是所有生命体生存与发展所不可缺少的重要资源,但是它不会因为生命体的利用而发生消损。如果按照自然力的驱动与效果的形式,可将资源的"自然消耗"归纳为如下几类:

(1)生物性消耗:生物生长发育过程中消耗的物质和能量,如植物生长过程中通过新陈代谢活动消耗土壤中的营养元素;动物生命活动过程中消耗植物性或动物性食物。但生物性消耗的结果表现为能量的转化、某些物质积累与生物量的增殖。

(2)流动性消耗:指资源因本身的运动特征而产生能量资源的自然而然的消损过程,如风能、潮汐能、流水的动能。

(3)内驱动消耗:指由于资源的物理化学属性而导致的资源数量逐渐减少。这类资源如放射性物质和太阳组成物质。

(4)外驱动消耗:包括由于自然灾害而导致的资源消耗,如气候变化造成的物种灭绝以及由于自然原因引起的资源消耗,如水土流失、自然火烧引起的植被破坏。

一、生物性消耗

地球上所有生物都要消耗资源才能够维持正常的运转,并进行能量和物质的输出,在这个过程中,生物进行生产、消费、分解、交换等生物过程,同时完成自身的生长发育。资源从一种生物到另一种生物再到下一种生物的转化就形成了食物链。食物链的第一营养级是初级生产者(主要是植物),指那些利用能量和基本营养物质来生产可供更高营养级生物可以利用的物质(如作为食物的种子、叶子、嫩芽等)的生物。初级生产者以外的营养级包括食草动物、食肉动物和分解者。此外发掘者也包含在其内,因为通过发掘者从无机储库中获取矿物质,是所有生命所必需的。因此,食物链通常由发掘者、生产者、消费者和分解者组成。

在食物链中,绿色植物形成的有机物质(包括根、茎、叶、花、果实等)扣除呼吸作用的消耗后,称为净初级生产量,净初级生产量的一部分随枯枝落叶、掉落的果实、根系分泌物(也有一些植物的茎、叶分泌的液体物质滴落到地面)、死亡的根系等回归到环境之中,形成微生物和一些土壤动物的食物资源而被逐渐消耗,一部分因动物取食而成为动物的资源被消耗,还有一部分形成了植物自身的立地生物量,用于繁殖。同理,其他营养级的动物的生产力,也是部分成为高一营养级的食物资源,部分随排泄物、掉落物(动物脱落的皮屑、毛发等)等成为其他动物或微生物的资源,还有一部分用于积累自身的生物量和繁殖。

二、流动性消耗

自然资源的流动性消耗往往是发生在能量资源上,并具有一个共同的特征,即自然对该种能量资源没有自然的存储能力或存储能力极为有限。这类资源主要包括风能、海洋能、水能等。

风能实质上是一种气象能源,它是由太阳辐射在地球表面分布不均、以及下垫面性质不同等原因造成的地球表面不同地区出现水平温度梯度、进而形成水平气压梯度而引发的空气水平运动而具有的动能。

狭义的海洋能是指依附在海水中的可再生能源,包括潮汐能、波浪能、海洋温差能、海洋盐差能和海流能。

潮汐能:潮汐能是指海水涨潮和落潮形成的水的势能,它是由月球、太阳等天体对海水的引潮力作用形成的。

波浪能:波浪能是指海洋表面波浪所具有的动能和势能,它是由风把能量传递给海洋表层水而产生的。实质上是海水吸收了风能而形成的。波浪能的能量传递速率和风速有关,也和风与水相互作用的距离(即风区)有关。

温差能:温差能是指海洋表层海水和深层海水之间水温之差的热能。

盐差能:盐差能是不同盐度的海水之间因盐度差异而以化学能形态出现的海洋能。

海流能:海流能是另一种以动能形态出现的海洋能。在低纬度和中纬度海域,风是形成海流的主要动力。此外,不同海域的海水温度梯度、盐度梯度也可能成为海流的动力。

水不仅可以直接被人类利用,它还是能量的载体。太阳能驱动地球上的水循环,使之持续进行。地表水的流动是重要的一环,在落差大、流量大的地区,水能资源丰富。

上述几种能源资源都与太阳辐射能有着直接的关系,且能流密度相对于煤、石油而言,都非常低。这些能量的产生均是介质自然运动的结果,具有间歇性,能量随着介质运动的发生而产生,随着介质运动的停止而消失,即能量在介质流动过程中,自然而然地产生,自然而然地消逝。例如,当风吹动海水形成海流之时,风把能量传输给海水,风能就会自然而然地削弱至消逝。

三、内驱动消耗

太阳的组成元素组成中,最丰富的是氢元素,约占 71%,其次是氦元素,约占 27%。这些物质在太阳内部不断地进行核聚变反应,产生大量的能量,即太阳能,并以辐射的形式向外传播。组成太阳的物质消耗过程没有外来能量的介入,是自我驱动的,因而是一种"内驱动"消耗。

太阳能是各种可再生能源中最重要的基本能源,生物质能、风能、水能等都来自太阳能。所以广义的太阳能所包括的范围非常广,狭义的太阳能则限于太阳辐射能的光热、光电和光化学的直接转换。

在地球表面及地下数千千米范围内,广泛分布着放射性元素,这些元素在自然状态下通过衰变释放出能量,并以辐射波的形式向外传播,这种辐射过程是自发的。在自然条件下,岩石、水体、大气、生物体中都存在着放射性元素,因而发生着元素的衰变和辐射过程。例如,已知存在于海洋中的天然放射性元素有几十种,主要包括铀(U)系、钍(Th)系和锕(Ac)系放射性元素,钾-40(^{40}K)、铷-87(^{87}Rb)等单个放射性元素,以及碳-14(14C)、氚(^{3}H)等由宇宙射线形成的放射性元素。

四、外驱动消耗

由于地球上的物质处于运动之中,各种形式的物质运动都包含着某种所谓的变异,包括人类活动和自然界自身活动有意无意地诱发作用所引起的自然物质运动的变异。当自然物质运动变异到足以给人类的生存和物质财富造成一定程度的危害和破坏时,就构成了自然灾害。世界各地都存在发生一种或多种自然灾害的风险。从世界范围看,中低纬度和沿海地区比其他地区更易发生自然灾害。自然灾害发生不仅能造成人员伤亡和财产损失,也会对自然资源造成重要的影响。

第二节 社会经济消耗

社会发展的历史是一部人类社会与自然相互作用的历史。人类自存在以来,不断地从自然界获取能源与原材料进行经济生产,然后通过物质交换、产品分配与消费等过程形成并促进社会再生产。在此过程中,人类付出劳动,取得衣食住行所需的物质与能量满足、精神满足及货币满足,也进行着人口的再生产过程。所以,广义的社会经济对自然资源的消耗既包括经济再生产过程的直接的自然资源消耗,也包括人口再生产过程对自然资源及其产品的消耗,因为人口是经济再生产不可缺少的投入与动力源泉。人通过经济再生产过程将自然物质转化为人类的需求,同时通过人口再生产过程满足对物质与精神的需求,并推动社会文明的发展。

社会文明的发展,不仅拓宽了人类利用自然资源的范围,也提高了对自然资源的消耗速率,社会经济的代谢模式与规模也发生了惊人的变化。据研究,人均年直接能源投入在狩猎社会为 $10\sim20$ GJ,在农业社会为 65 GJ,而在工业社会约为 250 GJ;人均直接物质投入在狩猎社会约为 1 t,在农业社会约为 4 t,而在工业社会时期提高到 19.5 t。社会经济代谢模式由狩猎社会的纯自然代谢逐渐发展为工业社会时期的工业代谢。与此同时,物能投入也由原来的以可再生的生物资源为主转变为以不可再生的能源和物质投入为主,如今,不可再生能源与物质占社会总物质与能源投入的比重均在70%左右。

一、生物资源的社会经济消耗

人类生存所需的能量来源主要来自食物,人类食物中最重要的是生物产品;人类衣物的原料也主要是生物产品,即生物产品是人类重要的衣食源泉。目前人类每年约从自然界获取价值约 1.3×10^{16} 美元的农业产品,尚有3.5 亿人口直接依赖森林资源生存,10 亿人依赖鱼类获取蛋白质。人类占用的净初级生产力(HANPP)占全球净初级生产力(NPP)的比重约为 20%～40%。在许多工业化国家,HANPP 可能占到 NPP 的 40% 以上,如澳大利亚为 50% 左右。估计在未来的 50 年里,随着人口的增长,HANPP 占 NPP的比重会进一步上升,人类可能会成为陆地净初级生产力的主要消耗者与殖民者。据 Imhoff 研究,人类占用的净初级生产力为 1.15×10^{16} g,折合成有机物质为 2.42×10^{16} g。NPP 在全球的空间分布均具有地域差异性,因而不同地区 HANPP 占 NPP 的比例也有差异,一些地区,如西欧与中亚,消耗了地区 70% 以上的 NPP,而一些地区的 HANPP 不足当地 NPP 的15%,南非地区甚至仅为 NPP 的 6%。一些大城市地区的 HANPP 消耗非常惊人,是 NPP 的 400 倍左右。由于贸易的原因,HANPP 的影响不一定发生在消费的地区。

特别指出的是,人类通过占用地球初级生产力间接地占用了土壤水分蒸散量的 20% 左右,折合成水资源量为 18200 km^3。目前,森林采伐、过度放牧、耕地的不合理利用等人类活动已经造成全球约有 65% 的土地发生了不同程度的退化。

二、水资源的社会经济消耗

在水循环中,大约有 9000 km^3 的水可供全世界人类利用。这完全可以满足 200 亿人生存需要。但是随着社会经济发展,水资源不再单纯地满足人类生存的需要,而是越来越多地被分配到工农业生产部门中去了。目前,全球总用水量中约有 87% 是用于工农业生产,其中,农业灌溉用水占总取水量的比重在亚洲为 86%,在北美洲和中美洲为 49%,在欧洲为 38%。

水稻的生产尤其耗费水资源。每生产 1 kg 稻米,约需耗水 5000 L,与其他作物相比,稻米生产的水资源利用效率非常低,每公顷小麦耗水 4000 m³,每公顷水稻耗水 7650 m³。

水资源在部门之间的分配与国家的富裕程度密切相关,高收入国家主要把水资源投入到工业部门,而中低收入国家则主要是投入到农业部门。

社会经济的发展也大大地增加了人均日用水量的增长。古罗马时期人均日用水量 12~18 L,工业发达国家人均日用水量在 19 世纪为 40~60 L,在 20 世纪为 400~600 L,而美国纽约市的人均日用水量高达 1600 L。世界各地的用水量存在相当大的差异,其中亚洲用水量最大,其次是北美洲。

三、矿产资源的社会经济消耗

(一)能源矿产的消耗

工业革命促使世界能源消耗发生了根本性的变革,由以往的以生物质能源为主逐渐转变为现在的以化石能源为主。社会经济发展是能源消耗的一个重要决定因素,社会发展程度越高的国家人均能源消耗量也越大。因此,在未来的一定时期内,世界能源消耗将会依然保持增长的态势,而且从能源构成看,煤炭、石油、天然气等化石能源将依然是世界能源的主体,甚至在世界总能源消耗中所占的比重还会上升。

世界煤炭新近探明的可采储量约为 9.822×10^{11} t,按照世界现有消费水平,煤炭可开采 210 年。全球石油资源的探明储量为 1.2658×10^{12} 桶(OPEC 组织和英美等西方国家原油数量单位通常用桶来表示,1 t 约等于 7 桶,如果油质较轻(稀),则 1 t 约等于 7.2 桶或 7.3 桶。美欧等国的加油站,通常用加仑作单位,我国的加油站则用升计价。1 桶=158.98 升=42 加仑),储量变化为 7.301×10^{11} 桶,未发现的储量估计约为 9.389×10^{11} 桶,三者合计 2.9348×10^{12} 桶,按目前的开采速度,石油已探明储量将在 41 年内耗竭,所有石油储量仅能支持 90 年左右的开采。据美国地质勘探局发表的《世界石油评估 2000》,世界天然气资源的探明储量为 1.72054×10^{14} m³,未发现的天然气储量约 1.20574×10^{14} m³,其中难以开采的天然气资源约有 8.4951×10^{13} m³,按目前世界天然气开采、消费速率,将在 60.7 年内耗竭。

(二)非能源矿产的消耗

研究表明,非能源矿产资源消耗的增长速率一直高于人口的增长率。1950~1990 年世界人口翻了一番,6 种主要金属矿产(铜、铝、铅、锌、锡、镍)

产品的消费增长了 8 倍多。面对资源的不断消耗，一些学者指出，地球矿产资源的消耗量将在不久的将来超过供给能力，导致现代文明的终结。

1. 铜的消耗

人类炼铜历史悠久，但长期以来由于炼铜方法原始，铜的产量一直很低。17 世纪出现现代炼铜法后，铜的产量才有明显增加，1928 年世界精铜产量为 1.67×10^6 t，1950 年全世界精铜产量为 2.50×10^6 t，1992 年已达到 1.10×10^7 t，2003 年全世界年产铜达 1.5145×10^7 t，主要生产国和地区的产量分别是：智利 2.894×10^6 t、美国 1.287×10^6 t、日本 1.422×10^6 t、中国 1.808×10^6 t、德国 6.30×10^5 t、加拿大 4.54×10^5 t。

我国虽然铜资源贫乏，但却是世界主要的精炼铜生产国之一。1984～2001 年国内阴极铜产量年均递增 7.9%。2001 年阴极铜产量达 1.42×10^6 t，占世界总产量的 9.30%；2003 年阴极铜产量达 1.7722×10^6 t，占世界总产量的 11.66%。

20 世纪以前，铜消费量增长缓慢，19 世纪 60 年代全球消费量刚接近 1.00×10^5 t。电力和通讯行业快速发展以来，对铜的需求量迅速增加，铜消费出现空前增加。1913 年铜消费量达到 1.00×10^6 t，20 世纪 30 年代达到 2.00×10^6 t，20 世纪 50 年代则达到 3.00×10^6 t。20 世纪 60、70 年代世界铜消费量继续增加，1973 年达到高峰之后急速下降，5 年之后才恢复上升趋势，但到 1982 年，前期的增长又再次失去。

我国铜消费量从 1953 年的 3.59×10^4 t 增加到 1985 年的 8.50×10^5 t，累计消费量 9.106×10^6 t，1995 年消费突破 1.00×10^6 t，达 1.20×10^6 t；2001 年则突破 2.00×10^6 t，达 2.21×10^6 t，成为世界第二消费大国，2002 年开始成为世界第一消费大国。我国铜的主要消费部门是电器、机械、运输、建筑、冶金、化工和民用工业等，其中消费最多的是电器工业部门。

1970 年世界精铜消费量仅 6.51×10^6 t，而 2002 年世界精铜的消费量为 1.535×10^7 t，增长了 1.358 倍，年均消费量的增长率为 4.2%。

2. 铝的消费

由于铝制品质量轻、外观美观，具有对各种形式加工的适应性以及便宜的制造加工费用，因此铝广泛应用于家用器具中；铝因其高强度/密度之比率、抗腐蚀性和重量功效而广泛应用于机械制造；包装业一直是用铝的市场之一，且发展最快。包装业产品包括家用包装材料、软包装和食品容器、瓶盖、软管、饮料罐与食品罐。铝箔颇适用于包装，箔制盒(包)用于盛食品与药剂，并可作家用。

1988 年世界原铝消费量为 1427×10^4 t，1992 年增长至 1853×10^4 t，铝消耗量的年均增长率为 7.4%。1992 年至 2003 年铝消耗量的年均增长率为 4.3%。2010 年全球原铝消费量增至 4021.8×10^4 t。

氧化铝是从铝土矿中提取的，是电解铝的原料，在目前技术条件下，提取 1 t 原铝可消耗 1.93 t 氧化铝。中国的氧化铝产量为全球总产量 $(9.6314 \times 10^7$ t) 的 39.51%，中国的消费量占全球总消费量的 45%。中国已成为世界最大的冶金级氧化铝生产与消费大国，并已成为氧化铝的初级强国，正在向强国前进。美铝公司 CEO 柯菲德预测，全球金属需求量在 2013 年将增加 7%，印度需求量将上升至 3.80×10^7 t，中国铝需求将上涨 11%，增至 2.30×10^7 t。

3. 铅的消费

根据国际铅锌研究组(ILZSG)的统计资料，1970～1998 年，世界铅资源消费量由 4.502×10^6 增长至 5.987×10^7 t，铅消费量年均增长率为 1.2%。至 2004 年世界铅消费量增长至 7.125×10^6 t，1998～2004 年，铅消费量年均增长率为 3.2%，是 1970～1998 年年均增长量的 2.67 倍。世界精炼铅消费大国有美国、中国、德国、韩国、日本、英国、墨西哥、意大利和西班牙等，年精炼铅消费量均在 2.0×10^5 t 以上。美国是世界上最大的精炼铅消费国，2004 年消费 1.413×10^6 t，占当年世界消费量的 19.8%；中国是世界第二大精炼铅消费国，2004 年消费 1.3988×10^6 t，占当年世界消费量的 19.6%。铅的最大消费领域为铅酸蓄电池，主要应用于汽车工业，其消费量占主要铅消费国消费量的比例在 50% 以上，这一比例在美国高达 90% 左右，在日本也高达 80% 左右。此外，铅还用于弹药、铅管、铅片、合金、电缆包皮以及颜料、化工制品等。由于铅对环境污染很大，因此在许多行业中的使用受到限制，替代品也逐渐增多，所以其前景消耗量有望降低。

4. 锌的消耗

从 1969 年到 1998 年的 30 年中，世界锌的消费量从 5.092×10^6 t 增加到 7.898×10^6 t，年均增长率为 1.5%；这一时期 80% 左右的锌资源为西方世界所消费，但其年均消费增长率也维持在 1.5% 左右。1998 年以后，锌的消费经历了激增和迅速降低的波动，这与世界经济的涨落有着密切的关系。

锌的消费主要用于镀锌、黄铜生产和锌基合金压铸。1994 年，镀锌消耗锌量约占世界消费总量的 45%，其次为黄铜生产，占 23%，压铸合金占 14%，三项合计为 80% 以上，锌的消费结构预计在短期内不会发生太大变化，镀锌方面的需求以每年 2%～4% 的速率增长，黄铜生产的需求以 1%～

2%的速率增长,压铸合金的消费以 1%左右的速率增长。

5.锡的消耗

20 世纪 90 年代,世界锡资源的消费量增长缓慢,直到 1999 年,世界锡需求才开始快速增长。此期间锡消耗量的变化与日本经济危机存在着相当的联系。锡的消费主要用于镀锡板、焊锡和易融合金、化学制品和其他合金等。与 20 世纪 70、80 年代相比,世界锡的消费形式发生了很大的变化,由原来的以镀锡板为主逐渐转向以焊锡和易融合金为主。

6.镍的消耗

镍的应用是由镍的抗腐蚀性能决定的,合金中添加镍可增强镍的抗腐蚀性能。不锈钢与合金生产领域是镍的最大应用领域。金属镍主要用于电镀工业,镀镍的物品美观、干净、又不易锈蚀。极细的镍粉,在化学工业上常用作催化剂。镍大量用于制造合金。在钢中加入镍,可以提高机械强度。钛镍合金具有“记忆”的本领,而且记忆力很强,经过相当长的时间,重复上千万次都准确无误。它的“记忆”本领就是记住它原来的形状,所以人们称它为“形状记忆合金”。

据 INSG 统计数据显示,2010 年全球镍产量约为 $1.42×10^6$ t,比 2009年增加 $8.0×10^4$ t。

7.铁的消耗

中国是现阶段世界最大的铁矿石消费国。据有关资料,2009 年,中国铁矿石(按照平均含铁量 60%折算)实际消耗量接近或达到 $1.0×10^9$ t,其中进口量为 $6.28×10^8$ t,占据了同期全球铁矿石贸易总量的 50%以上。

钢铁是铁与 C(碳)、Si(硅)、Mn(锰)、P(磷)、S(硫)以及少量的其他元素所组成的合金。其中除 Fe(铁)外,C 的含量对钢铁的机械性能起着主要作用,故统称为铁碳合金。它是工程技术中最重要、用量最大的金属材料。

钢是含碳量为 0.03%～2%的铁碳合金。碳钢是最常用的普通钢,冶炼方便、加工容易、价格低廉,而且在多数情况下能满足使用要求,所以应用十分普遍。按含碳量不同,碳钢又分为低碳钢、中碳钢和高碳钢。随含碳量升高,碳钢的硬度增加、韧性下降。合金钢又叫特种钢,在碳钢的基础上加入一种或多种合金元素,使钢的组织结构和性能发生变化,从而具有一些特殊性能,如高硬度、高耐磨性、高韧性、耐腐蚀性等。

含碳量 2%～4.3%的铁碳合金称生铁。生铁硬而脆,但耐压耐磨。根据生铁中碳存在的形态不同又可分为白口铁、灰口铁和球墨铸铁。白口铁中碳以 Fe_3C 形态分布,断口呈银白色,质硬而脆,不能进行机械加工,是炼钢的原料,故又称炼钢生铁。碳以片状石墨形态分布的称灰口铁,断口呈银灰色,易切削,易铸,耐磨。若碳以球状石墨分布则称球墨铸铁,其机械性能、加工性能接近于钢。在铸铁中加入特种合金元素可得特种铸铁,如加入Cr,耐磨性可大幅度提高,在特种条件下有十分重要的应用。

进入 21 世纪后中国钢铁消费与生产的增长速度明显加快。国际钢铁协会(IISI)公布的数据显示,2007 年全球消费钢铁 1.2085×10^9 t,增长7.4%;2008 年达到 1.278×10^9 t。全球钢铁消费增长主要来自巴西、俄罗斯、印度和中国,2007 年平均消费增幅达到 12.8%,2008 年则为 11.1%。其中中国是全球最大的钢铁生产、消费、净出口国,2007 年消费量达到 4.35×10^8 t,占世界钢铁消费总量的 36%;2008 年达到 4.53×10^8 t,占世界钢铁消费总量的 35.5%。

第八章 自然资源利用的环境后果

自然资源开发利用活动不仅会造成资源的枯竭,而且会产生环境污染和生态破坏。

第一节 资源开发中的环境污染

一、矿产资源开发中的环境污染

(一)大气污染

各种矿产资源的开发活动都会造成大气污染、水环境污染和土壤污染。以煤炭资源开采为例,煤炭开采过程中形成的废气主要是矿井排风、矿井瓦斯和地面矸石山自然释放的气体。矿井瓦斯主要成分是甲烷,这是一种重要的温室气体,其增温效应是 CO_2 的 21 倍。据统计,中国每年矿井开采排放甲烷 $(7.0 \sim 9.0) \times 10^9 \ m^3$,约占世界甲烷总排放量的 30%。矿区地面矸石山自燃及煤炭的利用释放出大量的 SO_2、CO_2、CO 等有毒有害气体,严重污染了大气环境,影响了植物的生长发育,危害了周边居民的身体健康。中国矸石山自燃率很高,据 1994 年的矿山环境调查,淮河以北半干旱地区的 1072 座矸石山中,有 464 座发生过自燃,自燃率达 43.3%。

在中国,煤炭的生产、消费具有巨大的地区差异性,出现了"北煤南运,西煤东输"的长距离运煤格局。据统计,1999 年,全国铁路运煤量 $6.4917 \times 10^6 \ t$,平均运距 550 km,经公路运输或中转到铁路的煤炭量达到 $6.0 \times 10^3 \ t$,平均运距 80 km。煤炭运输途中将造成大量的煤粉尘进入大气中。含煤粉尘的废气中还含有很多对人体有害的元素,通过呼吸道进入人体会导致各种疾病的发生。

(二)水污染

煤炭开采过程中,为保证矿井安全而进行的矿坑水人为疏干排水,对矿区的地表水体可能会造成明显的污染,因为矿坑中的水中含有大量的煤粉、岩粉和其他污染物质。另外,洗煤(选煤)环节产生的选煤废水、煤矸石被雨水冲刷产生的淋溶水成分也非常复杂,其中含有大量的悬浮物、重金属和放射性物质。据统计,中国煤矿每年产生的各种废水排放量达 2.75×10^9 t,占全国废水排放总量的25%,其中矿井水 2.3×10^9 t,工业废水 3.5×10^8 t,洗煤废水 5.0×10^7 t,其他废水 4.5×10^7 t。这些废水的排放将对矿区周边的河流、湖泊等水域造成严重的污染,抑制水生生物的生长繁殖,进而影响矿区生态系统健康和人类生存。

(三)重金属污染

煤矸石多为黑灰色或黑褐色,其中含有大量的硫铁矿和重金属元素,在堆放过程中由于雨水淋滤形成的废水中含有多种重金属,其中毒性最大的是 Cd、Pb、Hg、As 等,这些重金属随着煤矸石淋滤水进入地表水体中,不仅污染受纳水体,而且还会通过各种水力联系发生污染转移。另外,这些重金属不能被生物降解,而是在生态系统中通过生物放大作用富集在高营养级的生物体内,并最后进入人体,引起急慢性中毒,造成肝、肾损伤,甚至死亡。

二、水资源利用的环境污染

水资源的利用主要可以分为三类:工业用水、农业用水、居民生活用水。工业用水因为生产的产品种类繁多、工艺复杂多样,对水的利用方式也千差万别,因而工业废水的种类繁多,对水体的污染类型也不一样。农业用水主要是通过农田灌溉,农田退水携带土壤养分流入水体造成水体富营养化、冲刷土壤中残留的农药、激素,造成水体污染。

城市和农村的居民生活用水使用后产生大量的生活污水,其中主要含有氨氮、化学需氧量等。

三、生物资源利用的环境污染

人类最早利用的自然资源是水资源和生物资源,其中水资源最早的利用方式是作为生活用水(饮用水和清洁用水),而生物资源最早则是作为人类的食物来利用的。

自人类从采集狩猎社会发展到农业社会以后,人类对生物资源的利用就是通过农作物种植和畜禽养殖(包括放牧)来实现的。

(一)农作物种植

农业面源污染是指在农业生产活动中,农田中的泥沙、营养盐、农药及其他污染物,在降水或灌溉过程中,通过农田地表径流、壤中流、农田排水和地下渗漏,进入水体而形成的地表和地下水环境污染。这些污染物主要来源于农田施肥、农药、畜禽及水产养殖和农村居民。农业面源污染是最为重要且分布最为广泛的面源污染,其正在成为我国农村生态环境恶化的主要原因之一,农业面源污染的形成和发展严重制约了农业和农村经济环境的可持续发展。

化肥污染:在过去的 50 多年中,中国国内粮食产量不断增加,其中很重要的原因之一就是化肥等农业投入品的增加。由于化肥(主要是氮肥)的利用效率很低(利用率只有 30%～35%),我国每年有超过 1.5×10^7 t 的废氮流失到了农田之外,并引发了环保问题:污染地下水;使湖泊、池塘、河流和浅海水域生态系统营养化,导致水藻生长过盛、水体缺氧、水生生物死亡;且施用的氮肥中约有一半挥发,以 N_2O 气体(温室气体之一)的形式逸失到空气里。在一些地方,由于过量施用化肥造成土壤肥力持续下降还导致肥料的经济效益降低,农民为维持农田生产能力,更加依赖于增施化肥,导致农田土壤严重的面源污染。

农药污染:中国不但是世界上最大的化肥使用国,也是最大的农药使用国。近 10 多年来,农药使用量每年基本稳定在 2.3×10^5 t 左右(有效成分),各种制剂(实物量包括有效成分和各种辅剂)约 1.2×10^6 t,已注册登记投入使用的农药品种约 600 多种。农药同样存在过度施用问题,目前中国农药的过量施用在水稻生产中达 40%,在棉花生产中超过了 50%。中国目前使用的农药主要以杀虫剂为主,许多被禁止的农药依然在使用,其中高毒农药品种仍然占有相当高的比例,不仅对环境造成了损害,而且导致了在食品中的有害残留。

农膜污染:中国近年来农膜年产量已超过 1.0×10^6 t,且以每年 10% 的速度递增。随着农膜产量的增加,使用面积也在大幅度扩展,现已突破亿亩大关。无论是薄膜还是超薄膜,无论覆盖何种作物,所有覆膜土壤都有残膜。据统计,我国农膜年残留量高达 3.5×10^5 t,残膜率达 42%,也就是说,有近一半的农膜残留在土壤中,这无疑是一个极大的隐患。

农膜材料的主要成分是高分子化合物,在自然条件下,这些高聚物难以分解,若长期滞留农田土壤中,就会影响土壤的透气性,阻碍土壤水肥的运移,影响农作物根系的生长发育,导致作物减产,据专家统计,减产幅度为玉米 11%～13%,小麦 9%～10%,水稻 8%～14%,大豆 5.5%～9%,蔬菜 14.5%～59.2%。残膜对土壤物理性质有极显著的影响,如土壤容重和比重随土壤中残膜量增加而增加,而孔隙度和土壤中含水量则随残膜量增加而减少。另外,残膜被丢弃于田间地头,堆积于田间灌排渠道,散落于湖泊水体等的表面或沉积于水底,挂于草间树枝,成为白色污染的重要标志,造成景观破坏。另外,土壤中的残膜还可能缠绕犁头和播种机轮盘,影响田间作业。

(二)畜禽养殖

近年来随着人民生活水平的日益提高,畜禽类产品的需求日益增长,带动了养殖业的飞速发展。据统计,近年我国畜禽养殖规模和产值每年以大于8%的速度递增,规模化、集约化养殖也成为我国畜牧业发展的方向。养殖规模的增加和集约化养殖方式的发展,导致养殖废物大量集中产生和排放,据2003年《中国农业年鉴》公布的主要畜禽饲养量和国家环保部(当时叫国家环境保护总局)2000年公布的产污系数测算,2003年全国畜禽粪便年产生量超过2.4×10^9 t,约为同期工业固体废弃物产生量的2.4倍;而2000年进行的规模化畜禽养殖污染情况调查显示,河南、湖南、江西等地区甚至超过了4倍。畜禽粪便中含有大量的有机污染物,污染的负荷很大。据监测,养殖场废水的COD超标50~60倍,BOD超标70~80倍,SS超标12~20倍,COD已远远超过工业和生活污水的COD总和,成为中国继工业污染之后的又一大污染源,其危害甚至已经超过了工业污染,在农村地区造成了严重的环境污染问题,成为中国农村面源污染的主要来源之一。我国畜禽养殖业产生的污染问题日益严重,畜禽养殖业污染呈现出污染负荷大、污染物成分复杂、对环境的危害程度严重、污染的治理难度大和可再生利用等特点,畜禽养殖业污染问题导致我们人类的生存和畜禽养殖业自身的发展所面临的环境压力与日俱增。

根据数据显示,2010年,中国畜禽养殖业的化学需氧量和氨氮排放量分别达到1.184×10^7 t和6.5×10^5 t,占全国排放总量的比例分别为45%、25%,占农业源的95%、79%。最近几年,畜禽养殖业污染环境的问题越来越严重,已经成为农业面源污染的最大来源。对于环境来说,畜禽粪便如何处理成了最大的难题。由于没有合理的出路,导致畜禽粪便长期随意堆放或者排放,致使空气受到污染,蚊蝇孳生、污染周围水环境。这样一种现象不但制约了畜禽养殖业的发展,更对环境造成了严重的影响,危害人们的身体健康。

畜禽养殖业产生的畜禽粪便中主要的污染物质包括悬浮物、有机质、沉积物、微生物、N、P、K及其他成分。这些畜禽养殖场排放的污水、粪渣及恶臭气体等对水体、大气、土壤、人体健康及生态系统造成了直接或间接的影响。

对水体环境的污染：畜禽粪便除含有养分外，还含有 BOD、COD、SS、N、P 及大肠杆菌群等污染物指标，这些大多是对水体产生影响的污染物。这些畜禽养殖粪便污染物如果任意排放，会经雨水冲刷、地表径流等途径进入河流和湖泊等地表水体，还会逐渐渗入地下水系统，污染地下水，对水环境质量构成严重的威胁。当排放的粪便污染物超过水体的自净能力，就会改变水体的物理、化学性质以及生物组成，使水质变坏，影响水体的使用，危害人类和其他生物的健康。研究表明，畜禽粪便污染物排放量已经成为许多重要水源地严重污染和富营养化的主要原因。畜禽粪便中的 N、P 是导致水体富营养化的重要元素。研究发现，随着粪肥的施用，区域内地下水中的硝态氮的污染物会增加。水体中过量的 N、P 元素存在会促进藻类等的大量繁殖，与其他生物争夺阳光、空间和氧气，从而威胁其他生物如鱼类、贝类的生存，危害水产养殖业。畜禽粪便中的有机质含量通常比市政污水浓度高 50～250 倍，有机质进入水体后分解，使水体变色、发黑，加速水体底泥的积累，有机质分解的养分可能引起大量的藻类和杂草疯长；有机质的氧化大量消耗水体中的溶解氧，引起部分水生生物死亡。畜禽粪便中含有大量的病原微生物和寄生虫卵。据报道，畜禽养殖废水中，平均 1 mL 中含有 33 万个大肠杆菌和 69 万个蛔虫卵和 100 多个毛首线虫卵。这些病原微生物和寄生虫卵，会增加水体中的病原种类，菌种和菌量，会引发疫情，给人、畜带来危害。畜禽粪便中的激素对水体也存在潜在的危害。据 Ritter 等的调查报道，在美国切萨皮克海湾流域的几条河流中，检测出了与畜禽粪肥归田有关的增长性荷尔蒙丸激素和雌激素。

对土壤系统的影响：畜禽粪便含有大量的有机质及丰富的 N、P、K 等营养物质，长期以来一直被作为优质肥料还田使用。畜禽粪便对土壤的作用，既有有利的一面，也有不利的一面，关键取决于 N、P、K 等营养物质含量和土壤本身的自净能力，而且在一定条件下有利方面和不利方面可能相互转化。畜禽粪便对土壤系统的有利方面主要体现为能够作为肥料施用于农田，增加土壤有机质，提高土壤抗风蚀、水蚀的能力，改变土壤的空气和耕作条件，增加土壤中对作物有益的微生物数量；畜禽粪便的不利方面主要表现在使用过度会危害农作物、土壤、地表水和地下水的水质，如大量使用粪便会引起土壤溶解盐的积累，使土壤的盐分增高，影响植物的生长。据报道，非洲截至 1999 年已经有 31% 的牧场由于畜禽粪便污染导致土壤发生盐渍化,土壤的肥力下降明显。畜禽养殖中,为了提高饲料的利用率,促进畜禽的生长发育,增强其抗病能力,往往人为地在饲料中添加大量添加剂、抗生素和药物激素,导致畜禽粪便中常含有一些有毒金属元素如砷、钴、铜等,而未被吸收分解的抗生素、激素等也会通过排泄物进入环境中,对环境中的生物和微生物造成很大的危害。饲料添加剂中的有毒金属元素主要存在于粪便固液分离后的固体中,如果在农田中长期大量使用含过量重金属元素、抗生素和激素的畜禽粪便,长久之后会造成土壤重金属、抗生素和激素累积,被作物吸收后通过食物链进入人体,进而危害人体健康。畜禽粪便中也含有大量的细菌,这些细菌随粪便施入土壤后,会在土壤中存活几个月,研究表明,细菌存活时间主要受土壤种类、温度和水分状况的影响。

对大气环境的污染:畜禽粪尿中所含有的有机物主要是碳水化合物和含氮化合物,它们在有氧和无氧条件下都会发酵分解出不同的物质。这些物质主要包括恶臭气体和温室气体等。这些恶臭气体等携带粉尘和微生物排入大气后,通过大气扩散、氧化等作用而净化,当污染物排量超过大气的自净能力之后,会对大气环境造成污染,危害人和动物。有研究表明,养殖场中由于化学反应或者生化活动,会产生 168 种恶臭气体。已经确定的一些主要的气味物包括 NH_3、H_2S、挥发性脂肪酸、吲哚、粪臭素和双乙酰。恶臭气体中的 NH_3、H_2S 是对人畜健康影响最大的有害气体,例如,绝大多数养殖场人畜伤亡事故都和 H_2S 有直接的关系,NH_3 进入呼吸道则可引起咳嗽、气管炎、支气管炎甚至窒息等身体不适。美国学者 Anderson 等研究认为,畜禽养殖场废弃物是最大的氨气源,NH_3 排入大气之后,将增加大气中的氨含量,严重时也可以造成酸雨危害;CH_4、CO_2 和 N_2O 等都是地球温室效应的主要气体,据研究,CH_4 对全球气候变暖的贡献约为 15%,其中养殖业排放的 CH_4 贡献最大。

对人体健康和畜牧业发展的影响:畜禽粪便中含有大量的病原微生物、致病菌、寄生虫卵等,如果得不到及时的处理,这些物质进入环境之后,就会污染环境,造成人、畜传染病的蔓延,引发公共健康问题,威胁人类健康。据对局部污染较为严重的规模化养猪场的调查,仔猪的黄白痢、传染性肠胃炎、支原体及猪蛔虫病的发病率高达 50%。畜禽粪便污染还会传播大量的人畜共患病,据世界动物卫生组织(OIE)和联合国粮农组织(FAO)的资料显示,全世界约有人畜共患疾病 250 种,中国有 120 种,这其中由猪传染的有 25 种,由禽类传染的 24 种,由牛传染的 26 种,这些传染病的载体主要就是畜禽废弃物,近年来疯牛病、禽流感等新的人畜共患病的出现,对人类的健康和安全构成了更大的威胁。畜禽养殖场富含病原微生物的污水和排放的恶臭气体,会对养殖场及其周围人们的身心健康产生不良影响,会引起精神不振、烦躁、记忆力下降、免疫力下降和不良心理状况等,也会使畜禽的抗病力降低,从而影响畜牧业的生产力水平和经济效应,成为阻碍畜牧业规模发展壮大的一大因素。

第二节 自然资源利用的生态影响

从生态系统的角度看,自然资源是生态系统运动的产物,是自然生态系统中物质循环、能量流动的中间环节的物质能量储存形式。因此,自然资源利用必然改变生态系统中的物流、能量的方向和强度,从而对生态系统产生明显的影响。

一、矿产资源开发的生态影响

采矿分为地下开采和露天开采,对于建筑砂石料,以及埋藏较浅的煤炭、金属矿石、非金属矿石的开采一般采用露天开采方式;而对于埋藏较深的煤炭、铁矿石等的开采则采用地下开采的方式。采矿活动的生态影响不仅取决于开采矿物的种类、采矿方法,还取决于矿区的气候、植被等自然环境特征,但所有的采矿活动都会产生以下几个共性方面的生态影响。

(一)对土地资源的破坏和占用

露天开采时将矿体的上覆地层和表土剥离后直接采掘矿石。剥离方式有面状剥离和等高剥离两种。不管哪种剥离方式,剥离面有多大一般就会挖损掉多大面积的土地,这些挖损的土地上的植被就被清除掉、适合植物生长的表层土壤被挖走;剥离下来的土体或岩体还要作为弃土堆存,这种弃土的堆存又会占压与剥离面大致相等面积的土地,被占压的土地上植被将因压埋而损失,堆存的弃土则会因为土石混杂而不适合植物生长。因此,矿产资源的露天开采造成土地资源的双重破坏。

地下开采也会引起土地资源的破坏,因为地下开采活动把矿物从地下开采出来后形成的地下空间使矿区周围的应力分布发生了变化,应力变化区一般分布在地下采空区周围,导致地下采空区上方的地层在发生变形、裂缝甚至塌陷,从而使采矿区形成塌陷区。如至 1996 年底,在开滦矿务局古冶矿区已形成大小不等的采矿塌陷坑 53 个,总面积约 1800 hm^2,平均每个塌陷坑占地 27 hm²。一般说来，煤矿地下开采造成的地面塌陷最大深度约为煤层开采厚度的 70%~80%，甚至达 90%；塌陷容积约为煤层采出体积的 60%~70%；塌陷面积约为煤层开采面积的 1.2 倍。而且由于地下煤层开采活动留有各种煤柱，它们对地层的支撑作用会使塌陷区地面出现凸凹不平的复杂地形。

地下开采在造成地面塌陷的同时，也会造成地裂缝，在地下采空区上方岩层应力超过岩石自身强度时，岩层就会断裂形成许多裂缝。这些岩层中的裂缝垂直发展，裂缝造成地表水、浅层地下水沿着裂缝渗入到更深的地下，导致地表水、地下水资源的缺乏。同时，与矿床伴生的一些有毒、有害气体会沿着裂缝逸出地表，对该地区的土壤、植物、动物和人体健康产生不良影响。

(二)对水文的影响

采矿活动导致的地表塌陷、地裂缝可能会造成附近地表水体如河流、湖泊、沼泽的干涸，也可能会导致新的河流、湖泊、沼泽的形成，但无论哪一种情况均对矿区附近的水文状况产生了影响，而且影响的范围通常要远大于塌陷区自身的范围。

采矿活动中的许多环节都要大量用水；另外大气降水、地表水、矿床上覆地层中的地下水等都可以通过岩石的孔隙、裂缝、细钻孔、地层破碎带等进入矿井，以上因素造成矿井中大量矿井水的产生。为了保证井下人员的安全和生产的顺利进行，对矿井中的水要采取各种措施将之排至地表。而从矿井中排出的水注入河流，增加了河流的流量，增强了河流的侵蚀能力，进而引起河床的加深和拓宽。河床的加深引起整个流域侵蚀基准面的调整，使流域的侵蚀与堆积平衡发生变化。

采矿活动对地下水的动态也会产生影响，矿床可成为一个蓄水层，但采矿掘走矿石后可能会切断蓄水层，导致不利影响。首要的影响是破坏了地下水的自然状态及其在矿井工作面周围的分布，形成水位下降漏斗区。漏斗区的大小与矿区地质条件及矿区工作面范围有关，当矿层处于渗水的沙砾岩层中时，单个矿井及水平走向的露天矿可排出半径为数千米之内的地下水；而如果矿区附近的岩石多孔疏松时，漏斗区半径可大至 20~30 千米，许多小的漏斗区可连成一片，形成一个大的漏斗区，产生更大的影响。漏斗区的形成使矿区附近的河流、湖泊、沼泽不再是较低含水层的水平水源，并且这些河流、湖泊、沼泽还可能干涸；如果矿区附近有永久冻土层存在，漏斗区的形成也会破坏它。漏斗区形成意味着地下水位的降低，地表上层的土壤及岩石中的水分也会随之降低,从而影响植物的生长,如果地下水位降低很多引起深层岩石的干涸,那么还会造成岩层的变形进而导致地表的弯曲变形。

其次,由于采矿不可避免地要把油污、有机废物等带入地下,也会造成地下水的蓄水层水质恶化。

最后,尤其重要的是,地下采矿对蓄水带补给区的影响。整个地下水系统依赖于水源的补给,如果补给区被破坏,蓄水层就会枯竭。地下水的补给区是水循环中的敏感部分,这些地区在生态重建中应给以足够的重视。

（三）对陆地生态系统的影响

陆地生态系统是由陆地动植物群落和无机环境组成的,采矿活动对陆地生态系统的生物群落和无机环境都有重要影响。陆地生态系统中的无机环境最重要的是土壤,采矿活动对土壤的影响主要是引起土壤侵蚀和土壤污染。

土壤侵蚀一般是指在风和水的作用下,土壤或岩石物质被磨损、剥蚀或溶解并从地表脱离的一系列过程,它包括风化、溶解、侵蚀和搬运等。在自然状态下,纯粹由自然因素引起的地表侵蚀过程速度非常缓慢,表现很不明显,并常和自然土壤形成过程处于相对平衡状态。但采矿活动如大面积的剥离、清理地面,搬运土、石,堆积矿渣等,都会加速和扩大自然因素作用所引起的土壤破坏和土体物质的移动、流失。采矿活动引起土壤污染的主要原因是采矿使重金属进入土壤,由于土壤的吸附、络合、沉淀和阻留等作用,绝大多数重金属都残留、累积在土壤中,造成土壤污染。一旦土壤中重金属的含量超过了土壤环境容量,就会对生长于其上的植物产生污染与危害,造成农作物产量下降。

生态系统中的生物群落具有一定的稳定性,同时也在不断地变化发展。演替就是群落动态中最重要的特征。一般说来,由生态系统内自身变化所引发的演替叫自发演替。而由生态系统外部力量所引发的演替叫异发演替。采矿活动对矿区植被、土壤造成破坏,或者采矿形成的各种污染物经由大气、水、土壤进入生物体内,导致生物死亡、病变等,使原来的生物群落在矿区消失。当采矿活动结束后,人为干扰停止,在采矿废弃地上生物群落可能重新开始演替。

二、土地资源开发的生态影响

全球的土地面积是一个不可增加的常数。在当今世界,地球表面已经被世界各国分割,任何一个国家想通过武力增加自己国土面积的做法基本上是不可能实现的。而在任何一个国家内部,不论土地利用方式如何改进,土地面积都是基本不变的。然而,人口增加和经济发展对土地的需求日益扩大,有限的土地所受的压力越来越大。为了满足人口增加对耕地需求的增长,人类不断开垦耕地,把在森林、草地、湿地等植物群落下发育的自然土壤改变成耕作土壤;使森林、草地、湿地等自然生态系统变成深受人类控制的农田生态系统。同时,人口增加和经济发展对建设用地(工矿用地、居住用地、交通用地等)的需求也不断增长。这样就使得自然生态系统不断变成人工生态系统,从土地利用和土地覆被变化的角度看,土地资源开发就是土地利用方式的变化,因而造成土地覆被类型的改变。

目前世界上有很多国家土地资源相对于其需求来讲已经严重不足,例如人口众多的中国,当前又正处于工业化和城市化高速发展阶段,在有限的土地上,既要发展农业满足人们生存的需要,又要发展工业提高物质文明水平、发展交通运输业改善出行条件、发展房地产改善居住条件,同时还要进行生态建设,改善环境条件。这样农业用地、工业用地、交通用地、城乡建设用地等的需求必然与生态用地需求发生冲突。土地开发和不合理利用造成的土地资源退化主要表现在以下几个方面:

(一)水土流失

水土流失是使土地资源遭受破坏最严重的过程之一。中国水土流失面积约 $1.5 \times 10^6 \ km^2$,占全国土地面积的 1/6 左右。中国水土流失最严重的地区是黄土高原,黄土是一种松散沉积物,缺乏有机质;且黄土的垂直节理发育,易发生崩塌;加上黄土高原降水集中,降水强度大;黄土高原开发历史悠久,植被覆盖率低;这些因素共同作用,使黄土高原水土流失十分严重,成为全球水土流失最严重的地区。

(二)土地荒漠化

干旱、半干旱地区土地的不适当开发往往导致荒漠化。目前地球上沙漠及荒漠化土地面积共有 $4.5608 \times 10^7 \ km^2$,占地球陆地面积的 35%。荒漠化已威胁到全球 15% 的人口和 100 余个国家和地区。荒漠化正威胁着可利用的土地,成为当今时代的一个严重的环境问题。

联合国国际开发署估计,在过去的 50~60 年中,撒哈拉沙漠南部边缘有 $6.5 \times 10^5 \ km^2$ 适合农业或集约放牧的土地已消失在撒哈拉沙漠中。撒哈拉沙漠不仅向南扩张,也在慢慢向地中海方向扩张。21 世纪以来,北非干旱地区的人口增加了不止 6 倍,致使这一地区的许多国家对植被的破坏、过度放牧和扩大耕地都加速进行。据联合国粮农组织估计,每年有 $1.0 \times 10^5 \ hm^2$ 的土地变成沙漠。曾经是具有中等植被的中东广大地区,从以色列的地中海沿岸一直到阿富汗,几百年的过度放牧和樵采,已经形成了大片类似沙漠的景观。

阿根廷的某些省也正在出现荒漠化土地。20 世纪 60 年代的 10 年干旱,导致这里的沙漠以每年 1.5 km～3 km 的速度在 80 km～160 km 宽的前沿地带向前推进。

1954～1960 年,前苏联数十万拓荒者在哈萨克斯坦北部、西伯利亚西部和俄罗斯东部,利用 $4.0 \times 10^7 \ hm^2$ 的新开垦土地进行耕作,起初因为增加了耕地面积,全国谷物产量比过去 6 年猛增了 50%。但是 1963 年干旱的春天发生了尘暴,$3.0 \times 10^6 \ hm^2$ 的作物由于干旱全部损失。1962～1965 年,共有 $1.7 \times 10^7 \ hm^2$ 的土地被风蚀损害,$4.0 \times 10^6 \ hm^2$ 的土地颗粒无收。

在中国北方,荒漠化土地面积达 $3.0 \times 10^5 \ km^2$ 以上。其中历史时期形成的荒漠化土地面积为 $1.2 \times 10^5 \ km^2$,占荒漠化土地总面积的 48.2%。这些荒漠化土地共影响到 12 个省(区)的 212 个县(旗)的近 $3.5 \times 10^7 \ km^2$ 人口,威胁到近 $6.7 \times 10^5 \ hm^2$ 草场和耕地。初步调查表明,近半个世纪以来,中国的荒漠化土地平均每年扩大 1000 km^2,特别是在半干旱地区的农牧交错带最为显著。我国北方地区的土地荒漠化有两种类型:一是风力作用下沙漠中沙丘的前进,造成沙漠边缘耕地或草地被沙丘掩埋而丧失。如塔里木盆地南部塔克拉玛干沙漠边缘、河西走廊、柴达木盆地及阿拉善东部一些沙漠边缘的地区均属此种情况。二是由于强度利用破坏了原有脆弱的生态平衡,使原来的非沙漠地区出现类似沙漠的景观。如过度开垦、过度放牧、过度樵采,水资源利用不当和工程建设破坏植被引起的荒漠化。

(三)土壤次生盐渍化

人类的灌溉活动对盐渍土的形成有很大影响。正确的灌溉方式可以达到改良盐渍土的目的;而不正确的灌溉(灌溉水量过大、只灌不排、劣质水灌溉等)可以导致地下水位上升,引起土壤盐渍化。由人类不合理的农业灌溉措施而导致的盐渍化被称为次生盐渍化,土壤次生盐渍化是干旱、半干旱地区农业发展中土地资源不合理利用引起的重要生态问题之一。

土壤次生盐渍化使世界上大约 30 个国家受到不同程度的危害。例如,巴基斯坦印度河平原是世界上最广大的灌溉地区,但早先的灌溉大多是在河水上涨时才进行,灌溉渠局限在沿河的狭长地带。19 世纪中叶英国人在这里建设了大规模的永久性的灌溉系统,使这个地方成为印度次大陆的粮仓。他们修建了大量的水渠和供储水用的堤坝。这些设施刚刚建成就发生了水井水位的上升,新建的水利设施改变了水循环模式,有 1/3 的水渗进到地下水中,使地下水位以每年 0.3 m～0.6 m 的速度不断上升。在不到 20 年的时间里,表层 1 m 厚的土壤中的含盐量上升到 1%,致使一般的作物难以在这种土地上正常生长。到 1960 年,水涝和土壤次生盐渍化问题造成重大损失,严重受害的土地面积估计有 2.0×10^6 hm^2 以上,占印度河平原耕地面积的 1/5。由于盐渍化,这片土地上作物的产量大幅度下降甚至颗粒无收。

我国一些地区不合理的灌溉也造成了大面积的土壤次生盐渍化,20 世纪 50 年代末,冀、鲁、豫三个省的次生盐渍化土地面积达 4.0×10^6 hm^2。1954 年,内蒙古河套地区盐渍化土地只占灌溉土地面积的 11%～15%,1963 年增加到 22%,1964 年增加到 31%,1973 年增加到 58%。新疆土壤次生盐渍化面积合计已占耕地面积的 1/3 以上。

三、水资源利用的生态影响

人类过度取用地表水、地下水,将会造成河流、湖泊等地表水干涸、地下水位下降等生态问题。例如,在中国的华北和西北等干旱地区,不合理的过量引用地表水已导致河湖干枯,例如,新疆的塔里木河是我国最大的内陆河,19 世纪末,某些河段还可通行大木船。1958 年还有河水流到台特玛湖。由于中上游地区大量引用河水灌溉,使下游河段水量减少,曾经致使英苏以下完全断流,阿尔干以下河床大部被沙掩埋,难以辨认。新疆罗布泊在 1934 年的实测面积为 1900 km^2,至 1962 年尚有 530 km^2。目前由于孔雀河下游断流无水补给,已完全干枯。

湖泊本身具有调节洪水、灌溉、供水、航运、旅游及水产养殖等多种功能。由于我国人口众多,耕地面积相对较少,为了扩大耕地,曾一度大量围湖造田,造成对湖泊水体的破坏。我国在 20 世纪 60～70 年代对湖泊的盲目围垦,致使湖泊面积和容积一度日益缩小,不但增加了洪水灾害,而且也削弱了湖泊的其他生态功能,并使有的湖泊完全消失。以江汉平原为例,在新中国成立初期,湖泊数量由 1066 个减少至 350 个,湖泊总面积由 8330 km^2 缩小为 2500 km^2。洞庭湖和鄱阳湖均曾有大面积的围湖造田,太湖在 1969～1974 年被围垦了 1.53×10^4 hm^2,洪湖 1956 年前的面积为 6.0×10^4 hm^2,50 年代平均年产鱼 6.9753×10^6 kg,由于围垦,至 70 年代只剩下 $3.33 \times$

10^4 hm^2,1975～1979 年平均年产鱼量仅 2.6×10^6 kg,只及 50 年代的 37％。此外,由于植被破坏和陡坡开垦加重了水土流失,也使湖泊淤塞,湖面缩小,水量下降。

但是,为了从水体中取用水资源而修建的水利工程造成的不利生态影响有时更加突出。其主要影响如下:

（一）影响区域水平衡

水利工程往往干扰区域水平衡。以华北平原为例,新中国成立初期,完成了治淮工程,减轻了南部平原的洪涝灾害。20 世纪 50 年代后期,由于急切希望改变农业生产面貌,除修建了地表引水工程外,还修建了不少拦蓄径流的"平原水库",并有人提出了实现华北平原河网化的口号,以期"水不出田",以保证旱季灌溉用水。但这样做的结果是干扰和破坏了区域正常的水平衡。由于排水不畅,又恰逢丰水年,使地下水位急剧上升,土壤次生盐渍化普遍发展,反使农业生产受到了损失。随后取消了"平原水库",并停止了全部引水工程,地下水位便逐步回降。1963 年的特大降水造成大面积洪涝灾害,于是又大修排水工程,宣泄洪涝,使地下水位随之下降,洪涝大为减轻,土壤次生盐渍化也基本消除。但以后几年出现了少雨年份,干旱缺水矛盾又突出起来。在此情况下,大量抽取地下水灌溉农田的后果是华北平原东部地下水位的大面积区域性下降。

（二）影响地下水循环

作为重要水源的地下水,不仅能弥补地表水时间分配上的不均,也能弥补地表水空间分配上的不均。地下水水质一般较地表水为好,从化学成分上看大部分地下水是最适于饮用的。随着城市及工业的发展和人口的增加,世界上许多大城市对地下水的开采量越来越大,地下水位逐年下降。自 1850 年至 1950 年的 100 年中,伦敦中心地区的地下水位下降了 150 m。自 1884 年至 1958 年的近 100 年中,美国第二大城市芝加哥中心地区地下水位下降了近 180 m。

我国北方干旱、半干旱区降水少且集中,可利用的河川径流量很有限,因而主要利用地下水资源。据 1992 年的资料,我国 181 个大中城市中,33％的城市以地下水作为主要供水水源,22％的城市是地下水与地表水兼用;在华北的 27 个主要城市中,地下水供水量占城市总用水量的 87％。我国许多地区农业用水也以地下水为灌溉水源。据不完全统计,我国农业使用地下水量每年达 5.0×10^{10} m^3 左右。

由于过度的开采，许多地区的地下水位出现了明显下降，形成地下水降落漏斗，甚至出现地下水资源的严重枯竭。而沿海地区大量开采地下水还会引起海水倒灌，使淡水层遭到咸水入侵而被破坏。例如，山东的莱州湾地区是海水入侵较为严重的地区之一，当地许多原来作为饮用水源的水井的水已经成为苦咸水。

四、生物资源利用的生态影响

生物资源应该是人类利用最早的自然资源，这些生物资源主要是森林、草地、水体生态系统中的动植物资源和森林、草地生态系统中的菌类资源。下面就从森林、草地、水体等生态系统中生物资源的开发利用分析其生态影响。

（一）森林生物资源的开发利用

森林是林地及其上所生长着的森林有机体的总称，包括林地、林木资源以及林下植物、野生动物、土壤微生物等资源，从生态系统的角度看是由森林群落与无机环境构成的森林生态系统。森林生态系统是陆地生态系统中面积最大、最重要的自然生态系统。据专家估计，历史上全球森林面积曾达到 7.6×10^9 hm^2，森林覆盖率达到 60%。在人类大规模砍伐森林以前，世界森林面积仍有 6.0×10^9 hm^2，占陆地面积的 45.8%。但是到 1985 年，全球森林面积下降到 4.1×10^9 hm^2，占陆地面积的 31.7%。21 世纪初，世界森林面积仍在下降，但森林生态系统仍然是最重要的陆地生态系统之一，是人类生存和发展的物质基础，与人类关系非常密切。

森林中最主要的生物资源是各种乔木、灌木和草本植物，它们作为生态系统中的生产者通过光合作用将无机化合物合成为有机物质，为消费者动物（包括人类）、分解者真菌、细菌等提供生物产品和最初的能量，这是森林生态系统服务功能最直接的体现，也是森林提供其他生态系统服务功能的基础。方精云等研究表明，中国森林植被生物量为 9.1×10^9 t 干物质，占陆地植被总生物量的 69.5%。冯宗炜等研究表明，世界热带、亚热带、暖温带与温带、寒带森林的生产力均值分别为 19 mg/(hm^2 · a)、13 mg/(hm^2 · a)、12 mg/(hm^2 · a)、8 mg/(hm^2 · a)；而中国热带、亚热带、暖温带与温带、寒带森林的生产力均值分别为 18.78 mg/(hm^2 · a)、16.11 mg/(hm^2 · a)、6.89 mg/(hm^2 · a)、5.82 mg/(hm^2 · a)。即中国热带森林生产力与世界平均水平相当，亚热带森林高于世界平均水平，而暖温带和温带以及寒带都显著低于世界平均水平。森林生产力的实现，使森林生态系统能够为人类提供各种初级的生物产品,包括木材、水果、干果、药材以及工业原材料等。

可以想象,人类最初对森林资源的利用只是采集森林中乔木、灌木和草本植物上结出的果实、块根、块茎、幼嫩的芽、嫩叶等作为食物,折断较小的树枝、树干作为工具,收集凋落的枯枝落叶作为燃料或构筑巢穴的原材料等。这类利用与鸟兽等动物对森林资源的利用相同,一般不会对森林产生明显的不利生态影响。随着社会发展和生产力的提高,人类对森林资源的利用转变为以利用木材为主,现在人类将木材用作建筑材料、家具生产的材料、薪柴、造纸的原料、生产乙醇的原料等。随着木材需要量的增加,森林被大量砍伐,特别是原始森林的砍伐,据联合国粮农组织公布的数字,从 2000 年到 2006 年世界上原始森林损失了 7.3×10^6 hm²。目前,全球森林面临着前所未有的危机。

1. 世界森林资源现状及其变化趋势

世界森林主要分布在热带和温带地区。据联合国粮农组织《2005 年世界森林资源评估报告》,世界森林面积为 3.952×10^9 hm²,森林覆盖率为 30.3%,人均森林面积仍为 0.6 hm²。

森林资源地区分布具有明显的差异。就不同地区而言,世界上最主要的森林资源为分布在欧洲的温带森林和拉丁美洲的热带雨林,其森林面积分别占世界森林面积的 25% 和 22%。世界森林资源分布最少的是大洋洲,其森林面积只占世界森林总面积的 5%,但其森林覆盖率为 24.3%,且其人均森林面积最大,为 6.3 hm²,是世界人均森林面积的 10 倍。亚洲森林面积仅多于大洋洲,占世界森林总面积的 14%,但其森林覆盖率仅为 18.5%,是全世界森林覆盖率最低的地区,且其人均森林面积仅为 0.1 hm²,是世界人均森林面积的 1/6。

目前全球森林资源仍在减少,且减少的趋势短期内不会停止。自 1990 年以来,世界森林资源面积在持续下降,1990 年世界森林面积为 3.97×10^9 hm²,到 2005 年世界森林面积减少到 3.95×10^9 hm²,这 15 年间减少了 1.618×10^7 hm²,面积减少了约 3%,平均每年减少约 0.2%。FAO(2007)统计数据显示,2000 年世界森林资源面积比 1990 年减少了 8868 hm²,森林资源年减少率为 0.22%;而 2005 年世界森林面积比 2000 年减少了 7317 hm²,年减少率在 0.18% 左右。

就不同地区而言,非洲、拉丁美洲以及大洋洲从 1990 年到 2005 年,森林资源面积基本维持稳定或有所下降,其中非洲森林面积下降最显著,年均

减少森林面积 4.04×10^4 hm²,年减少率在 0.6% 以上。非洲和拉丁美洲在 2000～2005 年被毁坏的森林占同期全世界被毁坏的森林总量的 95% (FAO,2007)。因此保护好这些地区的森林对全球无疑有着重要的意义。亚洲 1990～2000 年森林面积下降,但是在 2000～2005 年森林面积开始逐渐增加,森林面积年增加率为 0.18%。北美洲森林面积在 1990～2000 年没有明显的变化,在 2000～2005 年开始有轻微的下降。欧洲从 1990～2005 年森林面积一直在小幅度增加。

在 FAO 评价的 229 个国家或地区中,有 83 个国家的森林面积在减少,有 57 个国家的森林面积在增加。1990 年中国森林总面积为 1.45×10^8 hm²,占世界森林总面积的 3.67%,居世界第 6 位;2000 年中国森林面积为 1.63×10^8 hm²,占世界森林总面积的 3.99%,居世界第 5 位。20 世纪 90 年代,世界增加的森林面积中有 45.57% 来源于中国。

2. 森林面积减少的生态影响

森林是地球最重要的基因库和物种库,世界上许多国家都划定了一定区域的森林用于保护生物多样性,而且目前许多国家正在扩大用于保护生物多样性的森林面积。1990～2005 年,划定为保护用途的森林面积增加了 32%,共 9.6×10^7 hm²,而且每个地区均有所增加。全球森林总面积的 11% 以上已经被划定为主要用来保护生物多样性的保护区。

原始森林是生物物种保护最好的区域。目全球原始森林面积占森林总面的 36%。世界范围内,原始森林面积比重最大的是拉丁美洲(77%)和北美洲(45%)。但是,全球每年大概有 6.0×10^7 hm² 的原始森林被毁坏或者退化和消失。2000～2005 年,世界原始森林集中分布的 10 个国家中,有 9 个国家的原始森林面积至少减少了 1%。其中,印度尼西亚(仅 5 年就减少了 13%)、墨西哥(6%)、巴布亚新几内亚(5%)和巴西(4%)是原始森林减少最快的几个国家。

对人类社会而言,森林资源具有多种用途,这主要源自于其多功能性,包括生产初级产品、提供清洁水、调节大气、调解水文、净化空气、土壤保育、防护功能、休闲旅游以及维持生物多样性。森林面积的减少,使森林生态系统各种服务功能大大降低。

(二)草地生物资源的开发利用

草地资源是地球上重要的自然资源之一。草地资源不仅是畜牧业生产的基本生产资料,也是陆地生态系统中物质循环和能量流动的重要枢纽。关于草地的定义有很多种,《中国自然资源手册》中将草地定义为:"草地是指具有一定面积,生长着大量饲用植物,能通过放牧或刈割等形式,为家畜提供生存食物的土地。"实际上,草地是草和其着生的土地构成的自然综合体,其基础是土地、其上生长的草本植物是主体和人类利用的对象。

草地是人类生存和发展的基本土地资源。全世界草地面积约占地球陆地面积的 51%(其中天然草地占 24%、疏林草地占 16%、农田草地占 11%)。世界上除森林以外的农用土地中,草地占 70%。与森林中的木本植物相比,草地上生长的草本具有植物种类多、适应性强、覆盖面积大、物质循环速度快等优点。

1. 草地现状

据估计,目前全球共有 6.757×10^9 hm² 草地,包括永久放牧地、疏林草地和其他类型草地,占陆地总面积的 50%。世界草地资源的分布状况为:大洋洲约 72% 的土地是草地,绝大多数为干旱和半干旱土地;美洲约 50% 的土地为草地,有肥沃的美国普列利群落和阿根廷的潘帕斯群落,也有荒漠和疏林地;欧洲的草地面积约占土地总面积的 1/3,主要由永久放牧地和疏林、湿润的草地构成;亚洲草地约占土地总面积的 48%,绝大多数为宽阔的干草原、山地草地和荒漠构成。

对于不同类型的草地而言,温带草地分布在中纬度地带,如欧亚大陆草原、北美洲大陆草原、南美洲草原等。欧亚大陆草原东西延绵 110 个经度,构成了地球上最为宽广的草原地带,它西起欧洲多瑙河下游,呈连续性带状分布,向东经罗马尼亚、乌克兰、俄罗斯、哈萨克、土库曼和乌兹别克,横跨蒙古达中国东北,构成了世界草地的主体。热带草地分布在热带非洲、大洋洲、南美洲以及东南亚的热带半干旱地区。热带草地类型多样,生产力差异大。人工草地在一些国家已成为主要的草地资源类型,人工草地对人类的畜牧业生产起着越来越重要的作用。畜牧业发达的国家,人工草地的面积通常占全部草地面积的 10%~15% 或以上,西欧、北欧和新西兰已达 40%~70% 或更多。

草地资源是中国陆地上面积最大的生态系统,2002 年中国草地面积为 3.9×10^8 hm²,人均草地面积 0.30 hm²,是世界人均草地面积的 1/2 强。与世界上国土面积较大的国家相比,中国人均草地面积低于澳大利亚、阿根廷、巴西、美国和加拿大,仅高于印度。由于自然灾害和人类不合理的利用,中国草地资源破坏严重。由于过度放牧,中国北方牧区可利用的草地退化严重,鼠害、虫害加重,优质牧草减少。

中国天然草地大致可划分为北方温带草地区、南方次生草地区和高寒草地区三个类型区。

北方温带草地区东起辽东湾北端,向西南经燕山、恒山、吕梁山北段、子午岭、六盘山南端、太白山、岷山北麓、祁连山、阿尔金山至昆仑山北麓一线的北部,草地为地带性草原和荒漠。从大兴安岭东麓向西和西南降水量由 500 mm 逐步降低到<50 mm,蒸发量加大,干旱程度加重,草地类型依次呈现出草甸草原—典型草原—草原化荒漠—荒漠,产草量由 3000~4000 kg/hm² 下降到 150 kg/hm²。温带草地区大致以阴山西端—乌兰察布和沙漠—贺兰山—古长城一线为界分为东、西两部分,东部为温带草地区、西部为温带荒漠区。其中温带草地区东部的长白山和小兴安岭山地年降水量达 600 mm~750 mm,气候温润,在林缘和林间分布有山地草甸草地。温带荒漠区的天山和阿尔泰山山地,也分布有湿润的山地草甸和高寒草甸。北方温带草地区草地面积约占全国草地面积的 41%,其中温带草地是中国最重要的天然草地,草地资源连片分布,产草量较高,利用率高。为中国最重要的草地畜牧业分布区。目前草地大多利用过度,草地退化较普遍。

青藏高原高寒草地区位于祁连山—阿尔金山—昆仑山以南,岷江—邛崃山—夹金山—绵屏山—玉龙雪山以西。草地主要分布于海拔 3200~5500 m,地势由东往西逐步抬升。青藏高原东部受东南季风和来自孟加拉湾的湿润气流影响,年降水量 500~600 mm,向西逐步减少,至西部国境线降为<40 mm。草地由东向西依次出现高寒草甸—高寒草甸草原—高寒草原—高寒荒漠。产草量由 1100 kg/hm² 下降到 150 kg/hm²。青藏高寒草地区的青海湖环湖地区东部、甘南藏族自治州与黄土高原接壤地区的黄河及其支流河谷、雅鲁藏布江中游及其支流拉萨河、年楚河下游、藏东的怒江、澜沧江、金沙江中游河谷发育有温性草原。上述各河两侧山地和喜马拉雅山南坡、祁连山东段山麓地带发育有温性山地草甸。在格尔木盆地、藏西狮泉河和班公湖各地,分布有温性荒漠。高寒草地区草地面积广阔,约占全国草地面积的 38%。但草地水热条件差,草层低矮,生产力低,缺乏割草地,适合冷季放牧的草地不足,还有近 12%的草地目前难以利用,畜牧业灾害性天气较频繁。

南方次生草地区位于北方温带草地区以南和青藏高原以东。它处于季风区,年降水量 700 mm 以上,气候湿润,地带性植被为温带落叶阔叶林、亚热带常绿阔叶林、热带季雨林,绝大部分草地是森林植被屡遭破坏后的次生植被。本区大致以白龙江—秦岭南麓—桐柏山—淮河一线为界,北部为暖性草丛和暖型灌草丛区,南部为热性草丛和热性灌草丛区。在鄱阳湖等湖滨、江河的河漫滩、沿海滩涂分布有小面积的隐域性低地草甸草地。南方次生草地区草地面积较小,约占全国草地面积的 21%,草地分布零散、产草量较高,但草质较差,目前利用尚不充分。

中国草地资源的生产特征是由其分布区域特征决定的,中国草地资源分布的区域自然环境条件恶劣,主要是由于寒冷或干旱。中国草地主要分布在地势的第一、第二级阶梯上,西藏、青海、内蒙古、新疆、甘肃、四川、云南7 省(自治区)草地面积占全国草地总面积的 78.61%。这些区域主要分布在西北内陆干旱区和青藏高寒区,低温和干旱严重影响牧草的产量。

2. 草地资源利用面临的问题

草地资源主要分布在气候较干旱的地区或气候寒冷的地区或海拔较高的高山高原等地,这类地区的生态系统脆弱性高,一旦遭到破坏就很难恢复。草地退化的表现形式有:生产力下降、草地荒漠化、草地沙化等。轻度退化的草地通过一段时间的休闲或能量物质输入等管理措施可以恢复,而退化严重的草地则需要高额的技术投入,有些甚至形成了不可逆转的生态环境恶化,超过了能被经济恢复土地利用条件的程度,逐渐退化为荒漠或沙地。世界上大多数草地已有一定程度的退化。美国的西部有些退化的草地已得到恢复;亚洲的西部,非洲草地退化仍在继续,这里也是世界上草地退化最严重的地区。

中国草地资源主要位于气候寒冷、生长季短的青藏高寒区,或降水稀少、气候干旱的西北内陆区,经常受到雪灾、旱灾、鼠害、虫害的影响。而在此背景下,严重的超载过牧、草地开垦、滥挖滥采、工业污染等又造成草地资源的人为破坏,使中国草地生态系统退化十分严重。20 世纪 70 年代草地退化面积占全国草地总面积的 15%,80 年代初达到 30%,90 年代中期为50%,目前已上升到 90% 以上,而且仍以每年 $2.0 \times 10^6 \ hm^2$ 的速度发展。

就不同地区草地退化状况来看,东北牧区水热条件较好,草地质量较高,但草地开垦、草地沙化、草地盐碱化较为严重,加上工业污染和超载放牧等原因,草地资源退化严重。内蒙古及华北牧区草地退化是我国草地退化最严重的地区之一,主要由于陡坡草地开荒、超载过牧、滥采滥挖等导致草地资源退化。西北牧区是我国的重要牧区之一,草地资源类型多样,但由于气候干旱、多风少雨,草地生态系统非常脆弱,同时草地垦荒、过牧、鼠害频繁导致了该区草地退化。青藏牧区气候寒冷干旱,牧草生长期短,草地生态系统脆弱,加上长期以来超载过牧、鼠害、虫害的影响,导致局部传统牧区草地退化十分严重。西南牧区由于受传统农耕思想和人口压力的影响,毁草开荒、广种薄收,自然灾害频繁以及滥采滥挖导致草地植被破坏严重,草地资源不断退化。中国南方草地分布分散,利用率低下,基础设施建设和其他人类破坏导致了草坡、草山较为严重的水土流失问题。

3. 未来世界草地资源的利用趋势

世界各国在草地资源利用中存在以下几方面共同的趋势。

第一,通过人工建设使草地资源得到不断改良。北美洲和大洋洲的草地资源利用都经历了过度利用到逐渐改良的过程,草地资源状况在不断改善。欧洲草地资源利用也是以改良草地和人工草地为主。亚洲国家也在努力改良草地,草地改良将是世界草地资源利用的一个共同趋势。

第二,草地资源利用需要越来越集约化和专业化。无论是发达国家还是发展中国家,在草地利用方面都十分重视建设优质高产的人工草地,发展栽培草地。在发达国家有向减少面积、提高单产和总产的方向发展的趋势。栽培牧草的种类及其组合朝着集约化、单纯化和专业化方向发展。

第三,应用新的科学技术促进草地资源持续利用。科学技术的发展为草地资源的合理用提供了保障,例如遥感技术用于草地资源动态监测、计算机技术用于确定牧场合理的载畜量、生物技术用于牧草的育种和改良、牧草生理生态学机理用于草地管理等。

第四,草地资源开发利用的国际合作将不断加强。目前,畜牧业生产与消费的国际化不断加强,国际间的相互联系更加紧密。如日本养牛业基本靠进口饲料维持,澳大利亚、新西兰的畜牧产品是面向全球出口的,美国生产的畜牧产品的 70% 用于出口。

第五,资源观念的转变使草地利用逐渐走向理智。草地资源的利用已向多元化、多途径的方向发展。在开发利用草地资源的实践中,新的理论与原则不断应用于实践,使人类更加合乎目的和理智地利用地球表面及其多样的不同资源环境类型,保持草地永续利用,合理利用。

(三)水生生物资源的开发利用

水生生物资源中人类利用最多的是鱼类,通过对鱼类的适当捕捞,能够降低水体中鱼类种群的密度,促进鱼类种群的良性发展。但是,随着人口压力的增大,人类对水生生物资源的过度利用问题日益突出,其中最重要的是过度捕捞问题。过度捕捞是捕捞超过系统能够承担的数量的鱼,使整个系统退化。捕鱼活动捕捞了太多的某种鱼类,让它们的数量不足以繁殖和补充种群数量。

在人类历史上,渔业和畜牧业一样是先于农业出现得最早的生产活动之一。有着悠久的历史,早期的人类才认为海洋渔业资源资源是取之不尽的。但是,随着人口增加和科技平的提高,渔获量有了质的飞跃。1850 年,世界渔获量仅$(1.5\sim2.0)\times10^6$ t,20 世纪 90 年代已达到 1.0×10^8 t。不断有海洋生物因为过度捕捞而灭绝,甚至有联合国专家指出,全球鱼资源大幅减少,如果不能大幅减少捕鱼船,同时设立多个鱼类保护区,人类很可能在 2050 年面临无鱼可捕的噩梦。

2006 年,联合国粮食农业组织(FAO)的调查报告给出了如下数据:全球范围内的鱼类资源中,52％被完全开发;20％被适度开发;17％被过度开发;7％被基本耗尽;1％正在从耗尽状态中恢复。世界渔业资源主要约有 600 种,其中,金枪鱼、纽芬兰鳕鱼、银鳕鱼等 1/4 的渔业资源处于枯竭状态或者过度捕捞状态。

过度捕捞最直接的恶果就是导致种群的灭绝,可捕鱼类质量下降,渔获产品结构发生变化,海洋生态系统面临灾难,世界渔业产业结构发生变化,由捕捞转向养殖。

第三节　生物资源开发对生物界本身的影响

生物资源是人类利用的生物物质,是人类生存发展的营养来源与物质基础。1992 年联合国环境与发展大会通过的《生物多样性公约》中将生物资源定义为:"对人类具有实际或潜在用途或价值的遗传资源、生物体或者部分、生物群体,或生态系统中任何其他生物组成部分"。这里把有用性说成是生物资源区别于其他生物的依据,因而有害生物就不属于生物资源的范畴,但"有用"与"有害"是相对的概念。如苍蝇由于传播疾病被人们称为"四害"之一,但如果把它在无菌的条件下饲养,则称为"工程蝇",其幼虫蛋白质含量高,可成为人类的高级食品,还能从其表皮中提取甲壳素,用于化妆品,成为有用的资源。

一、生物资源的价值

生物资源是自然界的有机组成部分,是地球上生物多样性的物质体现,是自然力的产物,是人类社会生存与发展的基础。一般说来生物资源的价值可分为直接价值和间接价值两个方面:

(一)直接价值

生物资源的直接价值与生物资源消费者的直接利用、满足有关,包括消费使用价值和生产使用价值两大类别。

消费使用价值：指那些不经过市场流通，直接被消费的自然产品的价值。例如人类从自然界中直接摄取生物资源的产品，如野草、野味、药材、薪柴、饲料和肥料，未经市场环节，直接作为食物和生活用品被消费掉所产生的价值。这类价值是人类利用生物资源中最原始、最基本的价值。早在蛮荒远古的原始社会时期，采集天然存在的野生动植物资源就是人类获取赖以生存的生物资源的主要手段。人类以采集植物果实、种子、幼芽和狩猎动物的方式获取食物来维持生存与发展。这种价值很小反映在收入的国民经济统计账目上。但是，它们同样可以被计算在国民经济的统计中，方法是通过类似市场价格估计的方法给生物资源的消费使用价值估价。生物资源的消费使用价值是维持人类基本需求和发展生产最具意义和经济效益的，至今，这种价值在一些偏僻的地区仍发挥着重要的作用。在尼泊尔、坦桑尼亚等地，薪柴和粪肥占其能源需求的 90%；在加纳，人们消费的蛋白质中有 75% 来源于野生动物，包括鱼类、昆虫、蛆类和蜗牛等。在一些地区，由于生物资源的这种价值在国民生活中有如此重要的作用，已经诱发了对野生生物资源的过度利用。

生产使用价值：指商业性收获，用于市场上正式交换的产品的价值。因此，生产使用价值是生物资源在国民收入中的唯一反映。具有生产使用价值的生物资源产品主要包括两大类：第一类是从自然界获取的产品，如薪柴、木材、鱼类、动物的皮毛、药用动植物、工业原料、建筑材料、观赏性动植物、野味食品等。第二类是产品作为原始基因库来体现遗传设想的价值，如：野生物种是驯化物种的源泉；野生遗传资源用来改良饲养动物和农作物，以丰富遗传特性和提高生产力；野生传粉者为大量农作物生产和控制天敌所做出的贡献。生产使用价值的估算通常不是在零售地而是在原产地作出的。因为，在销售地，产品的价格涵盖着运输、加工和包装等费用。

（二）间接价值

生物资源的间接价值是指与生态系统功能有关的价值。通常生物资源的间接价值倾向于反映某个区域或更大范围内生物多样性对社会的价值。一般不表现在国家核算体系中，但其价值可能远远高于直接价值。通常，生物资源的直接价值来源于其间接价值：没有消费或使用的生物种，在生态系统中可能起着更重要的作用，它们支持着具有消费及生产使用价值的物种。生物资源的间接使用价值包括非消费性使用价值、选择价值和存在价值三类。

非消费性使用价值:这一般是生物资源自然功能而非其产品及其受益者作用的结果。这类价值不被消费,不在市场上交换,也不反映在国民收入之中。通常,生物资源的间接非消费性使用价值因地域和物种的不同而不同。这类价值主要源于生物资源的如下自然功能:维系生境;稳定水文,保持水循环;调节气候;生成土壤和防止土壤侵蚀;营养元素存储和循环。污染物分解与吸收;通过传粉达到基因流动,保护进化过程;景观娱乐、教育与科研价值。

选择价值:选择价值最初被认定是:"为确保对某一资源未来使用的选择权而愿作出的支付"。这一概念后来沿着两条路径发展,一是将这一概念与由于被保护资源的未来使用的不定性而引起风险相联系,另一是将这一概念与由于取消这一资源并改作他用而引起的不可逆性和代际冲突相联系,此时,这一概念被称为"准选择价值"。无论怎样,选择价值这一概念都以资源的未来使用价值来加强现时资源相应的功能。

为防止野生生物的不断灭绝,社会应在生物学和经济学两个方面做好准备。就野生生物利用而言,最好的准备是拥有一个多样性安全网,既保持尽可能多的基因库,尤其是那些具有或可能具有重要经济价值的物种。自然栖息地是保留不断进化遗传物质的储存库,保护自然栖息地可以看做是维护国家财富。为了人类未来的利益,至少应该保留一部分未受破坏的生物资源。

存在价值:生物资源的存在价值是指其"与任何使用目的无关"的价值。是对一种非商业性功能价值或对一种尚未发现的使用价值的判断。在确定存在价值时,伦理的准则是非常重要的,因为它反映了人们对物种和生态系统的同情、责任感和关注。

二、生物资源利用对生物多样性影响

(一)造成生物物种的灭绝

人类诞生前发生的生物灭绝是环境自然改变的结果,是由于天文因素和构造运动导致的环境变化超出了一些生物类群的适应能力而使之灭绝。但现代生物灭绝是自然因素与人为因素共同作用的结果,且人为因素成为生物灭绝的主要原因。超过 99％的生物灭绝是人类活动造成的。

人类和自然对生物多样性变化的影响是一系列直接和间接的作用造成的。这些驱动力包括人为活动直接或间接引起生态系统变化的因素,其中直接因素是指直接影响生态系统进程的因素。综合而言,影响生物多样性

变化的重要的直接驱动力包括栖息地变化、气候变化、物种入侵、过度利用和污染。而这些直接驱动力可以反映出间接驱动力（生态系统发生变化的根本原因）的变化。广义上，间接驱动力包括人口增长、经济活动变化、社会政策因素、文化与宗教以及科学技术变化等。

"生物资源的可得性是过去使用率的函数。"这是在海洋渔业中发展起来的一个论题，后来广泛地应用在其他可更新资源领域里。

（二）引起外来物种入侵

生物入侵对环境及生物多样性是一个极其严重的威胁。目前全球已有10%的哺乳动物、30%的鸟类和15%的植物受到外来物种侵害的威胁。Williamson 认为，生物入侵的过程可以分为 3 次转移，每次转移的概率大约为 10%，所以，生物入侵的形成是一个极小概率的事件。但历史上，不适当引入物种造成本地种灭绝的事件不胜枚举。例如，非洲维多利亚湖在 20 世纪 50 年代引入尼罗尖吻鲈（Lates niloticus），使得 200 种鱼类被掠食而绝迹；西印度群岛引入一种猫鼬（印度獴，Herpestes javanicus）控制老鼠，结果造成了该岛土产的鸟类、爬行类和两栖类全部灭绝；北美洲约 950 种淡水鱼中有 90% 为本地种，在过去的 100 年中，美国、墨西哥及加拿大有 40 种淡水鱼类灭绝，其中 18 种是由于物种引入（食用鱼、食用牛蛙、钓用鱼及来自水族馆的鱼）造成的。上述灭绝的发生主要是引入物种的竞争排除、捕食或杂交造成的。

中国在这方面也有过沉痛的教训。20 世纪 40 年代，中国引入了一种叫"水花生"的饲料作物，由于该物种适应性强，无性繁殖快，加上未能有效利用，致使水花生成为江苏省的一种恶性杂草，遍及农田、水沟和池塘中。再如，过去把"大米草"作为海滩护堤和牧草植物引入国内，但是因为这种植物的繁殖能力很强，目前已在江苏、福建等省的沿海海滩蔓延，严重影响到贝类等水产品的生产，使当地农民极为头痛。豚草的蔓延扩展对人体的健康的危害也广为人知。近两年，黄顶菊已令京津冀地区的人们谈"菊"色变，被称为"生态杀手"，黄顶菊原产于南美洲，尚不清楚进入河北的具体途径。黄顶菊根部能分泌一种特殊物质，可以抑制周围的其他植物的生长，并最终导致其死亡，黄顶菊繁殖能力强，扩散速度快，一株黄顶菊有 1200 多个花絮，能产数十万粒种子。

（三）导致基因资源丧失

基因多样性是适应性、稳定性和物种及森林植被群落进化的基础。但直到 1970 年以前,基因在生物灭绝中的作用鲜被提及。现普遍认为,基因库窄的群落对环境变化或疾病更为敏感,容易导致群落生产力下降,增加生物的灭绝风险。

导致生物受威胁的驱动力往往是多因素相互作用的结果。Nott 等(1995)对北美洲的淡水贻贝及淡水鱼、澳大利亚的哺乳动物、南非的植物以及世界各地的两栖类动物等的生物多样性变化历史进行了研究,结果表明,近年来物种的灭绝速度均比地理物种的估计死亡率高出千倍左右;物种引入与自然生境的改变和丧失是造成生物多样性丧失的最重要的因子。

第九章　主要自然资源

　　以前所讲的各种自然资源的分类方法都是针对全球性的自然资源进行的理论上的分类。但对于一个国家和地区而言，自然资源就是其所管辖的领土、领海和领空内的能被该国所利用的所有物质、能量，而能量是以物质为载体的。因此，从人类利用的角度来看，某一国家或地区最基本的自然资源是其管辖的空间，空间可分为领土(狭义的国土资源)和领海(海洋资源)两部分；所有物质、能量都是在其管辖空间内，国家之间的争端不论其真实目标是争夺哪种自然资源，其直接表现形式都是争夺领土或领海。因此，对一个国家或地区的自然资源第一层次是领土和领海，第二层次是领土和领海上的各种物质、能量。

第一节　国家或地区的空间

一、土地资源

(一)国土(land)

　　国土是指一个国家主权管辖的地域空间，也就是指全国人民赖以进行生产和生活活动的场所，包括领土、领海、领空和对近海专属经济区、大陆架具有开发其资源权利的区域。

　　国土对于一个国家来说是极其重要的，它既是人民生活的场所和进行各项经济建设及文化活动的基地，也是发展生产所需要的各种原料和能源的来源地。国土的面貌也不是一成不变的。自从有了人类以来，人们在自己的土地上不断地利用自然资源，改造自然环境，创造出越来越多的物质财富和精神财富，因而国土也是人类与自然之间关系发展变化的综合体现，从这个意义上说，国土既是一个政治、行政的概念，又是一个经济、技术和自然的概念。

　　中国地域辽阔，领土面积 9.60×10^6 km²，仅次于俄罗斯(1.71×10^7 km²)

和加拿大(9.98×10^6 km²),位居世界第三位。根据中国政府1958年9月4日宣布的领海宽度以12海里计算,中国领海面积为3.5×10^5 km²;领空则包括领土和领海范围的上空。至于领空的高度,目前国际上尚无明确的规定。

(二)国土资源(Territorial Resources)

国土资源的概念有广义和狭义之分,广义的国土资源是指存在于国土领域内的所有资源,包括自然资源和社会经济资源。狭义的国土资源是指一国领土范围内的自然资源。国土资源具有以下几个基本特点:

1. 整体性

自然资源在自然界中是作为系统存在的,各种自然资源相互依存、相互制约,构成完整的资源生态系统。利用或改变一种资源或资源生态系统中的某种成分,会在一定程度上影响周围环境甚至整个资源生态系统。正是由于资源作为一种整体而存在,决定了在研究中采取系统理论与系统分析方法的必要性。

2. 稀缺性

物质、空间和运动是无限的,但在一定的时空范围内,就人类与资源的关系而言又是有限的。虽然地球上蕴藏着极为丰富的资源,但它终究是一个有限的量。随着人口的不断增加和生活水平的提高,资源的稀缺性就愈加明显。资源的稀缺性还表现在资源分布的不均匀性,造成地区性资源短缺。资源的不合理利用是加剧资源短缺的重要因素,因此,实现资源的可持续利用是缓解资源短缺的唯一出路。

3. 层次性

自然资源包括的范围很广,它可以从一种植物的化学成分到物种,从种群、群落到生态系统直到整个生物圈;从矿物的物化结构到矿石,从金属、非金属到全部固体矿产资源,这些都反映了自然资源的系统层次性。从空间范围看,诸如流域、湖盆、山地、平原等可以是一个局部的地段,也可以是一个地区、一个国家甚至全球,自然资源的分布具有明显的地域差异,这反映了自然资源的空间层次性。从资源形成和演化的时间尺度看,可以是年、月、日、时、分、秒,也可以是百年、千年、万年、百万年的地质时期,这反映了自然资源的时间层次性。自然资源的层次性(系统层次性、空间层次性、时间层次性等)反映了资源系统的结构与功能受地域分布规律、自然节律、自然演替与地质循环的制约。因此,对国土资源的研究要有时空尺度和等级水平的概念。

4. 地域性

自然资源的形成与演化,受制于生成它的环境条件——地质、地理和人类活动,因此,自然资源分布的不均匀性和地域特点十分明显。不同类型的自然资源的地域分布规律有很大差别,同一种自然资源的分布也有很强的地域性。如矿产资源在各地的分布就很不均匀,有的矿种的分布十分集中,如中国的煤矿主要集中分布在华北和东北,而磷矿则主要集中在西南和中南地区,占全国总量的3/4。农产品中的主要粮食作物水稻主要产于南方,小麦主要产于北方。中国常说的"南稻北麦、北煤南磷",就是这种地域性分布特点的概括。针对这种特点,国土资源研究必须坚持因地制宜的原则。因此,资源地理、单项或综合资源区划就成为资源研究的重要内容。

5. 国际性

一般来说,自然资源的开发、保护和管理属于各国自己的主权,应由各国自行解决,但由于有些自然资源是国际共享的(如公海中的自然资源),只有通过国际行动才能达到合理利用和保护的目的。其次,一个国家或地区对自然资源开发利用所造成的后果往往超出其管辖的范围而影响其他国家和地区。第三,当代自然资源的开发利用已逐渐打破闭关锁国的状态,国际间自然资源开发的合作、贸易和技术交流日益广泛。一个国家资源政策和贸易价格往往会产生世界性的连锁反应。因此,研究自然资源的开发利用,必须放眼世界,及时准确捕捉世界资源开发及产品供需信息和走势,才能做出科学合理的决策。

(三)土地资源(Land Resources)

资源是针对人类利用而言的,因而,土地资源是指在一定技术条件下和一定时间内可为人类利用的土地。人类对土地资源的利用过程中必然对土地进行一定的改造,所以土地资源既包含了土地的自然属性,也包含了人类利用、改造的经济属性。土地的自然属性包括:数量的有限性、位置的固定性、功能的不可替代性、生物产品的生产性、持久性;土地的经济属性包括:供给的稀缺性、占有和使用上的垄断性、土地利用的制约性、土地资源的可改良性。

1. 土地资源的组成要素

土地资源是由地球陆地表面一定立体空间(上至大气对流层下部,下至地壳一定深度)的气候、地貌、土壤、水文、生物等自然要素与人类劳动所组成的自然经济综合体。在土地资源的形成与演变过程中,各要素以不同的方式、从不同侧面、按不同程度独立地或综合地影响着土地资源的综合特征。

(1)气候要素：气候是土地资源重要的组成要素，主要指直接与地球表面产生水热交换的大气对流层下部，这种交换主要是指光、温、水。

光照：指太阳辐射，是由太阳发射的电磁辐射，到达地球大气上界的太阳辐射有一部分穿过大气层到达地球表面。这是驱动地球表面一切过程的主要能量基础，它包括太阳的直接辐射和散射辐射两部分。由于受纬度、海拔高度和云量因素的影响，地球表面的光照资源地区分布表现为：低纬度地区高于高纬度地区、高原地区高于平原地区。在时间上也存在明显差异：一年之中夏季多，冬季少，一天之内白天多，夜间少。太阳辐射以可见光为主，占 50% 左右，是地球表面光照的主要来源。土地利用及植物的生长发育与光照强度、光照时间和光照质量（紫外线、可见光、红外线的比例）等有关。

热量：太阳辐射到达地面后，使地面增温，由于地球的形状、日地距离以及黄赤交角等因素的影响，使地球表面热量分布不均而形成与纬线大致平行的热量带，地球表面不同热量带的生物生产潜力差异巨大。常用积温表示一地获得的有效热量的多少，它是影响土地资源生产潜力最重要的热量指标。$\geqslant 0°C$ 的温度一般代表了耐寒作物，如冬小麦、莜麦、马铃薯等的生理活性的起始温度；$\geqslant 10°C$ 的温度一般代表了喜温作物，如玉米、棉花等的生理活性的起始温度。两者分别代表了两类作物在当地成熟的可能性，以及一定种植制度的选择和适宜性。

降水：一地的降水不仅决定土地资源的水文条件，也直接影响地下水的成分、数量与分布，并进而影响土地资源的利用方式。

降水量的多少取决于大气环流、距海远近、地形条件等。中国年平均降水量约为 639 mm，全年降水总量超过 6.0×10^{12} m^3。但中国的地域广大、距海远近不同、大气环流形式多样、地形复杂，因而降水量时间和地区差异巨大。中国有两条等降水量线也是土地资源利用方式的重要分界线，第一条是 400 mm 等降水量线，北起大兴安岭，经通辽、张北、呼和浩特、榆林、兰州、玉树、那曲至日喀则附近。此线以西、以北降水量较少，气候由半干旱逐渐向西过渡到 200 mm 降水量以下的干旱和荒漠区，是主要的牧区；该线以南、以东，季风盛行，雨量充沛，光、热、水配合较好，为湿润和半湿润区，是主要的农业区。第二条是 800 mm 等降水量线，基本上是黄河、长江两大流域的分界线。此线以北的华北、东北地区，土壤的矿质淋溶强度适中，旱作农业发达；此线以南的华东和华南地区土壤偏酸性，以水田农业为主。此外，由于受太平洋季风和印度洋季风的影响，中国降水年际和年内变化均较大。

春季 3～4 月份，南方进入春雨季节，5～6 月份可遍布江南各地，6～7 月份长江中下游进入梅雨季节，7～8 月份北方开始雨季，10 月份以后全国逐渐进入少雨季节，12～2 月份为全年降水量最少的季节。总的看来，4～9 月份降水量可占全年的 80% 以上。降水量随时间的变化，往往形成水旱等灾害。据 30 年统计资料，中国平均每年受灾耕地面积约 3.0×10^7 hm²，占总耕地面积的 1/4。其中旱灾占 62%，水涝灾害占 24%。

(2)地学要素：土地资源的地学要素主要是指地形地貌特征与岩石矿物组成特征，它影响土地资源的性质和利用，是土壤形成的物质基础，并造成区域水热条件的重新分配。气候的变化表现是大区域的，而小范围内土地资源的差异，则往往主要受地形条件的制约。不同的地表形态直接决定着景观的轮廓形态和内部联系，在很大程度上决定着土地资源的质量特征。

地形条件：地貌或称地形，指地球硬表面由地貌内外动力共同作用塑造而成的多种多样的外貌或形态，是在地球内营力驱动地壳运动形成地貌基本轮廓的基础上，外营力进一步改造的结果。基本的地貌类型可分为山地和平原两类。海拔高度影响温度和湿度状况，海拔每升高 100 m，温度下降 0.65℃，≥10℃ 的积温减少 150℃～200℃，导致土地资源利用中生物生长期缩短。而且随海拔高度的变化，湿度的变化出现有规律的变化。同时由于存在地形高差，容易产生水土流失现象，使土层变薄，影响土地资源的利用。而且山体的坡度、坡形与坡向均对土地质量有较大影响。坡度一般可分为：极缓坡（<3°，适宜农业利用，机械化耕作）、缓坡（3°～7°，农田，一般可机械化耕作）、中坡（8°～15°，可用于农业，一般应采取工程性水土保持措施）、微陡坡（16°～25°，可用于农业或林业，必须采取工程性水土保持措施）、陡坡（26°～35°）、极陡坡（>35°）六类。坡形影响土壤水分状况（一般分为凸形坡、凹形坡、平坡、复式坡等），坡向可分为阳坡、阴坡、半阳坡、半阴坡等（影响光照条件），也可以分为迎风坡、背风坡等（影响降水等条件）。

矿物组成：土地资源中最珍贵的组成要素是土壤，而土壤是岩石风化壳或岩石风化产物经过搬运、沉积等过程形成的沉积壳（成土母质）经过生物长期改造后形成的具有一定肥力、能够生长植物的疏松表层，土壤中的矿质元素归根结底是从成土母岩中来的。

(3)水文要素：水是构成土地资源的主要因素之一，深刻地影响着土地资源的性质与利用。除了大气水外，陆地水对土地资源影响最大，陆地水又分为地表水和地下水。地表水主要指河水、湖泊水、水库水、沼泽水和冰雪水等。

河流是降水或由地下涌出地表的水汇集在地面低洼处，在重力作用下经常地或周期地沿流水本身造成的洼地流动的水和流水造成的线性洼地的总称。湖泊是陆地上较为封闭的天然水域，是湖盆与运动水体及水中物质互为作用的综合体。沼泽是一种特殊的自然综合体，其地表经常过湿或者薄层积水，其上主要生长湿生植物或沼泽植物，土层严重潜育化或有泥炭的形成与积累。地下水是指存在于地表以下岩层（或土层）空隙中的各种形式的水，按照埋藏条件，地下水分为上层滞水、潜水和承压水三类。冰川是由积雪经过成冰作用形成的并能自行呈固体移动的水体。

（4）土壤要素：土壤是由固态、液态、气态三相物质组成的混合物。

土壤固态成分包括土壤矿物质和土壤有机质。土壤矿物质来源于成土母质，按其成因分为原生矿物和次生矿物。原生矿物主要有长石类、云母类、辉石类、角闪石类、石英类等；次生矿物是由原生矿物经风化而形成的，包括方解石、白云母、伊利石、蒙托石、高岭石等。土壤有机质是指以各种形态存在于土壤中的有机化合物，包括动植物残体和腐殖质等。

土壤液态成分是土壤水分及其所含气体、溶质和悬浮物质的总称。其溶质包括各种可溶性盐和营养物质。

土壤的气态成分与大气近似，但其 CO_2 和水汽含量一般比大气中的高，O_2 则一般比大气中的含量低，另外还含有由土壤微生物活动产生的甲烷、硫化氢等气体。

不同土壤具有不同的理化性质，其中重要的包括：土壤质地、土壤孔隙度、土壤酸碱度等。土壤质地是指不同粒径的土壤矿物质颗粒的比例和组合状况，按照土壤质地的粗细状况将土壤分为砂土、壤土和粘土三类。土壤孔隙度是指土壤的土粒之间大小不等的空间所占的土壤总体积的百分比。土壤酸碱度是指土壤溶液中存在的 H^+ 和 OH^- 浓度，用 pH 值表示。

（5）生物要素：生物是土地资源的重要组成部分，生物要素中最重要的是植被，是地球表面的植物覆盖，是土地资源构成中一个"活"的要素，各地区的植被都有其严格组成及其结构群体。

中国所处的地理位置是北方劳亚古陆和南大陆植物区系的汇集地，因此具有泛北极、泛热带、古热带、古地中海、古南大陆的各种成分。据统计，中国现有维管束植物 353 科、3184 属、27150 种，仅次于马来西亚和巴西，居世界第三位，这些数以千计的植物品种分属森林、灌丛、草原、荒漠、草甸、沼泽等大类。每个大类又分为若干类型。

除自然植被外，中国人民在长期的生产实践中，把许多野生植物变成栽培植物,建立了农田、果园、人工牧草地和经济林等农业植被类型。

中国植被的分布规律主要表现在地带性和隐域性特征上。受季风气候和地形的影响,从东南向西北依次出现森林—草原—荒漠三大基本植被区域。大致以兴安岭—吕梁山—六盘山—青藏高原东缘一带为界,以东为森林区;从内蒙古中部到青藏高原西部一线以西为荒漠区,二者之间为高山灌丛、草甸和草原区。在东部森林区内,从北向南随着纬度的降低,热量的增加,依次出现寒温带、温带、暖温带、北亚热带、中亚热带、南亚热带、热带等不同的林带。

在秦岭、淮河以北的地区,由于水分自东向西减少,植被分布的经向变化十分明显,尤其在温带和寒带地区,自东向西依次为温带森林草原、草甸草原带——暖温带森林草原带、典型草原带——荒漠草原带——荒漠带。

中国是一个多山的国家,地表起伏明显,地势相对高差大。随着海拔高度的变化,水热条件也发生相应的变化,又形成各种不同类型的垂直带谱。

2. 土地资源的类型

土地类型侧重于基础性方面,对土地资源类型有科学概念的专一性应用。

(1)土地类型:土地是地球表面由自然要素和经济要素共同决定的自然经济综合体,这些因素相互影响,遵循地理规律而形成一些不同的地域组合。土地类型就是指这些地球表面有规律分布的、大小不同地域组合的、性质相对均一的土地单元或地域。

(2)土地资源类型:土地资源类型的划分有成因形态划分、生产潜力划分、适宜性划分、利用现状划分等。

成因形态划分:土地资源类型和自然界各种各样的物质一样,都有其自身发生发展的过程。其发生发展的同一性,实际上就是构成土地要素综合的相对均一性,由此所制约的土地资源类型表现出来的特征与别类土地资源不同。

生产潜力划分:土地资源生产潜力是土地资源在一定的利用条件下,该种用途所要求的全部条件均最佳时所能达到的生产力。同一土地资源在不同的利用条件下,其生产潜力是不同的。如做工业、农业、商业、交通等用途时,其单位土地面积上的生产力(产值)差异很大。但有的利用(如工业、商业利用等)达到最大生产力时的最佳条件难以确定,其生产潜力就无法估计。故土地资源生产潜力一般是指第一性产业,即植物生产潜力。

适宜性划分:土地适宜性是指土地对某种利用是否适宜及其适宜程度

的特性。其适宜性分类就是根据土地对一定用途适宜与否，以及适宜程度的高低而划分的。由于不同国家、地区开展土地适宜性评价的目的不同，采用的具体指标不可能一样，故土地资源适宜性分类系统难以统一。

利用现状划分：土地利用是指人们以土地资源为对象，为一定利用目的而从事的土地经营或经济活动。为了满足人类的多种需要，对土地资源进行利用的形式是多种多样的，从而形成了多种多样的土地利用类型。土地利用类型指的是土地利用相同的土地或土地资源。

二、海洋资源

海洋约占地球表面的 71%，海水占地球总水量的 97.2%，海洋的容积达 1.37×10^9 km³。因此，海洋是一个巨大自然资源宝库。随着科学技术的发展和陆地自然资源濒于枯竭，人类越来越重视海洋资源的开发和利用。

(一)海洋资源的定义

海洋资源的定义有广义和狭义之分。广义的海洋资源是指与海洋有关的物质、能量和空间，如海洋上的风能、海底的地热、海底的矿产、海滨浴场以及海水中的各种化学资源、生物资源等。狭义的海洋资源是指来源、形成和存在方式都直接与海水有关的资源，如海水中的动、植物，各种化学元素，海水运动具有的能量，海底矿产等。

(二)海洋资源的特征

海洋资源具有以下几个基本特征：

海洋资源数量巨大。由于海洋占整个地球表面积的 71% 以上，所以与海洋有关的各种自然资源在地球上的分布十分广泛，而且类型多，数量大。如全球鱼类资源储量约 7.0×10^7 t，而其中约 85% 来自海洋。世界上 95% 的锆石、90% 的金红石、90% 的金刚石、80% 的独居石、75% 的锡石都来自滨海沙、矿。而海洋石油约占世界石油总储量的 40%。海水中的黄金总含量相当于陆地储量的 170 多倍。银相当于陆地储量的 7000 多倍。世界上 97% 以上的水集中在海洋里，海水中含有地球上已知 100 多种元素中的 80 多种。

由于科学技术水平的限制，目前人类对海洋资源的开发利用程度还很低，因此，海洋资源存在着巨大的潜力。如海洋能够为人类提供的食物相当于陆地全部农产品的 1000 倍，但目前对海洋生物的利用还不到 1%。海洋潮汐能的蕴藏量约 2.7×10^9 kW。这些能量相当于现今地球上全部动、植物生长所需能量的 1000 多倍,但目前仅开发了其中的一小部分。因此,在陆地资源日益紧张的情况下,海洋资源开发将是人类最现实的选择。

海洋资源虽然数量巨大,但海洋资源的组成部分中有些却是属于不可再生的,如海底石油资源、海底矿产资源。随着陆地矿产资源的日益减少,滨海砂、矿也会随之减少。近岸水域、河口和港湾地区的海洋生态系统容易因陆源污染物的排放造成的污染而退化,使海洋中的生物失去其已经适应了的生境,使海洋生物资源种类和数量减少,海洋赤潮发生日趋频繁。另外,当海洋渔业资源的捕捞量超过生产更新量时,海洋鱼类的种类和数量也将减少甚至造成某些种类的灭绝。

(三)海洋资源的分类

根据研究角度的不同,海洋资源可以按照不同的标准进行分类。目前常见的分类形式有如下两种:

1.按资源的性质、特点、存在形态分类

从资源的性质、表现特征以及存在的方式、状态等,可将海洋资源分为 6 类:

(1)海洋生物资源:包括渔业资源,药物资源和珍稀物种资源。

(2)海底矿产资源:包括金属矿产资源、非金属矿产资源和海底油气资源等。

(3)海洋空间资源:包括土地资源、港口与交通资源和环境空间资源。

(4)海水资源:包括盐业资源、溶存的化学资源和水资源。

(5)海洋新能源:包括潮汐能资源、波浪能资源、海流能资源、温差与盐差能资源和海上风能资源。

(6)海洋旅游资源:包括海洋自然景观旅游资源、娱乐与运动旅游资源、人类海洋历史遗迹旅游资源、海洋科学旅游资源和海洋自然保护区旅游资源。

2.根据资源所处的地理位置分类

利用位置原则对海洋资源分类,是在通常的海洋学研究中使用的比较分类方法,具体分为如下 5 类:

(1)海岸带资源:包括潮上带资源、潮间带资源和潮下带资源。

(2)大陆架资源:包括大陆架海底资源、大陆架水体中的资源和海面资源。

(3)海岛资源:包括海岛陆地资源、海岛海岸带资源和岛架资源。

(4)深海与大洋资源:包括深海资源和大洋资源。

（5）极地资源：包括南极大陆资源和周围海域资源。

（四）中国的海洋资源概括

中国濒临太平洋，所拥有的海域包括渤海、黄海、东海和南海。上述海区总面积约 4.73×10^6 km²，这些海域拥有丰富的海洋资源可供我国开发利用。

根据我国海洋资源所处的地理位置，可以首先划分为海岸带资源、大陆架资源、海岛和转输经济区资源、公海和国际海底区域资源。

1. 海岸带资源

中国海岸带的面积约为 3.5×10^5 km²，占全国国土面积的 2.9%。这里不仅自然资源品种多、类型齐全、储量丰富、潜力大，而且资源的分布趋向性强，复合程度高，与陆地资源互补性较好且开发利用便利。按照资源的性质、特点、存在形态分述如下：

（1）生物资源：海岸带是海洋与陆地相互作用的地带，通常分为海岸、潮间带与水下岸坡三个部分。

海岸是岸线以上狭长的陆地部分，以激浪作用到达处为上界。在狭长的海岸带上，由于决定植被的自然环境和历史演化条件的多样性，我国海岸带的植被具有起源古老、种类繁多、成分复杂、区分类型多的特点。特别是东南沿海，已发现海岸带区域种子植物 4516 种，分属 250 个科，1570 个属。海岸带植被基本上是同纬度陆地植被区系在沿海的伸延，其中具有典型海洋植被特征的是渤海沿岸和江苏沿岸的盐生植被，闽、台、粤、桂、琼海岸带的红树林植被，以及珊瑚礁岛生植被等。盐生植被中的沼泽芦苇群落、红树林植被群落都有巨大的经济和生态价值。

海岸带的岸线以下部分包括潮间带和水下岸坡两部分，潮间带位于高、低潮间，高潮时淹没，低潮时出露。水下岸坡则指低潮线以下直到波浪有效作用下界。我国近岸线海底栖息生物有 2200 多种，滩涂底栖生物有 1500多种，可供滩涂养殖的生物有 238 种，沿海重要的渔业捕捞有 70 多种。

渔业资源是海岸带生物资源的主体，我国海岸带有大量江河淡水注入，滩涂和海湾较多，分布有河口、湿地沼泽、红树林、珊瑚礁等高产区。因此，渔业基础较好。

潮间带生物种类繁多，约有 1500 多种。其中有软体动物 500 多种，甲壳类动物 300 多种，各种藻类 350 多种。据调查，我国滩涂区域的平均资源量约为 249.5 g/m²，软体类动物约占 57%；其次为甲壳类动物，占 35.7%，这两类动物加上藻类植物构成滩涂生物资源的主体，占滩涂生物资源生物量的 96.9%。在海区分布上,南海单位面积生物资源量最高,渤海次之,东海和黄海低于全国平均量。

中国近岸线海底部分,在 15 m 等深线至海岸线的潮下带浅水区面积约为 $1.238×10^5$ km²,生物资源主要为鱼类、甲壳类和头足类。鱼类多为洄游种,少量的为定居和移动范围较小的种群。在黄、渤海,暖温性种占优势,暖水性次之,还有少量的冷温性种。在南海则反之,暖水性种占优势,暖温性种很少,没有冷温性种。东海为南北海域的过渡区。潮下带鱼类种的数量,已发现 481 种,其中资源量最大的有:黄鲫、鲮鱼、银鱼、花鲈、青鳞鱼、带鱼、牙鲆、二长棘鲷、白姑鱼、大黄鱼、小黄鱼等 74 种,约占潮下带鱼类资源量的 90%。由于海岸带鱼类中洄游种所占比例较大,所以鱼类资源结构随季节、水温等因素有明显的变化。

潮下带有一定活动能力的无脊椎动物,主要是甲壳类和头足类,已发现有 120 多种。其中有重要意义的是:对虾、鹰爪虾、白虾、乌贼、章鱼、三疣梭子蟹等 20 多个种,在形成资源量上占主导地位。该带无脊椎动物在高峰月资源量粗估约 $1.653×10^5$ t。

(2)矿产资源:我国海岸带矿产资源比较丰富,既有各种内生与外生矿产,也有各种变质矿产。矿种包括黑色金属、有色金属、稀有分散元素、放射性矿物、燃料、冶金辅助材料、化工原料、建筑材料等。海岸带矿产资源不仅有其潜在的意义,而且某些矿物在现阶段原料供应上已起到了不可替代的作用。

我国海岸带发现的矿产有石油、天然气、煤、油页岩等能源矿产,也有铁、钛铁矿、金、银、锆英石、独居石、磷、硫、建筑砂、建筑石料、金刚石、石英砂等非能源矿产,合计有 65 个矿种,800 多个矿床,其中属于大型矿床的有100 多个。在这些矿产中,影响较大的是油气资源、海滨砂矿资源、建材资源以及煤等。石油和天然气主要分布在渤海沿岸,苏北、珠江口、海南岛和北部湾等浅海海底油气资源远景也比较好。已探明的具有工业储量的滨海砂矿有:锆石、钛铁矿、独居石、磷钇矿、金红石、磁铁矿、砂锡矿、砂金矿、铬铁矿和铌钽铁矿等,其分布遍及沿海各省、区,已划出 12 个成矿带,其他投入开发并有经济影响的海岸带矿产还有:金、金刚石、滑石、菱镁矿、明矾石、叶蜡石、型砂、标准砂、玻璃砂、地下卤水矿、高岭土矿、石膏矿、煤矿、泥炭和多种建筑材料等。

(3)空间资源:在沿海地带人口压力之下,海岸区域的空间价值越来越重要。

土地资源：我国海岸带土地资源数量大、分布广、类型多。其中潮上带土地面积约有十几万平方千米，约占沿海全部县（市）陆地总面积的40％，基本均已开发，利用程度也比较高。潮间带滩涂区，面积达2万多平方千米，已围垦37％左右。滩涂资源的区域分布，从北向南减少，渤海沿岸占31.3％，黄海占26.8％，东海占25.6％，南海占16.3％。滩涂的土地资源还有45％左右尚未得到开发利用，即使在已围垦的部分，在利用的合理性方面也有待调整。潮下带浅水区土地，面积几乎占全部海岸带面积的一半。其中，东海占31.5％，渤海和黄海占25.1％，南黄海占24.5％，南海占18.9％。潮下带土地资源，真正作为"土地"利用的数量还很少，目前主要用作海水养殖和捕捞作业区域，其潜力较滩涂大。

港口资源：港口是水路交通的枢纽和基地。港口建设可以带动城市、贸易、工商业的发展，即所谓"以港兴市"。在我国3万多千米的大陆与海岛海岸线上，分布着大小港湾100多个，深水岸段长达400千米，还有众多的河口，因而港口资源比较丰富。其中可供建设中级泊位的港址有100多处，可供建万吨级以上泊位的港址三四十处，可供建10万吨级泊位的港址有十几处。目前沿海已开发建设的港口共135个，属于大中型的有30多个，能接纳万吨级以上船舶的有21个。港口资源还有较大的开发潜力。我国港口资源最突出的问题是分布不均衡，主要集中在基岩岸段，如山东半岛、浙江、福建、广东、海南岛沿海，而大片的泥质海岸段港口资源较少，这是资源分布的不利因素。

环境空间资源：我国海岸带浅水区水体比较活跃，多数河口、海湾水体交换能力较强，具有较好的污染物稀释扩散能力。作为一种资源是可以开发利用的。经调查和初步论证，根据需要与可能，本着科学、经济、生态等原则，在全国海洋功能区划中划出了倾废、排污区，以指导、管理浅水区环境空间功能在这一领域里发挥作用。

（4）海水资源：海洋中最大量的物质是海水。海水的资源价值表现在三个方面：第一，海水作为直接利用的资源；第二，利用海水中溶解的自然矿物元素；第三，将海水转化成价值更高的淡水。

海水直接利用通常是指海水用于工业冷却水，现在海水冷却已在电力、冶金、石油、化工等部门采用。据报道，到1995年底，日本仅在电力工业部门使用的海水冷却水量已达$(1.59\sim1.76)\times10^{11}$ m^3。海水作为冷却水，既降低了成本，又节约了淡水资源，从而减轻了城镇淡水供应的压力，近年来我国沿海城镇也开始了推广海水冷却的应用。

海水制盐和化学元素的提取也是海水应用的重要领域。我国海岸适合盐业生产的岸段较多,资源条件优越,海盐生产量一直在世界上处于领先地位。另外,海水中还含有大量的金属与非金属元素,这些元素的提取目前大多还处在研究阶段。

海水淡化是缺水地区淡水来源的重要途径,经过几十年的研究,蒸馏法、电渗析法、反渗透法已逐渐成熟,进入推广应用阶段。我国北方淡水短缺,常因此而影响城乡的生产、生活,从长远来看海水淡化不失为一条可行之路。

(5)海洋新能源:中国沿海蕴藏着较为丰富的海洋能源资源,主要有潮汐能、波浪能、潮流能、温差能和盐差能。

潮汐能:估计中国潮汐能总蕴藏量约为 1.1×10^8 kw,可以开发的地点有数百处之多,总装机容量约为 2.17×10^7 kw,年发电量为 6.00×10^{10} kw·h。从潮差在各海区分布可知,中国潮汐能资源主要集中在浙江和福建省沿海地区,占总资源能量的 80% 以上,可开发量所占比例更大,高达 88%。中国潮汐能的开发已有数十年的历史,潮间带先后建成了几十座潮汐电站,由于不同原因,相当一部分没有继续下来,现在仍在运转的尚不足 10 座,其开发程度也比较低。

风能:中国沿海和近海陆地区域,年均风流密度 200~300 W/m^2,有效风速年积累 6000~7000 h,两项指标均高于风能丰富区的下限值,因此,都属于风能丰富区。其中,半岛和岬角等突出海岸的风力资源更为丰富。过去风能的开发主要是通过风力机带动机械,用于提水和农副产品加工等活动,自从 20 世纪能源危机后,风能资源利用转向发电,作为现代能源的补充,中国海岸带风能资源丰富,应加强开发利用。

波浪能:波浪作为一种海洋自然资源,储量也非常大。根据理论计算,世界海洋的波浪能为 2.7×10^{12} w,仅其可利用部分(即波的平均周期 8 s,有效波高 1.5 m 以上者),总能量功率就为 2.7×10^9 kw,若风能效率最高时,其波能形成的资源量将可增大至 7.0×10^{10} kw。

中国沿海波浪能资源量也很可观,据理论计算,总功率为 2.3×10^7 kw,其在沿海地区的分布基本上与风力资源的分布一致,以广东、浙江、福建和山东四省最多,理论功率约为 $(4.11 \sim 6.08) \times 10^6$ kw,其次是江苏、辽宁、上海和河北,理论功率约为 $(4.0 \sim 8.0) \times 10^5$ kw,广西是最少的区段。在一年中的变化,多与季风活动的特点一致,冬季较高,春夏季较低。在受台风影响的海区,当台风多发的夏、秋两季时,波浪能也会增高,甚至出现全年的最高值。波浪能的开发,中国与世界其他沿海国家一样,正在加紧试验中,大连、青岛、北京、天津、南京等地都在进行波浪发电装置的研制和海上试验,可在不久的将来达到小型装置的实用化。

盐差能:在江河入海处,由于淡水和海水的盐度不同,海水对于淡水存在渗透压以及稀释热、浓淡电位差等浓度差能。这种能量可以用以转化为电能。我国入海江河多,径流量大,无疑浓度差能资源有一定储量,但目前所做工作很少。

(6)旅游资源:旅游资源是海岸带最具特色,地位较为重要的资源之一。我国海岸带的基础自然环境条件决定了旅游资源具有资源种类多、数量大、景观质量高、特色突出,开发利用便利等特点。海岸带旅游资源主要有以下三大类:

第一类为海岸带自然景观。我国海岸中的基岩岸、泥质岸、沙质岸、沼泽湿地岸、生物岸等类型各具独特的景观,具有各异的旅游开发价值。

基岩海岸:基岩海岸有巍峨的山峰,低缓的山丘,葱郁的林木、潺潺的流水,这些都是具有较大吸引力的自然景观。中国各海域都有基岩海岸分布,黄海和渤海区有辽东半岛、山东半岛、苏北丘陵,东海区分布在闽浙沿海和台湾岛,南海的两广和海南的海岸。基岩海岸形成山与海的自然景观,著名的景区有崂山、普陀山、天台山等。

泥沙质海岸:在中国的海岸中,泥质与沙质海滩都有大面积的分布,其中沙质海岸是发展娱乐性旅游的宝贵资源,开发较早。这类资源主要分布在基岩海岸区域,如兴城、抚宁、昌黎、山东半岛沿岸、连云港、海南岛、北海等地。泥质海滩列入旅游资源为时不久,但其风光和近来兴起的泥浆运动,预示着很好的利用前景,泥滩在长江以北分布普遍。

河口与生物海岸:中国河口海岸的景观举世闻名,黄河口、长江口波澜壮阔,钱塘江口气势磅礴的涌潮等。生物海岸景色别具一格,有辽宁盘锦的大苇田,闽台、两广和海南沿海的红树林、海南岛周围的珊瑚礁等。

第二类为海岸人文景观。我国历史悠久,创造了灿烂的民族文化,其中海洋文化是一个重要的组成部分。在海岸区域遗留下来的,反映我国人民海洋科学技术、海洋资源开发和海洋自然观测、抗御敌国海上入侵的遗迹和遗物非常多。它们又与海洋自然环境融为一体,使人文景观资源内容更为丰富,如旅顺古要塞、营口金牛山旧石器遗址、山海关老龙头和长城、蓬莱水城、厦门南普陀、虎门要塞等。

第三类为奇异景观。因特殊或特定的自然过程或事件而形成的自然景象,一般出现的几率较低,往往是某一地区特有的。我国海岸区的奇异海洋现象有蓬莱的海市蜃楼、钱塘江大潮等。

2.大陆架与专属经济区资源

按照国际组织在 20 世纪 50 年代初所下的定义,"大陆架是环绕大陆,从低潮水位到海底坡度急剧增大转折处之间的区域"。根据其地质结构,大陆架本质上是被海水淹没的陆地。大陆架是国家管辖海域的主要的海底区域,一般与其 200 海里专属经济区具有一致性。大陆架与专属经济区水域的自然资源是国家海洋资源的主要部分。中国大陆架海域辽阔,渤海、黄海、东海基本处在大陆架上,南海位于我国一侧的传统海疆线之内。国家管辖的广大海域,从一定意义上说,也是中国的一种自然资源。

(1)生物资源:中国海域生物种类繁多,全部生物种有 15000 种以上,其中动物约占 70%,原生生物约占 27%。在海洋动物界中,以脊椎动物和节肢动物的种数最多,分别占动物种数的 29%和 26%;其次为软体动物,约在 14%以下;环节动物约 9%;腔肠动物占 7%;棘皮动物为 5%。在原生生物界中,原生动物种数少于藻类,约占 34%,而原生藻类为 66%。

中国海洋生物种的具体分布是,原核生物界种数为 180 多种,原生生物界种数约为 3400 种,真菌界的种数少于 20 种,植物界的种数少于 160 种,动物界的种数约为 9170 种,总计达 13000 余种。不含微生物。世界海洋总最富生物多样性的区域是中国所在的西太平洋海域。

渔业资源:中国海域中,最具有捕捞价值的海洋动物中,鱼类有 2500 余种,头足类 84 种,对虾类 90 种,蟹类 685 种。其中,鱼类是大陆架和专属经济区资源的主体。它们在中国管辖海域里形成了 70 多个渔场。

渤海的渔场有辽东湾、滦河口、渤海湾、莱州湾等。主要的渔业资源种类是小黄鱼、带鱼、鲻鱼、鲅鱼、鲐鱼、梭鱼、鲆鱼、蝶鱼、对虾、毛虾等。

黄海生物种类多,数量也大,形成了烟威、石岛、海州湾、连青石、吕泗和大沙等良好的渔场。主要经济鱼类有小黄鱼、带鱼、鲐鱼、鲅鱼、黄姑鱼、鳓鱼、太平洋鲱鱼、鲳鱼、鳕鱼等。此外,还有金乌贼、枪乌贼等头足类和鲸类中的小鳁鲸、长须鲸和虎鲸。

东海的渔场有长江口、舟山、舟外、鱼山、温台、闽东、闽外、闽中、闽南、台北、台东等。主要的渔业资源有大小黄鱼、带鱼、银鲳、鲐鱼、海鳗、蝶鱼、石斑鱼、墨鱼、枪乌贼、对虾、文昌鱼、鹰爪虾等。

南海的渔场有汕尾、甲子、汕头、东沙、中沙、西沙、南沙、珠江口、电白、铜鼓、陵水、三亚、莺歌海、昌北、北部湾等。主要渔业资源种类有大黄鱼、带鱼、二长棘鲷、竹荚鱼、海鳗、金枪鱼、长尾大眼鲷、中国枪乌贼、康氏马鲛、银鲳、灰鲳、刀鲚、对虾等。

药用生物资源：目前海洋生物入药的种类已达 700 种之多，在中国仅渤海开发的药用生物就有 158 种。已进入应用和试用的有海带、珊瑚、马尾藻、海蜇、贻贝、乌贼、海蛇、海盘车、石花菜、海龟、海绵、海参、角叉菜、海马、海葵、藤壶、裸甲藻、硅藻、水母、寄居蟹、中华鲎、海胆、玳瑁、海豚等。这些主要用来制造抗菌剂、抗凝剂、生长刺激素、毒素、麻醉剂、抗血脂、驱虫、抗溃疡、抗肿瘤、降血压、生长抑制素、止痛和营养保健等方面的药物。

珍惜濒危物种资源：我国海域有一定的封闭性，海域生物与外海、大洋沟通程度相对较低，海域生物地方性较强，既有世界海洋性生物物种，也保存许多地方种。其中不少为北半球早已灭绝的古老孑遗物种和一些在进化上属于原始或孤立的类群，特有属、特有种都比较丰富，仅鱼类就有 80 种，甲壳类、软体类、浮游类中的特有种和地方性种类都较多。

中国海域保存下来的古老孑遗生物种和在进化中属于原始物种的有鹦鹉螺、中华鲎、柱头虫、文昌鱼、中华鲟、白鲟、海豆芽和酸浆贝等。

中国海域分布的特有种更多，主要有儒艮、斑海豹、北海狮、北海狗、中华白海豚、鲸类、海龟、棱皮龟、玳瑁、黑头海蛇、红珊瑚、江豚、虎斑宝贝、栉孔扇贝、唐冠螺、大乌蹄螺、夜蛱螺、皱纹盘鲍、中华锉蛤、刀海龙、海马、黄唇鱼、松江鲈、长吻六鳃、滩头鲤、椰子蟹、龙虾、海鲜、长吻虫、舌形虫、散触毛虫等。

（2）矿产资源：通过几十年的地质调查和勘探，证明中国大陆架和深海海底蕴藏着极为丰富的石油、天然气资源。另外，还发现深海区域有锰结核、钴结壳和热液矿产资源，其前景也有待深入调查、勘探。

石油和天然气资源：中国海域油气资源，除分布在海岸带区之外，还分布在大陆架和深海区，而且蕴藏量相当丰富。经调查，共发现 18 个中新生代沉积盆地，总面积超过 1.30×10^6 km^2，石油资源量约 5.00×10^{10} t，天然气资源量约 2.23×10^{13} m^3。近海大陆架已发现 9 个含油气沉积盆地，其中 6 个已勘探清楚。

渤海含油气盆地：面积约 7.3×10^4 km^2，使辽河油田、大港油田、胜利油田向海延伸部分。该盆地油气资源十分丰富，石油资源量约 4.6×10^9 t，地质储量为 $(0.4 \sim 1.0) \times 10^9$ t。

南黄海含油气盆地：面积约 1.0×10^5 km^2，是陆地苏北含油盆地向海的延伸部分，该盆地石油地质储量为 $(2.0 \sim 3.0) \times 10^8$ t。

东海含油气盆地:面积约 4.6×10^5 km²,是我国近海已发现的沉积盆地中面积最大、远景最好的盆地。该区的油气地质储量为$(4.0 \sim 6.0) \times 10^9$ t。

珠江口含油气盆地:面积约 1.47×10^5 km²,石油地质储量为$(4.0 \sim 5.0) \times 10^9$ t。

莺歌海含油气盆地:包括东西莺歌海盆地,东盆面积约为 4 万 km²,预测天然气资源量约 6.4×10^{12} m³,石油资源量约 4.0×10^9 t;西盆面积约为 3.9×10^4 km²,天然气资源量约为 2.3×10^{12} m³,石油资源量约为 2.7×10^9 t。

北部湾含油气盆地:面积为 3.5×10^4 km²,经勘探,天然气资源量约为 5.9×10^{11} m³,石油资源量约为 2.1×10^9 t。

在南海深水区,分布有钴结壳、锰结核资源。钴结壳含有丰富的钴、镍、金、铂等多种金属矿产。它主要分布在水深 1500 m～1900 m 的海山上,如宪北海山、珍贝海山、双峰海山等。其厚度一般为 1 cm～3 cm,厚者可达 4 cm～5 cm,已发现最大一块为 $77 \times 50 \times 19$(cm),重 39.3 kg。锰结核主要分布在北纬 $14° \sim 21.5°$、东经 $115° \sim 118°$、水深 2000 m～4000 m 的海盆和陆坡上,其直径为 5 cm～14 cm,目前已发现在中沙群南部和东沙群岛东南及南部比较富集。

海洋能:大陆架及深海区的新能源,对其利用区域选择的合理性衡量,有希望利用的是温差能和海流能资源。据《中国海洋资源开发研究》提供的资料,温差能主要分布在南海,按垂直温差在 180℃ 以上计算,可供开发的面积约 3000 km²,其热资源约 1.5×10^8 kw,海流能资源全海域都有分布,其中仅黑潮流所蕴藏的能量,每年可发电量为 4.17×10^{11} kw·h。

3. 海岛资源

按照《联合国海洋法公约》的条款:"凡在高潮时仍高出水面的海中岛屿,其自然条件能够维持人类居住,居住者或在其上从事经济活动者,均拥有划定领海、毗连区、大陆架和专属经济区的各项权利。"对于"群岛",还规定,"凡一群岛屿,包括若干岛屿的若干部分,相连的水域和其他自然地形,彼此密切相关,以致这些岛屿、水域和其他自然地形在本质上构成一个地理、经济和政治的实体,或在历史上已被发现为这种实体,这种群岛还可以享有群岛水域制度。"《联合国海洋法公约》使岛屿的资源范围和随之产生的资源种类、储量、影响等都相应有了重大变化,突破了海岛本身,而有了周围广大海域连同自然资源的整体归属上的意义。实际上,往往海岛周围水域资源的价值,要大大超过孤立海岛本身的自然资源价值。由这一层意义评价海岛自然资源的地位、作用,无疑会得到新的认识,从而海洋中各类岛屿,不论它有什么样的地理状态，距离有多远，或者有无居住条件等，都会受到高度关注。海岛的存在就是价值，海岛的拥有就是财富。

菲拒绝撤出非法所占南海岛礁 称将继续行使主权

2013-04-28，环球时报

　　"我们将继续对我们的领土行使主权。"菲律宾总统府 27 日用这番话拒绝了此前一天中国提出的郑重要求——撤出在南海非法占领的 8 个中国岛礁。针对菲律宾就南海问题推动国际仲裁，中国外交部发言人 26 日在强调"不接受"的同时做出回击，要求菲律宾从中国岛礁上撤走一切人员和设施，并同时公布了菲方非法侵占的 8 个岛礁的名称。

　　在中国专家看来，这是中国政府首次如此清晰地提出这一要求，是中国南海维权的"一大进步"。但在菲律宾舆论场，迅速有人给中国贴上"恐吓者"的标签。菲律宾外交部长德尔罗萨里奥则对中国"软硬兼施"，一方面指责中国"事实占领"黄岩岛，同时呼吁中国"顾及国际声望"，与东盟制定"南海行为准则"。菲律宾还致力于通过各种场合拉帮手、推动东盟"用一个声音"与中国对话。

　　中国海岛数量多，海域分布范围广，尤其是南海的东沙、西沙、南沙群岛星罗棋布于南海之中。我国岛屿仅面积在 500 m² 以上的就有 6500 多个，属于群岛集中分布的有 50 多个，岛屿总面积约 8 万 km²，其中最大的是台湾岛和海南岛。台湾本岛面积 35759 km²，连同钓鱼岛、澎湖列岛等，总面积达 36025 km²。海南岛略小于台湾岛，面积约 34000 km²。

　　(1)海岛生物资源：海岛生物资源可分为陆地和水域资源，其种类和数量在我国都占有一定地位，有些品种还具有举足轻重的影响。

　　岛上的陆生动植物资源：每一个海岛都可以看作是一个植物园和动物园，海南岛植物种类约有 4200 多种，占全国种数的 1/3。其中药用植物约 1000 多种，占全国的 1/5；属于果木类的植物有 29 科、53 属、4000 多个种。兽类 77 种，占全国兽类种数的 21%；鸟类 344 种，占全国的 26%。野生动为被列为国家一级保护对象的有 14 种，即海南坡鹿、黑冠长臂猿、云豹、白腹军舰鸟、白鹳、白肩雕、海南山鹧鸪、黄腹角雉、白颈长尾雉、孔雀雉、巨蜥、蟒等；被列为国家二级野生保护动物的有 36 种。西沙群岛是鸟之王国，聚居着白鲣鸟、燕鸟、金行鸟等 40 多种海鸟，白鲣鸟的数量可达 5.6 万只。黄海山岛也是一个鸟类的聚居、停留地，已发现有鸣禽、涉禽、陆禽、水禽、猛禽共计128种,其中潜鸟、军舰鸟、灰鹤等是珍稀罕见的鸟类。

海岛上的森林资源主要分布在南部、东部的海岛上,其中首推台湾岛,次为海南岛。台湾岛的森林资源非常丰富,其森林覆盖率达到60%,森林面积约190多万公顷,约为安徽、江苏、浙江三省之和。较欧洲森林之国的瑞士还要多一倍。海南岛分布着热带雨林,尖峰岭林区还保存着大片的原始森林,其他一些岛屿也有不同数量的森林资源。

海岛周围的水域由于环境条件优越,生物资源是海洋中最好的分布区之一。我国海域主要渔场,相当一部分都是围绕海岛和群岛水域形成,如全国最大的舟山渔场和东沙渔场、西沙渔场、中沙渔场、南沙渔场等。海岛水域生物多样性高,如果过已建立的唯一一处以海洋生物多样性保护为主旨的国家级海洋自然保护区,就设在浙江温州外海的南麂岛上。

(2)海岛旅游资源:海岛旅游资源分为自然景观和人文景观两大类。

自然景观:海岛中的大陆岛、火山岛都是由基岩构成的,这类岛屿在地貌形态上多奇峰异石、悬崖峭壁,雄奇壮观,又有沙滩岩礁和溪流瀑布,其景色包含着大海的神韵和自然的浑然之气。台湾岛号称"宝岛",其阿里山、日月潭、太鲁幽谷、清水大断崖、玉山积雪等就是地质构造和地貌形态呈现给人间的山峦、溪流等自然景观。海南也多奇山异景,有海南第一山中山,有天涯海角等。舟山群岛鸟沙悬门的石山群和沙滩,嵊泗列岛的岱山十景、广西的龙门七十二径;福建平潭岛的港岛三绝(沙,石,风)、东山岛的天下第一石(又名风动石)、山东长山列岛南隍城到的奇礁异石,月亮湾的花斑彩石等。

人文景观:我国海岛人文景观同样丰富,与其他地方的海岛相比,在所保留的历史遗迹、遗物的数量、时间跨度上,更为优越而富有特色。如台湾岛的石器文化、仰韶文化、凤鼻头文化(相当于大陆的龙山文化)、商周直到近代的文化等。海南岛自秦汉设郡以来,历代古迹都有保存,仅其池塘庙宇就有200余处。其他许多海岛,由于面积较小,人类或动的范围和内容不及台湾、海南岛两个岛大,但其历史文物古迹存留的数量也不少,其中有些岛屿还比较系统,如庙岛列岛已发现从旧石器到新时期的遗址与各种石质工具,以及后来的彩陶文化、龙山文化、商周青铜器、汉代漆器、唐三彩、宋代瓷器等。

天然的海岛公园:海岛中不少岛屿,既有多样的地貌景观,又有大量的珍禽异兽和花草树木,因而形成不加修饰的天然海岛公园。我国海岛中具备天然公园条件的,在各海区都有分布。

　　(3)海岛港口资源：海岛港口资源主要分布于基岩海岛，珊瑚岛也有些建港条件。对于面积不大的岛屿，虽然有较大的水深和一定的岸陆空间及洄淤较少等有利因素，但也有海面开敞，风浪较大，以及远离经济发达地区和增加转运环节等弊端。不过，由于目前大陆海岸港口资源的开发程度较高，局部经济高度发达区已没有多少新建港口的空间。再者海岛的全面开发也只是时间问题，沿海经济区一旦卷入邻近的海岛，海岛港口的选建则是需要的，基于这种情况，不论大岛还是小岛的港口资源都是重要的海岛资源。

　　(4)海岛能源资源：对于海岛开发极有意义的是风力能源和波浪能源。这两类能源在我国海岛区的分布条件最好。

　　海岛区与邻近的海岸区相比，大多风能参数较大。一般年平均风速约为 $6\sim8$ m/s，年平均有效风能密度 200 W/m² 以上，有效时数达 6000～8000 h。我国风能最丰富的岛屿在浙江、福建两省的外海，其中风能密度和有效时数分别在 200 W/m² 和 5000 h 以上的风能丰富区有：长海、长岛、千里岩、两连岛、余山、嵊山、太衢山、下大陈、北麂、台山、平潭、东山、北茭、北石霜、东澳、上川、涠洲等。分别在 400 W/m² 和 7000 h 的特别丰富区有：余山、嵊山、下大陈、北麂、台山、平潭、东山、北石霜、东澳等岛区。

　　外海岛屿周围比近岸岛屿周围波浪能大，沿岸岛屿周围水域波浪能又比大陆岸边大。平均波能密度大于 10 kW/m² 的为波能富集区。浙江中部外海岛屿，如台州列岛、东矶列岛等都是波能分布的最富集区。

　　4.公海和国际海底区域的资源

　　公海是指沿海国家管辖范围之外的全部海域，其主要部分是大洋区域。在广大的公海范围内，所蕴藏的各种资源是十分庞大的。但由于科学技术和经济能力的局限，人类对这一区域的认识还比较少。

　　联合国大会及有关海洋法会议明确规定，公海资源是人类共有的财产，应向各国公平开放，并提出"应特别顾及发展中国家的利益与需要"。

　　中国是人口众多的发展中国家，在自然资源人均占有量方面远低于世界平均水平，中国有充分的理由得到部分公海区的资源利益。中国在《联合国海洋法公约》的规定范围内，积极地进行了太平洋底锰结核资源的勘探工作，初步查明了几十平方千米范围锰结核的资源量，并依法向联合国国际海底管理局筹备委员会提出了矿区申请。1991 年 2 月 28 日该筹备委员会在第九届春季会议上，审查批准了中国 1.5×10^5 km² 的开发矿区，使我国成为继印度、法国、前苏联、日本之后的第 5 个先驱投资者。对于公海区的生物资源,《联合国海洋法公约》规定,"所有国家均有权由其公民在公海捕鱼,作为鱼源国在专属经济区以外进行这种捕捞,有关国家应保持协商,以期就这种捕捞条款和条件达成协议,并适当顾及鱼源国对这些种群加以养护的要求和需要"。鱼源国应该拥有合理的资源捕捞量和养护上的责任与管理作用。中国是某些种群(如西北太平洋的大马哈鱼)的鱼源国之一,今后应加强对公海生物资源的利用,并发挥养护责任。

第二节 水资源

一、水资源概述

从地球上生命的起源到人类社会的形成,从生产力低下的原始社会到科学技术发达的今天,人与水结下了不解之缘。水是生命之源,水既是人类生存的基本条件,又是社会生产必不可少的物质资源。作为水资源能而言,它是从人类利用角度,给自然界的水赋予的新涵义。水资源具有自然和社会双重性质。就自然属性而言,水是自然界的重要组成部分,是人类生存和发展的最基本的环境因素之一;就社会属性而言,水资源能够以某种形式为人类利用,并直接或间接地为人类创造物质财富,而财富价值的大小又取决于科学技术水平,即人类认识利用水资源的能力,因此,水资源又是一个历史范畴。

(一)水资源的概念

西方国家较早使用了水资源的概念,但当时水资源的概念具有浓厚的行业内涵。例如,1894年,美国地质调查局设立了"水资源处",其主要业务范围是对地表河川径流和地下水的观测。在《英国大百科全书》中,水资源被定义为"全部自然界任何形态的水,包括气态水、液态水和固态水"。在《中国大百科全书》中,水资源被定义为"地球表层可供人类利用的水,包括水量、水质、水域和水能资源,一般指每年可更新的水资源量";"自然界各种形态(气态、固态或液态)的天然水,并将可供人类利用的水资源作为供评价的水资源"。

从自然资源概念出发,水资源可定义为人类生产与生活资料的天然水源,广义水资源应为一切可被人类利用的天然水,狭义的水资源是指被人们开发利用的那部分水。

(二)水资源的特性

水资源属于一种可再生的自然资源,它除了具有一切可再生的自然资源所共有的特性外,还有其自身所特有的一些属性。

(1)循环性:水循环是自然界中最基本的物质循环之一,而且也是最重要的循环形式,作为水源的一部分,水资源也具有循环性。在太阳辐射的作用下,自然界的水通过蒸发、降水、渗透、径流等环节形成完整的水循环。从宏观角度,根据水循环的特点,水资源是可更新资源。从全球角度,水资源总储量不变。水资源是广义的概念,它包括了海洋、地下水、冰川、湖泊、土壤水、河川径流和大气水等自然界的各种水体。

(2)多变性:不论是从时间的延续或是从空间的分布,还是从水资源数量或是质量上来看,水资源都是多变的。这是由水的物理化学性质、自然环境的复杂性和生产力的发展水平不同而决定的。

(3)有限性:长期以来,人们认为水是天赐自然之物,"取之不尽,用之不竭"。如果从全球总水量及水资源具有循环和可更新属性来看,这种观点不无道理。地球上总水量为 1.386×10^{18} m³,但其中海洋水就有 1.338×10^{18} m³,占总水量的 96.5%。包括冰川水和深层地下水在内的全部淡水仅为 3.503×10^{16} m³,仅占全球总水量的 2.5%。这部分淡水中绝大部分分布在南极洲,而且能比较容易为人类经济利用的河流、湖泊和一部分地下水仅占淡水总量的 0.3%。因此,能够被人们利用的淡水资源数量是有限的。另一方面,人口的激增和经济的发展,使需水量剧增。如 19 世纪末全世界总用水量仅为 4.0×10^{11} m³,而到了 20 世纪 80 年代中期已达 4.0×10^{12} m³,大约增加了 10 倍,到 2000 年则达到了 6.0×10^{12} m³,这使得人们对水资源的有限性有了更加认识清楚,增强了节约用水和充分合理用水的意识。

(4)不均匀性:水资源不等于水源,但水资源的数量主要取决于水源的多寡。由于降水地区分布的不均匀性,积极参加水循环过程的部分有限的动储量主要靠大气降水来补给,直接受气候条件影响,因而在地区和时间上的分布都有很大的不均匀性。

(5)两重性:水是客观存在的客体,由于受环境条件和科学技术水平的限制,对水资源目前还不能完全支配。如就水资源来说,则与人们利用水的能力和程度有关,能够支配利用的水源就变成水利,超过人类利用和控制能力的水往往成为水灾。因此,水资源具有利弊两重性。

(6)多样性:水资源利用内容和形式是多种多样的,例如灌溉、航运、发电、养殖等,这些都是人们常见的水资源利用方式,而且水资源在不同形式的利用下,可以彼此相互促进、转化,从而达到综合利用的目的。

(三)水资源的类型

水资源的分类目前没有统一的系统,按水的物理化学性质,可分为淡水资源、咸水资源、热水资源(温泉、地下热水)、固态水资源(冰川、积雪)。按国民经济用水的要求,可分为耗用水资源和借用水资源,前者主要指工业耗用水、农业灌溉水和居民生活用水,后者主要指凭借水力做功的水资源,如航运、漂木、发电等。按水的空间分布及人们利用习惯,可分为地表水和地下水。

(四)水资源的全球和区域分布

1. 全球水循环及水资源量

地球在地壳表层、表面和围绕地球的大气层中存在着各种形态的包括液态、气态和固态的水,形成地球的水圈,并和地球上的岩石圈、大气圈和生物圈共同组成地球的自然圈层。水圈和岩石圈、大气圈和生物圈相互作用,水圈中的水在太阳能、地球重力的作用下,不断进行相态的转换和运动,形成地球圈层中最活跃的一个圈层。

水圈中的水由于地球表面各地温度的差异,绝大部分以液态形式存在于地壳表面低洼的地方,组成地球上水的主体,称为海洋水;现代海洋覆盖地球表面的 71%,水量占地球水总储量的 96.54%。陆地面积只占地球表面积的 29%,陆地上的水有相当一部分以固态形式即冰雪存在于地球的南北两极地表以及中低纬度的高山上,称为冰川水;或仍以液态形式储存于陆地地表以下的岩层的空隙中称为地下水;或存在于陆地表面水体(如河流、湖泊、沼泽等)中称为地表水;地球上还有一少部分水是以气态形式存在的,气态水存在于地球大气层中,称为大气水。另外,动植物体内还有作为其组成成分的水,称为生物水。

人类目前利用的水主要是存在于河流、湖泊、沼泽、水库中的地表水和存在于地表以下一定深度范围内岩层中的浅层地下水。这些水在整个地球水循环过程中只是暂时以这些形式存在,地表水和浅层地下水最终都要通过地表径流和地下径流流入海洋中。但是地表水和浅层地下水可以不断地得到大气降水的补充,因而,水资源是可以再生的,仅从河流水来看,每年的更新量就很大,作为全球年水资源量潜力的全球年径流量为 4.7×10^4 km³,其中年河川径流量约为 4.45×10^4 km³,而冰川年径流量约为 2.5×10^3 km³,另外在内流区河流年径流量约有 1.0×10^3 km³,这些内陆河径流排入内陆湖泊或沼泽,通过蒸发保持平衡。在全部径流量中,流经适于人类经济活动地区的径流量只占总径流量的40%。

地球水循环是保证水资源再生的基础。中国人是最早发现水文循环现象的。在公元前239年问世的《吕氏春秋》的"圜道篇"中有这样的描述:"云气西行云云然,冬夏不辍;水泉东流,日夜不休;上不竭,下不满,小为大,重为轻,圜道也。"这是很朴素的水文循环思想,比起几乎同时代的古希腊哲学家柏拉图和亚里士多德等对河流长流不息的解释是一个巨大的地下水库所提供的水源,即所谓的"地下循环说"要科学得多。

由于人类社会的发展,用水量不断增加,各类用水经过使用后一部分消耗于蒸发并返回大气,另一部分则以废污水的形式回归于地表或地下水体,这就形成另一个小循环,可称为用水的侧支循环。

在全球水储量中,淡水储量只占全球水储量的2.5%,而在总淡水量中,绝大部分又是储存在高山冰川、两极冰盖、永久积雪和深层地下水中,这些水占淡水总量的98.7%,而与人类生活关系最密切的河流水储量只占淡水总储量的0.006%,加上淡水湖中的湖泊水,总共不过占淡水总量的0.266%。因此,淡水资源是有限的。

2. 世界各大洲水资源

世界各大洲的自然条件不同,降水和径流的差异也较大(见表9-1)。以年降水和年径流的水层厚度计,大洋洲各岛(除澳大利亚外)水量最丰,多年平均年降水深达2700 mm,年径流深达1500 mm以上,但大洋洲的澳大利亚大陆却是水量最少的地区,其年降水深度只有460 mm,年径流深只有40 mm,有2/3的面积为荒漠和半荒漠。南美洲水量也较丰富,降水深和径流深均为全球陆地平均值的2倍。欧洲、亚洲和北美洲的降水和径流都接近全球陆地的平均值,而非洲大陆则有大面积的沙漠,气候炎热,虽然年降水深接近世界平均值,但年径流深却不及世界平均值的1/2。南极洲降水深虽然不多,只有全球陆地平均降水深的20%,但全部降水以冰川的形式储存,总储存量相当于全球淡水总量的62%。

3. 世界各国水资源

在20世纪末,全世界约有190多个独立国家,而在非洲、大洋洲、北美和南美还有一些尚未独立的地区约20余处。各国所处地理位置不同,自然环境特征和历史发展过程各异,水资源的丰缺状况也有很大差别。

表 9-1 世界各大洲年降水量及年径流量分布

洲名	面积 (×10³ km²)	年降水		年径流		径流系数
		(mm)	(×10³ km³)	(mm)	(×10³ km³)	
亚洲	43475	741	32.2	332	14.41	0.45
非洲	30120	740	22.3	151	4.57	0.20
北美洲	24200	756	18.3	339	8.20	0.45
南美洲	17800	1596	28.4	661	11.76	0.41
南极洲	13980	165	2.31	165	2.31	1.00
欧洲	10500	790	8.29	306	3.21	0.39
澳洲	7615	456	3.47	39	0.30	0.09
大洋洲(各岛)	1335	2704	3.61	1566	2.09	0.58
全球陆地	149025	798	118.88	314	46.85	0.39

国际上习惯用某个区域内的多年平均年河川径流量作为年水资源量,并未把地下水资源量统计在内,有关的统计都是以河川径流量作为水资源量的代表。在中国则把浅层地下水中可以取用、又不与河川径流量重复的那部分也作为水资源量统计,把这部分地下水资源量与河川径流量之和称为水资源总量。

通常采用人均水资源量和亩均水资源量两个指标表示某一地区水资源的丰缺。人均水资源量是用一个地区的总人口除该地区的水资源量得到的平均值;亩均水资源量是用一个地区耕地面积(亩)除该地区的水资源量得到的平均值。一个地区多年平均的水资源量(河川径流量)是一定的,但人均水资源量将会随着人口的变化而变化,由于一个地区人口随着时间变化的速度较快,因而人均水资源量的数值是不稳定的,因而这个指标只是表示某一个年份的水资源丰缺;一个地区的耕地面积一般来说也有变化,但与人口变化相比较小,因此,亩均水资源量较稳定,但由于不同地区复种指数不一样,这个指标对于比较不同地区的水资源丰缺意义也不大。

按国家水资源量来看,水资源量最多的 10 个国家分别是:巴西($6.95×10^{12}$ m³)、俄罗斯($4.27×10^{12}$ m³)、美国($3.056×10^{12}$ m³)、印尼($2.986×10^{12}$ m³)、加拿大($2.901×10^{12}$ m³)、中国($2.7115×10^{12}$ m³)、孟加拉($2.356×10^{12}$ m³)、印度($2.085×10^{12}$ m³)、委内瑞拉($1.317×10^{12}$ m³)、哥伦比亚

$(1.070 \times 10^{12} \ m^3)$。

按人均占有水资源量来看,人均水资源量最少的 10 个国家分别是:科威特(103 m^3/人)、利比亚(111 m^3/人)、新加坡(211 m^3/人)、沙特阿拉伯(254 m^3/人)、约旦(314 m^3/人)、也门共和国(359 m^3/人)、以色列(382 m^3/人)、突尼斯(443 m^3/人)、阿尔及利亚(528 m^3/人)、布隆迪(563 m^3/人)。

(五)中国水资源的分布

中国是一个水资源短缺、水旱灾害频繁的国家,水资源总量排在巴西、俄罗斯、加拿大、美国、印尼之后,居世界第六位。但是中国人口众多,人均占有量只有 2500 m^3,约为世界人均水量的 1/4,排在世界第 110 位,已经被联合国列为 13 个贫水国家之一。

水资源是水资源数量和质量的高度统一,在一定区域内,可用水资源的多少并不完全取决于水资源数量,也取决于水资源质量。质量的优劣直接关系到水资源的功能,决定着水资源的用途。多年来,中国水资源总量不断下降,水环境持续恶化,由于污染所导致的缺水和事故不断发生,使工厂停产、农业减产甚至绝收,造成了巨大的经济损失和不良社会影响,严重威胁社会可持续发展。

中国水资源地区分布很不平衡,时间上变化也很大。中国东部受季风影响明显,湿润多雨;西北地区深居大陆内部,因而大陆性强,干旱少雨。作为降雨补给的河川径流,也表现出东南沿海多西北内陆少的差异性。在中国 2.7 万亿立方米的河川径流总水量中,长江水量就占了 1/3,加上珠江及江南其他河川水量,占全国总水量的 80% 以上,而这一地区耕地只占全国的 36%;北方和西北水资源不到全国的 20%,而耕地占全国的 64%。其中缺水最严重的黄河、淮河、海河流域耕地几乎占全国的 40%,而水资源只占 6.2%。这种水资源和耕地资源的不匹配,对农业发展极为不利。从水资源的时程变化看,河川径流的季节变化与降水的变化基本一致,夏季水多,冬春水少,大部分水量集中在 6~9 月,汛期洪水猛涨,常泛滥成灾,旱季水量很少,甚至有些河川断流。从河川径流的年际变化看,丰水年和枯水年河川径流量向差悬殊,北方缺水地区特别突出。最大年径流量与最小年径流量相比,长江及其以南地区的一般相差 2~3 倍,北方一般相差 3~6 倍,淮河、海河各支流相差达 10~20 倍。另外,还往往出现连年干旱少雨和连年洪涝多水的现象。

从水能资源地区分布看,中国西南地区水量丰沛、河流落差大,水能资源丰富,水能蕴藏量占全国的 70%,但该地区人口稀少、交通不便。而东部地区人口稠密、经济发达,但水能资源贫乏。

二、水资源的多用性及不同利用后果

水资源是人类最重要的自然资源之一,它所具有的多种功能和用途使它在利用的后果差异明显。因而,区分水资源不同利用方式的后果有着重要意义。

水资源用途非常广泛,若按照水资源利用的后果来看,可以分为三种利用方式:一是对水资源的水质、水量均无影响的利用方式,例如利用河流、海洋等水体进行航运、发电,利用天然水体开展的观光、水上娱乐等。二是对水资源的水质造成不利影响,而对水资源的量不产生影响的利用方式,例如将水资源用于居民生活中的清洗(洗手、洗脸、洗澡、清洗衣物、清洗水果蔬菜、洗刷各种用具)、冲厕以及产生废水的各种工业用水方式,利用天然水体发展水产养殖(投放饵料造成水体富营养化等),或者利用天然水体作为排放污水的受纳水体。三是直接消耗水资源的利用方式,例如居民生活中的饮用水、畜禽养殖中的牲畜饮水、农业灌溉用水、工业生产中消耗水的利用方式等。这三种水资源利用方式的后果不同,因而利用策略也将有明显差别。

对于不对水资源的水质、水量产生不利影响的利用方式,主要是用于水力发电、水上航运、水体景观旅游等应该大力发展,以提高人类福利;对于造成水质下降的水资源利用方式,应该尽可能地重复利用以减少污水的产生量,并需要对产生的污水进行处理以保持水环境质量;对于消耗水资源的利用方式,需要采取各种节水措施,减少水资源的消耗量,例如发展节水灌溉等。

第三节　矿产资源

矿产资源是人类生产资料的基本物质来源之一,是人类衣食住行都离不开的生活资料。矿产资源的开发利用是人类社会发展的前提和动力,在人类的文明进程中发挥着不可替代的作用,矿产资源利用水平的每一次巨大飞跃都会带来人类社会的巨大进步。

一、矿产资源的特征与类型

矿产资源是指天然赋存于地壳内部或地表,由地质作用形成的,呈固态、液态或气态的,具有经济价值或潜在经济价值的富集物。矿产资源是自然资源的重要组成部分,是非再生自然资源。与所有自然资源相同,矿产资源的范围会由于科学技术的进步和经济条件的发展而不断扩大,有些过去认为不是矿产资源的,今天已经成为可以开发利用的矿产资源了;有些在今天看来不是矿产资源的,将来有可能成为可以利用的矿产资源。矿产资源具有以下基本特征,并可以进行如下的类型划分。

(一)矿产资源的特征

1. 基础性

矿产资源是人类生产资料和生活的基本物质来源之一,是人类社会生产最初始的劳动对象,是人类生产的物质基础。例如,现代人类衣物生产的主要化纤原料就是用矿物原料如石油、煤炭和石灰岩等矿产加工而成的;生产人类食物的农业所需要的化肥、农药生产离不开矿产资源;一切建筑材料如黏土、砂石、钢筋、水泥、砖瓦、陶瓷等都是以矿产原料为基础;汽车、火车、飞机、轮船等交通工具的制造无一不与矿产资源有密切的关系,同时这些交通工具的驱动也离不开煤炭、石油、天然气等矿产资源。

对矿产资源的开发、利用是人类社会发展的前提和动力。不仅人类的生存需要消耗大量的矿产资源,而且生产建设的发展也要消耗大量的矿产资源。从石器时代到铜器时代、铁器时代,从木柴的燃烧到煤、石油、核能的利用,人类社会生产力的每一次巨大进步,都伴随着矿产资源利用水平的巨大飞跃。在中国,目前90%以上的能源、80%的工业原料、90%以上的农业生产资料都来自于矿产资源。

2. 分布的不均衡性

由于地壳运动的不均衡性,地球上各种岩石的分布也是不均衡的,从而导致各种矿产资源的地理分布存在地域差异。在有些地域某种矿产资源高度富集,而在另一些地区则可能十分贫乏。大多数种类的矿产资源的分布都是集中在一定地带内,因而造成有些国家某种矿产资源丰富或稀缺。例如铁矿储量的70%集中在俄罗斯、巴西、加拿大、澳大利亚和印度等国,而煤炭储量的70%集中在中国、俄罗斯和美国等国。

矿产资源分布的地域差异性,尤其是重要矿产资源在全球范围内分布的不均衡性对国际政治、经济和国家安全都产生了深刻的影响。例如,目前世界石油的探明储量中,60%集中在中东地区,这也是中东地区动荡不安的重要因素之一。

3. 不可再生性

矿产资源是千万年或上亿年的漫长地质时期形成和富集的,相对于短暂的人类社会而言,矿产资源是不可再生的。矿产资源的不可再生性决定了矿产资源的相对有限性、稀缺性和可耗竭性,决定了人类在社会生产活动中必须十分注意合理的开发利用和保护矿产资源。

4. 动态性

矿产资源是受地质、技术和经济条件制约的三维动态概念。现阶段探明的矿产资源储量和种类只是目前人类现有的技术条件和认识水平下的矿产资源,随着科学技术的进步,人类对矿产资源认识不断加深,对矿产资源开发利用的深度和广度会进一步扩展,因此,矿产资源具有动态性。

5. 可耗竭性及耗竭补偿性

矿产资源的不可再生性决定了它是可耗竭的,这种耗竭性在人类生产过程中通过微观和宏观两个方面表现出来。微观上表现为服务年限有限,矿山保有储量逐渐减少,生产能力逐步消失。在宏观上表现为人类对矿产资源需求的日益增长,导致矿产资源基础的质量和自然丰度降低,勘探开发条件日益恶化,社会成本递增。为此,全社会再生产要求自然界不断地为社会补充矿物原料,并保持与社会生产力水平相适应的资源储备。

6. 丰度的差异性和可选择性

不同成因的矿石的品位和有用、有害组分含量不同。同一成因的矿产因地质作用和空间的差异,其矿石的质量也有差别。矿产资源的丰度差异性是自然形成的,因此,任何一种矿产都有贫矿型、富矿型,组分简单与复杂之别。在实际利用中,矿床的可采品位、品级和厚度受开采技术和冶炼技术的制约。开采技术和冶炼技术越高,可采厚度越大。矿产资源自然丰度具有可选择性很强的性质,导致可随时重新度量资源利用程度,如果利用程度高,就可以缩小资源资产存量,扩大实用量。

7. 用途上的共性与可替代性

尽管矿产资源成因不同,矿石种类不同,但可以从不同矿石中提取同一种金属或相同的物质组成。不同非金属矿产采用相同的加工工艺可以获得同一种产品,从而发挥同样的作用或功能。因此,矿产资源具有用途上的共性。在人类的发展过程中,矿产资源的利用经历了青铜器时代,铁及其他金属时代,即钢铁部分替代了铜矿资源,能源的使用上则由石油、天然气部分地代替了煤炭。矿产资源的可替代性是人类不断寻找新能源和新材料的基础。

(二)矿产资源的分类

矿产资源分类的原则不同,有不同的分类结果。

1.根据物理状态分类

根据天然条件下矿产资源的物理状态可以把矿产资源分为:①固体矿物如:煤炭、铁矿石、金矿等;②液体矿物如:石油、矿泉水、卤水等;③气体矿物如天然气、煤层气等。

2.根据用途和组分分类

根据矿产资源的用途、性能以及从中提取的有用组分分类,可以把矿产资源划分为能源矿产、金属矿产和非金属矿产。

能源矿产:能源矿产主要包括可以作为能源使用的矿产或能够提炼出能源的矿产。主要矿种有:煤炭、石油、天然气、油页岩、可燃冰、铀、钍、地下热水等。

金属矿产:金属矿产是指含有金属元素的,可供工业提取金属等有用组分或直接利用的岩石与矿物。包括黑色金属 9 种、有色金属 13 种、贵金属 8 种、放射性金属 3 种、稀有稀土和稀散金属 33 种。而矿石是指金属含量集中、有提炼价值的岩石。开采和利用矿石实质上是一个经济上的问题。大多数金属在地壳中的含量并不高。地壳的主要成分是氧、硅、铝、铁、钙。在原始炽热的地球发展演化过程中,地球物质从混沌状态逐步发展成有序的圈层结构,即完成了地壳、地幔和地核的分异。以铁镍为主的金属集中到内部构成地核,以硅铝为主的物质则形成地壳,地幔则是由铁、镁、硅酸盐类组成的。三者之间通过岩浆作用和板块运动进行物质交换。同时,在地球的表面进行着水流的搬运、生物的改造、风力分选以及空气氧化等自然过程的作用。具体地说,金属矿床的成因可以概括为岩浆分异作用、接触变质作用、海底喷流作用、热液作用、沉积作用和风化作用。

非金属矿产:非金属矿产指工业上不是用于提取金属元素来利用的有用矿产资源,除少数非金属矿产是用来提取某种非金属元素,如磷、硫等外,大多数非金属矿产是利用其矿物或矿物集合体(包括岩石)的某些物理、化学性质和工艺特性等,如云母的绝缘性、石棉的耐火、耐酸、绝缘、绝热和纤维特性。

3.根据储量分类

世界各国根据本国政治、经济特点制定或指定了矿产资源储量的分类标准。近年来,随着全球经济一体化和各国经济的相互渗透与资源共享,有关国际组织与专家正在探讨如何建立全球同一的矿产资源储量分类标准体

系。目前有两个主要的分类系统。一是由国际采矿冶金协会理事会
(CMM,该理事会的会员包括澳大利亚、美国、加拿大和南非等国家)1997
年提出的《国际储量定义》,该定义主要立足于向金融投资机构提供信息。
二是由联合国欧洲经济委员会(UN-ECE)1997 年发布的《联合国国际储
量/资源分类框架》,参加起草的有德国、美国、英国、中国、俄罗斯等国。该
框架旨在建立一种机制,使得以市场经济为基础的各国分类方案能够按照
国际同一系统进行对比,这样既能满足管理、国际交流和全球调查的需求,
也能为矿业公司、金融机构和投资机构广泛应用。

　　中国固体矿产资源储量分类一直沿用前苏联在计划经济体制下建立起
来的分类模式。1999 年中国根据联合国的分类系统制定了新的《固体矿产
资源/储量分类》的国家标准。新的标准采用经济意义(经济轴 E)、可行性
评价程度(可行性轴 F)和地质可靠程度(地质轴 G)三维分类模式,将固体
矿产资源储量分为三大类(储量、基础储量和资源量)16 种类型。地质可靠
程度根据勘察阶段的工作所获得的不同精度分为探明的、控制的、推断的和
预测的四类。可行性评价程度分为可行性研究、预可行性研究和概略研究。
经济意义分为经济的、边际的和次边际经济的三类。基础储量是查明矿产
资源的一部分,是指经过详查、勘探工作所得的地质可靠程度属于控制的或
探明的,并通过预可行性研究,确定为经济的或边际经济的部分。储量是指
基础储量中的经济可采部分,并扣除了设计、采矿过程中的损失。资源量是
指与基础储量相对应的查明矿产资源的另一部分和潜在矿产资源。中国、
美国以及联合国矿产储量分类的框架见表 9-2。

表 9-2　国内外矿产资源储量分类对比

标准名称	分类对比				
	查明矿产资源				潜在矿产资源
中华人民共和国《固体矿产资源/储量分类》国家标准	储量	基础储量	资源量	资源量	
	可采储量、预可采储量	经济基础储量	边际经济基础储量	次边际经济资源量、蕴含经济资源量	预测的资源量
联合国《国际储量/资源分类框架》	证实矿产储量、概略矿产储量	可行性矿产资源、推定的矿产资源、预可行性矿产资源、推测的矿产资源、确定的矿产资源			踏勘矿产资源

（续表）

标准名称	分类对比			
	查明矿产资源			潜在矿产资源
美国《矿产资源和储量分类原则》	查明矿产资源			经发现资源
	经济储量、边际经济储量	经济—边际经济储量基础	次经济资源	假定资源假想资源

（三）矿产资源的开发利用

考古研究发现，在人类的长期演化过程中，自然界中的土地资源、水资源、生物资源和矿产资源始终是维系整个演变过程的四大基本物质要素。其中，矿产资源要素的表现最为积极、活跃。矿产资源的这种地位不仅取决于矿物自身的物理特性和空间分布特征，而且取决于人类生存与发展的强烈愿望和迫切需求。

根据矿产资源对人类社会发展不同时期的影响与作用，可以把矿产资源的开发利用过程划分为石器时代、金属时代、合成材料和矿物燃料时代。

石器时代：从旧石器时代开始，人类就利用石头作为简单的工具进行生产（狩猎、采集、食品加工等）。随着以石器为主的生产工具的改造和更新，进入了新石器时代，人类摆脱了以狩猎为主的原始生活方式，进入了农耕和畜牧文明时代。

金属时代：大约 10000 年前，人类开始认识到金属矿物和非金属矿物之间的内在差异，于是一种新的石器加工技术——锻造工艺产生了，由此引导人类社会进入了一个更为广阔的矿物世界。经历了青铜器时代和铁器时代，人类的生产技能已经大大增强。

合成材料和矿物燃料时期：矿产资源尤其是金属矿产是支撑工业革命的基本物质材料。金属合金材料制造的成功极大地刺激了人类对金属矿物的认识范围和应用领域的探索热情。由于科学、勘探及冶炼技术的发展，越来越多的新金属被发现和使用。金属矿物的开采利用为构建人类社会的工业化大厦提供着源源不断的新材料。若按矿种计算，工业革命以来 200 多年所发现的金属数量超出了旧金属时期的 5 倍。包括煤炭和石油等矿物燃料的开发利用标志着人类支配自然能源过程的加快。这种加快不仅反映在矿物燃料消费总量的增长方面，而且也反映在人均消费量上。矿产资源在人类社会经济发展中的重要作用表现在:矿产资源是人类生产生活资料的重要来源;矿产资源影响工业布局、产业结构、产品种类;矿产资源的开发利用影响当地的经济发展。

二、世界矿产资源概况

(一)矿产资源分布不均

尽管世界矿产资源种类繁多,储量丰富,但由于分布不均,造成地区性的矿产资源相对稀缺。例如,石油储量的57%集中在中东地区,天然气储量的72%集中在中东、东欧及前苏联地区,煤炭探明储量的53%集中在美国、中国和澳大利亚。在有色金属中,铜储量的56%集中在南美洲的智利、秘鲁和墨西哥,北美洲的美国和加拿大;铅储量的57.5%集中在澳大利亚、中国、美国和哈萨克斯坦;锌储量的48%分布在澳大利亚、中国和美国;铝土矿储量的71%分布在几内亚、巴西、澳大利亚和牙买加;黄金储量的51%集中在南非、美国、澳大利亚和俄罗斯;银储量的54%集中在南美洲的秘鲁、北美洲的美国和加拿大,大洋洲。在非金属中,世界钾盐储量更是高度集中,近75%的储量分布在加拿大和俄罗斯。从总体来看,美国、俄罗斯、中国、加拿大、澳大利亚等属于矿产资源大国,这些国家矿产资源种类多且储量大。

表 9-3　主要国家矿产储量的世界排名

国家	第1	前3	前5
美国	4种:钼、硼、天然碱、煤	10种:铜、铅、锌、金、银、铂族金属、稀土、硫、磷、重晶石	6种:铁、钨、钒、汞、锂、锆
俄罗斯	3种:镍、钒、天然气	9种:铁、钨、菱镁矿、锑、铂族金属、稀土、钾盐、彭、煤	5种:钼、铜、金、金刚石、铀
中国	8种:钨、菱镁矿、锡、锑、铋、稀土、石墨、重晶石	6种:钼、钒、铅、锌、萤石、煤	6种:铁、锰、钛铁矿、硫、钾盐、硼
加拿大	3种:银、硫、钾盐	6种:镍、钨、锂、铌、钽、铀	6种:钼、铅、锌、钛铁矿、铂族金属、重晶石
澳大利亚	6种:铅、锌、钛铁矿、金红石、钽、铀	8种:铁、钴、铋、金、锂、锆、金刚石、铝土矿	5种:锰、镍、银、铌、稀土

（二）探明储量处于变动之中

尽管目前世界范围内在矿产资源勘探方面的投入增长缓慢，但有一半以上的矿产资源储量有不同程度的增长。矿产资源储量变化的特征为：石油、天然气、金、银、铂族金属等的探明储量显著增长；铁、汞、钼、镉等金属矿、金刚石的探明储量没有变化；锰、铜、铅、锌、镍、钨、石墨、钾盐、硼的探明储量减少；富矿、大型和特大型矿床所占的比例下降。全球矿产资源储量丰富、潜力巨大，按照目前的矿产开采技术水平，全球矿产储量可以满足世界经济增长的需要。大多数矿产已证实储量可供利用 20～40 年，其中，煤、铁矿石、铝土矿、钾盐等矿产可利用 100 年以上，天然气、铀、锰等矿产可以利用 50～100 年，石油和铜矿分别可利用 40 年和 30 年。从静态储量看，世界铁矿石、锰、铜、铬铁矿的保证程度分别为 157 年、61 年、24 年、148 年。

（三）矿产品贸易呈现全球化趋势

矿产资源在地域分布上的不均衡性，必然要求进行各种矿产品在世界范围内可以自由贸易，从而满足全球各地区对不同矿产品的需要。这种矿产资源的全球化主要表现为：矿产资源的跨国勘探、开发，矿产品跨国加工和销售，矿业公司跨国购并和上市，矿业资金跨国流动，大型矿产勘查和开发项目多国多家公司联合投资以及矿业信息国际共享。全球矿业公司的大规模联合与兼并，使得全球矿业集中度进一步提高。特别是发达国家的跨国矿业公司凭借其雄厚的资金、技术和管理经验，在新一轮的并购浪潮中，扩大了规模，增强了实力，对国际矿业市场的控制力和影响力进一步扩大，在全球范围内角逐并实现了主宰矿业市场和矿产品价格的目标。

由于矿产资源在地域上分布的不平衡，使矿产资源的生产和销售格局也具有明显的地域性。矿产资源的生产主要集中在发达国家或资源丰富的国家。矿产资源消费则表现为：占世界人口不到 1/4 的发达国家，消耗着全球 3/4 的矿产资源，而占全世界人口多达 3/4 的广大发展中国家，占全球矿产消费量的比例却不到 1/4。世界矿产资源生产和消费格局具有如下特点：

1. 发达国家矿产资源生产和消费比重大

发达国家矿产资源的生产和消费仍然主导着世界矿产资源生产和消费的格局。例如，2005 年美国一次能源消费约占世界消费总量的 22％。发达国家可分为三种类型：第一种类型以美国、俄罗斯为代表，他们既是矿产资源生产大国，也是矿产资源的消费大国，但仍有许多重要矿产对进口的依赖程度较大。第二种类型以日本、德国为代表,他们对矿产资源的需求大,但自身矿产资源极为贫乏,历史上曾经以掠夺的方式获得矿产资源支撑其经济发展。第三种类型以澳大利亚、加拿大为代表,他们是矿产资源生产大国,矿产资源的生产量远超过自身的消费量,因而可以大量出口,他们一方面作为美国、西欧、日本的战略伙伴,提供原料基地;另一方面通过发展资源加工业,调整与发展中的资源国之间的利益关系。

2. 发展中国家矿产资源生产和消费量呈上升趋势

发展中国家正处于工业化初期,且工业发展以资源消耗型为主,所以,近年来发展中国家矿产资源的消耗量出现了较快的上升趋势,尤其是亚太地区对能源矿产的大规模需求会导致世界范围内能源矿产资源消耗水平的快速增长,从而导致世界矿产资源生产和消费格局发生了一些明显的变化。铁矿石是钢铁工业的主要原料,生铁和粗钢产量可在很大程度上反映近年来金属矿产资源生产格局的变化,从 2001 年到 2005 年,中国、巴西、印度这三个大的发展中国家的粗钢总产量占世界总产量的比例由 24% 增加到 38%。

3. 消耗量增幅呈下降趋势

随着世界经济形势的变化,矿产资源的消耗经历了从快速增长到需求增长缓慢的过程。从 19 世纪 20 年代起,世界经济进入快速发展的阶段。统计资料表明,1820 年全球初级金属矿产品的消费量只有 6.5×10^5 t,到 20 世纪末,全球初级金属矿产品的消费量达到了 6.0×10^8 t。但从 1970 年至今,金属矿产品的消耗进入了增长最缓慢的时期,这是因为一方面工业发达国家进入了后工业社会,工业结构发生了巨大变化,从以重化工业为主的资源消费型工业向以电子技术、信息技术为中心的资源消耗量低、技术密集型的工业转变,矿产消耗显著下降;另一方面,新型材料的涌现和废金属的再利用在一定程度上抑制了对金属矿产品的需求。

4. 世界矿产资源开发利用向发展中国家转移

世界矿产资源生产经历了发达国家崛起后,尽管矿产资源开发和加工仍以发达国家为中心,但重心已经逐渐向发展中国家转移。主要表现为发达国家的矿产资源勘探投入显著减少,生产规模减小。自 20 世纪 80 年代以来,全球范围内矿产品总体呈现供大于求的趋势。由此导致全球主要矿产品的价格低迷,矿业的竞争加剧,矿产业发展速度显著减缓。但近年来发展中国家经济快速发展,为了发展本土经济和增加矿产品的出口创汇,加大了矿产资源的开发力度。同时发达国家的大型矿业公司积极到发展中国家投资勘探、开采矿产资源,客观上增强了发展中国家的矿产资源开发能力,因此,世界矿产业的开发利用重心已出现向发展中国家转移的倾向。

5.发达国家和跨国公司对世界矿产业的垄断

大型跨国矿业公司对全球主要矿产资源进行控制,使世界矿业的集中度日益提高,加上矿产资源空间分布的不均匀性,客观上决定了矿业发展具有超越国家理念的基本特征,特别是在经济全球化背景下,矿业活动全球化是一种必然趋势。这主要表现在矿业资源勘探、劳务、技术等要素全球化重组,矿产资源贸易日趋国际化,一个国家、地区的矿产资源被跨国公司或其他国家、地区的公司开发的数量与规模不断扩大。各国为了实现最大经济利益,都从全球范围内考虑本国战略性矿产的稳定供应。鉴于世界矿业出现的全球化趋势,资源丰富的拉丁美洲、非洲、亚太等地区的发展中国家为了在激烈竞争的矿业市场中取得更多的投资,纷纷通过修改矿业法规和调整资源政策等手段,大力改善矿业投资环境,全面开放国内矿业市场,以实现本国矿业现代化、集约化。这就为跨国公司投资矿业和矿产资源开发提供了前所未有的广阔市场,形成了全球性资源开发的局面。

6.全球矿产资源开发利用的再分配格局

在全球经济一体化的形势下,世界矿产业的格局已经出现再分配的态势。这主要是由于跨国公司通过兼并、联合的形式加强了在发展中国家及独联体、东欧地区的矿产资源勘探与开发,从而使其在世界矿产资源再分配中所占的垄断地位进一步上升。目前,全球主要矿种的矿山都已经被发达国家跨国公司所控制或占有,而且今后还将有进一步加强的趋势。、

7.世界矿产资源保证程度提高

世界已经探明的矿产资源非常丰富,探明储量不断增长,多数矿产对未来20~30年世界经济发展需求的保证程度很高。目前石油储量年均增长4.6%,增长储量主要来自中东地区。从静态储量看,世界铁矿石、锰、铜、铬铁矿的保证程度分别为157年、61年、24年、148年,煤炭、石油、天然气等矿产储量保证年限都在40年以上。

(四)未来全球矿产资源开发的热点区域

研究表明,21世纪全球矿产资源开发的热点地区主要有加拿大的安大略省、俄罗斯的西伯利亚地区、澳大利亚西部、智利、蒙古、巴西等。

1.加拿大安大略省

安大略省地层基岩的60%为前寒武纪地盾,蕴含着丰富的金属矿藏。铜产量占加拿大的1/3还要多,萨得伯里盆地采出的镍约占全世界总产量

的 13%。安大略省黄金资源储量在加拿大占首位,仅圣赫姆勒地区几个金矿的产量就占世界总产量的 1‰以上。加拿大是世界主要的锌生产商,而安大略省出产的锌占加拿大总量的 10%。目前,安大略省的镍和钴产量在全世界排名第 3,黄金产量排第 7,铜第 12,银第 15,锌第 17 位。这一地区未来矿产资源开发具有巨大的潜力。

2. 俄罗斯西伯利亚地区

西伯利亚的能源储量占世界 1/3,钾盐储量与加拿大并列世界首位,俄罗斯内海和外海水域的大陆架和大陆坡富含锡、钛、锆石等。全俄罗斯探明石油剩余可采储量为 $6.6×10^7$ t,天然气 $5.0×10^{13}$ m^3。俄罗斯的煤田主要有西西伯利亚克麦罗沃州库兹巴斯(世界大煤田之一,预测储量 $7.33×10^{11}$ t,探明储量 $8.7×10^{10}$ t)、科米共和国沃尔库塔煤田、图拉煤田等,预测储量 $5.3×10^{12}$ t,为地球预测资源的 1/3,实际探明储量 $2.02×10^{11}$ t,仅次于美国($4.450×10^{11}$ t)、中国($2.72×10^{11}$ t)居世界第 3 位。西伯利亚还有世界最大的库尔斯克石英岩型磁铁矿矿床,600 m 以下深矿石资源量达 $2.9×10^{11}$ t。

3. 西澳大利亚州

澳大利亚矿产资源丰富,尤其是澳大利亚西部地区拥有钻石、铝土矿、铁矿石、金、镍、钴等优势矿产资源,因此,西澳大利亚州已经成为世界上矿产资源开发潜力巨大的地区之一。1890 年间发现的矿产是黄金,至今仍有出产。铁矿储量占全国总储量的 90%,且多为品位在 6 以上的富矿。西澳大利亚州有目前世界最大规模的金刚石矿山。天然气探明储量为 $3.19×10^{12}$ m^3,随着其西北海岸近海大型气田的开发,西澳大利亚州已成为向北亚提供大量液化石油气的主要供应者之一。西澳大利亚州的液化天然气产量占全球 8%,到 2015 年,年产量可达 $5.0×10^7$ t。油气产量的 74%出口海外市场,出口额为 $6.1×10^9$ 美元。西澳大利亚州与中国浙江省是友好省州,在整个澳大利亚对华商品出口中,西澳大利亚占据 50%以上的销售额。西澳大利亚州还有一个号称全球最大的钒钛磁铁矿之一的 Balla Balla 矿,矿石储量为 $3.03×10^8$ t,矿石平均品位:五氧化二钒 0.65%,铁 43%,二氧化钛 13%。

4. 智利

智利矿产资源十分丰富,特别是铜,储量达 $1.6×10^8$ t,居世界第一位,与铜共、伴生的钼有 $2.5×10^6$ t,居世界第二位;斑岩型铜钼矿成矿带位于智利—秘鲁铜钼矿集中区内,近几十年来,几乎平均每隔 4~5 年就能在本区找到一个大型、特大型铜（钼）矿床。智利铜钼矿矿带北起边境,沿安第斯山向南一直延伸到中部圣地亚哥以南的海岸山脉,再向东延伸接近阿根廷边境,共发现有大、中、小型矿床 400 多个,包括 10 个大型矿床,如世界著名的丘基卡马塔矿床、特尼恩特、萨尔瓦多和安迪纳,以及白山矿、埃斯孔蒂达、安达科拉、里奥布兰卡、洛斯布隆塞斯和迪斯普塔达等特大型和大型铜矿床。智利的黄金储量约 400 t、银 18000 t,居世界前列,原生金矿床主要集中在马尔昆加金矿带和因迪奥金矿带。此外,还有盐湖型锂储量 3.0×10^7 t,硝石储量 5.0×10^7 t,居世界首位。

5. 蒙古

铜、镁、铁、金是蒙古主要的矿产资源。20 世纪 70 年代建成投产的额尔登特铜钼矿是蒙古国最大企业和经济支柱,位居世界十大铜矿之列,年产精铜 4.0×10^5 t,钼精矿 4000 t 左右。此外,蒙古还拥有奥云陶勒盖铜矿及查干苏布拉格铜矿,其中,奥云陶勒盖铜矿距中国边境约 80 km,估计铜储量为 2.09×10^7 t,黄金 740 t。蒙古国的煤炭探明储量 4.6×10^9 t,储量基础 2.7×10^{10} t,而目前开采的 17 处煤矿的年总产量不过 5.0×10^6 t;石油探明储量不足 1.0×10^7 t,主要分布在与中国接壤的东方、东戈壁、南戈壁、巴彦洪格尔、戈壁阿尔泰、科布多和肯特等省。铁矿主要位于达尔汗地区和色楞格省的图木尔陶勒盖、图木尔泰、巴彦格勒三个矿区和宝日温都尔地区的额仁、洪格尔、都尔乌仁、巴日根勒特等 4 个矿区,总储量约为 7.3×10^8 t。

6. 巴西

巴西矿产资源非常丰富,铁矿、铝土矿、锰矿、宝石、铌钽、金、锡和高岭土在世界上占有重要地位。在拉丁美洲,巴西是最大的矿产品生产国,尤其以铁矿石和铝土矿产量最高。米纳斯吉拉斯州是巴西矿产种类最多、品质最好、储量和产量最高的州,该州蕴藏 50 种金属、非金属和宝石及钻石矿藏,占巴西 80 种矿类品种的 62.5%,占巴西矿产资源的 33%(不包括煤、天然气和石油)。其中铁矿砂储量 3.4×10^{10} t,含铁 60%,占巴西的 65%,矾土 4.29×10^8 t,石灰石 1.4×10^{10} t,占巴西的 17%;铅矿 2.0×10^7 t,占 89%;磷酸盐 2.0×10^9 t,占巴西的 68%;另外,锌占 100%,铌占 82%,金占 25.9%,石墨占 94%,锂占 100%。

第四节　生物资源

生物资源是自然界中的有机组成部分,是自然力的产物,是生物多样性的物资体现,是人类生存和社会发展的基础。1992 年联合国环境与发展大会通过的《生物多样性公约》中对生物资源所下的定义是:"对人类具有实际或潜在用途或价值的遗传资源、生物体或者部分、生物群体,或生态系统中任何其他生物组成部分"①。

有用性是生物资源区别于其他生物的依据,生物资源在人类生活、生产中始终占据着非常重要的地位,起着桥梁作用。生物资源最早是作为人类的食物而从环境中开发利用的物质类资源,与作为饮用水的水资源一起构成人类的生存的基础,是人类最早有意识地追寻的物质。

生物资源是一个多层次或水平的系统,包括基因、细胞、组织、器官、生物个体、种群、物种、群落、生态系统等。习惯上按照生物资源的分布范围,将生物资源分为陆生生物资源和水生生物资源。

从生物之间相互关系的视角,按照生物的某些形态结构、功能、习性、生态或经济用途,根据生物之间亲缘关系的远近,把陆生生物资源和水生生物资源都界定于不同的界、门、纲、目、科、属、种等生物分类单元中。

从人类对生物利用(经营)的视角,通常依据人类所利用的生物资源的来源,将生物资源划分为野生生物资源和非野生生物资源(栽培植物和养殖动物)两大类。

一、野生生物资源

野生生物资源主要是指在自然界中自然生长、未被人类驯化的动植物资源。因野生动植物保存了其物种的本质属性,在种质的遗传基因方面具有重要意义;在生态学意义上,众多的野生生物反映了物种的多样性,是重要品种资源,而且各种间的相生相克关系,展示着整个自然界作为一个巨大生态系统的本质;个体或个体群的野生生物本身及其产品的开发利用,可为人类提供极其重要的农作物或畜禽品种、多种食物或饮料、旅游环境。因而,野生生物资源的调查、合理开发、综合利用、积极保护,具有十分重要的意义。特别是珍稀野生植物的保护和边远地区野生植物资源的开发及合理利用,在现实和长远利益方面、在维护生态平衡等方面具有重要价值。

(一)野生植物资源

野生植物的聚集形成不同的群落类型,包括森林(天然林)、天然草地、

---

① 谢高地. 自然资源总论. 北京:高等教育出版社,2009:296.

天然湿地等群落。这些植物群落最基本的功能就是利用太阳能将无机化合物合成为有机物质,为人类和其他生物提供最原始的能量,也是各类生态系统提供其他生态系统服务的基础。一般将这些不同的群落与其无机环境构成的生态系统分别称为森林生态系统、草地生态系统和湿地生态系统。

森林是陆地生态系统中面积最大、最重要的自然生态系统。据专家估计,历史上全球森林面积曾达到 7.6×10^9 hm²,森林覆盖率达到 60%。在人类大规模砍伐森林以前,世界森林面积仍有 6.0×10^9 hm²,占陆地面积的 45.8%。但是到 1985 年,全球森林面积下降到 4.147×10^9 hm²,占陆地面积的 31.7%。[①] 21 世纪初,世界森林面积仍在下降,但是森林生态系统还是最重要的陆地生态系统之一,是人类生存和发展的物质基础,与人类关系非常密切。森林中生长着的丰富多样的野生植物种类,不仅为人类提供木材和林产品,而且为人类提供各种生态服务,如调节大气、调节气候、涵养水源、保持水土、促进营养元素的循环和周转以及保持生物多样性等。

草地是草和其着生的土地构成的自然综合体,以草本为主的植物群落是畜牧业生产的基本生产资料,也是陆地生态系统中物质循环和能量流动的重要枢纽。据估计,目前全球共有草地面积约 6.757×10^9 hm²,包括永久放牧地、疏林草地、何其他类型草地,占陆地总面积的 50% (FAOSTAT)。[②] 世界草地资源的分布状况为:大洋洲约 72% 的土地是草地,绝大多数为干旱和半干旱土地;美洲约一半的土地为草地,有肥沃的美国普列利群落和阿根廷的潘帕斯群落,也有荒漠和疏林地;欧洲的草地面积约占土地总面积的 1/3 强,主要由永久放牧地和疏林、湿润的草地构成;亚洲约有 48% 为草地,绝大多数为宽阔的干草原、山地草地和荒漠构成。

(二)野生动物资源

1. 野生动物资源的分类及特征

野生动物是指除饲养动物以外,所有的其他动物资源。这些野生动物中具有经济利用价值的陆栖脊椎动物按其生理形态和生活特征一般可分为鸟纲、哺乳纲、爬行纲和两栖纲等主要类型。

鸟纲的种类最为繁多,约占陆栖脊椎动物中种属的 40%。在鸟纲中主要可分为雀形目和非雀形目两大类。以鸟类终年居留区和繁殖区为标准来看,世界鸟类较多的科别主要有分布在东半球热带或环球热带地区。如在

① 蔡晓明.生态系统生态学.北京:科学出版社,2000.
② 谢高地.自然资源总论.北京:高等教育出版社,2009:287.

环绕北半球寒温带鸟类繁殖区,具有代表性的鸟类有雷鸟、旋木雀、角百灵等。在温带鸟类繁殖区,具有代表性的鸟类有榛鸡、云雀、太平鸟等。在中亚干旱地区的鸟类繁殖区,具有代表性的鸟类有草原百娄、沙百灵等。在亚热带的鸟类繁殖区或居留区,鸟类的种类最多,具有代表性的鸟类有多种犀鸟、多种拟啄木、鹛鸲、画眉、灰斑鸠、多种鸦雀、多种噪鹛等。在热带—亚热带的鸟类繁殖区或居留区,具有代表性的鸟类有栗喉虎、棕沙燕、环颈鹅、黑水鸡、大白鹭等。

属于哺乳纲的野生动物种类也相当多,在陆栖脊椎动物的总种属中约占 20%,但经济利用价值却在野生动物资源中居首要地位。世界陆栖哺乳动物的分布也具有明显的地区性。如在寒带—寒温带地区,最典型的哺乳动物有驯鹿、马鹿、驼鹿、河狸、熊貂、棕熊、雪兔等,均为喜冷的北极型动物群的主要代表种。在温带地区,具有代表性的哺乳动物有多种鼠类、蝙蝠、松鼠、狍子、狗獾、紫貂、黄鼬、兔等。在中亚干旱地区,具有代表性的哺乳动物有野驴、羚羊、草原旱獭等。在高山、高原地区,具有代表性的哺乳动物有多种鼠兔、白唇鹿、马麝、雪豹、藏狐、藏原羚、岩羊、北山羊、野绵羊、旱獭等。在热带—亚热带地区,哺乳动物的种类复杂多样,具有代表性的哺乳动物有长臂猿、懒猴、熊猴、象、椰子猫、毛猬、豚鹿、野牛、水獭、云豹、麂、青鼬、豹猫、虎等。在横断山—喜马拉雅山区,具有代表性的哺乳动物有大熊猫、小熊猫、羚牛、金丝猴、黄腹鼬、黑麂、小鹿、黑仰鼻猴等。属于爬行纲的野生动物的种类次于鸟纲,约占陆栖脊椎动物总种属的 15%。

野生动物资源和其他生物资源一样,具有鲜明的可更新性和循环性。由于它们对生存环境条件的要求十分严格,对生态系统的变化更加敏感。野生动物资源本身有着独特的生态规律,不允许外界因素影响其正常的增殖速度;否则,将会引起野生动物资源数量的急剧变化,甚至导致物种灭绝。而且,野生动物资源还与森林、草场、土壤、水源等生物圈资源诸要素组成了一个错综复杂的陆地生态系统,只要其中任何一个自然要素发生变化,野生动物资源的数量和分布也就跟着发生变化。如在森林、草原中生存着相应的食草动物、食肉动物,如果森林被砍伐了,就失去了栖息条件,食草动物迁移,数量减少,食肉动物也就跟着减少,甚至绝迹。所以,对野生动物资源能否合理利用以及其生态环境条件能否保持,都直接影响着野生动物的种类和数量的增加或减少。

2.野生动物资源的分布

野生动物资源的分布既受自然环境的影响,也受人类活动的影响。绝大多数野生动物种类的分布,是与一定的自然区划相一致或极为近似的。有些种类的分布比较狭窄,限于一个自然地区或热量带;有些则可跨越几个自然地区或热量带,甚至占据整个自然区。主要分布于某一自然区划单元的动物群,可在一定条件下向另一自然区划单元渗透。另一方面,人类活动可以促使一些野生动物种类在自然界灭绝或濒于灭绝,使野生动物分布区缩小或造成分布区域不连续。当然,人类活动也可以促使野生动物分布区(栖息地范围)扩大,并使其数量增加,因而,可以不同程度地,甚至完全地改变某地动物群的面貌。许多动物的生态特点也往往由于受到人类经济的影响而发生很大的变化。因此,从野生动物的生态特征方面看,地球上各气候带和主要植被类型对动物生态的影响非常显著。在各个主要的热量植被带中均各有不同的常见种和优势种。它们对各带环境有较高的适应性,而且有相应的生态习性。以它们为主,构成若干热量植被带的生态地理动物群,它们有着不同的经济利用价值。

中国领土可大致划分为三个自然大区(季风区、蒙新高原、青藏高原),占据五个自然地带(寒温带、温带、暖温带、亚热带、热带),不同自然大区的环境条件对野生动物的分布有着明显的影响。再加上人类经济活动的长期影响,形成了以下六个基本的生态地理动物群。

(1)寒温带针叶林动物群:寒温带针叶林动物群分布在欧亚大陆、泰加林的南部边缘地带,在中国东北北部和新疆的最北部地区有分布。这里森林茂密,是著名的林区,动物经受人类活动的影响较少,种数虽然不多,但动物数量比较丰富。

在针叶林带中有蹄类动物比较多见,代表性动物驯鹿、驼鹿、马鹿和野猪等,成为北半球寒温带—极地的优势种。食肉类中的黄鼬、香鼬、艾虎、獾、狐、狼、棕熊、水獭等均较普遍。其他尚有黑熊、青鼬、貂、狸猫、猞猁和熊貂等。小型兽类有松鼠、花鼠、林姬鼠、雪兔等。其中松鼠是针叶林带中最大量的毛皮兽,它的数量年变化较稳定。在落叶松原始林中,红背䶄占绝对优势。在森林采伐后的地区,棕背䶄数量大增,红背䶄相对减少。

中国东北地区北部的针叶林中,鸟类以黑琴鸡、榛鸡、斑翅山鹑、环颈雉等为主,益鸟中的小斑啄木鸟、黑啄木鸟和三趾啄木鸟等比较常见。针叶林带中的爬虫类和两栖类动物比较少见,在爬虫类中有胎生蜥蜴、棕黑锦蛇等,在两栖类中有东方铃蟾、蛤士蟆等。

(2)温带森林动物群和温带森林草原动物群:温带森林动物和温带森林草原动物群分布在针叶林带以南,直至秦岭、淮河以北的广大温带季风地区。在温带阔叶林和针阔叶混交林地区,森林动物比较丰富,兽类中以有蹄类的狍、野猪、马鹿最为常见,其中狍、野猪等为优势种。著名的梅花鹿、东北虎等有少量保存。温带森林和森林草原的鸟类各地颇不一致,但有一些共同的优势种和常见种。

(3)亚热带林灌—草地—农田动物群:亚热带动物群主要分布在秦岭、淮河一线以南,南岭以北的广大地区。区内农业开发历史悠久,绝大部分山地丘陵的原始森林已被砍伐并经人类利用,次生林地和灌丛、草坡所占面积很大,平原和谷地几乎全为耕地,且大部分是水田。亚热带森林动物群落结构受到明显的影响,改变为次生林灌—草地—农田动物群,并普遍遭受人类活动影响。

区内典型的林栖动物,只保存于少数面积不大的森林中,如在西南山区林中有为数不多的猕猴、短尾猴等。而赤腹松鼠、长吻松鼠等在许多地区为林中优势种。在广大已经开发的山地、丘陵次生林灌和草地中,常见的有蹄类有小麂、毛冠鹿、野猪和林麝等,其中,小麂在许多地区是主要的优势种,是狩猎的主要对象,它的毛皮在野生优质毛皮中占首要地位。在农耕区,黑线姬鼠和多种家鼠为优势种类。广泛栖息于区内各种环境中的食肉兽,主要是中小型种类的黄鼬、獾、貉、豹猫等占优势,其他如果子狸、灵猫、狐等也比较常见。

鸟类中的优势种是栖息于农区的麻雀、喜鹊、金腰燕、棕头鸦雀、斑鸠、画眉等。

爬虫类和两栖类的种类和数量,在区内各地显著增多,显示了亚热带地区湿热自然环境的特色。爬虫类中最常见的有多种蛇类和龟鳖类等。两栖类多栖息于耕作环境中,最普遍的优势种,属于南方类型的有蛙类、属于北方类型的有蟾蜍等。

(4)热带森林—林灌草地农田动物群:我国热带森林动物群主要分布在云南南部和南岭以南,包括海南岛、台湾等地。它们的主要特征是组成复杂,树栖、果食、狭食和专食性种类多,一般不贮藏食物。生活习性的季节变化不明显,现今只保存于少数未经砍伐或少经砍伐的原始林地中。热带森林被砍伐后形成次生林、灌草丛和农田植被,其上野生动物种类趋于简单,地栖动物显著增多,出现优势现象,但与北方环境中的优势现象无法相比。

热带森林动物群组成的复杂性,表现为有许多特有的科、属、种,在热带森林中的种类,往往达到高峰。如两栖类中的50%以上,爬行类中游蛇科的85%以上,鸟类中啄木鸟科的90%以上,兽类中鼬科的63%都集中于热带森林。热带森林中树种多样性高、层次多样,隐蔽条件好,食料丰富。因此,栖息着种类繁多的野生动物,而无明显的优势种,并且由于热带森林树冠层次明显,藤萝密布,"顶盖"往往相连,适合树栖、半树栖动物生存。

(5)温带荒漠、半荒漠动物群:温带荒漠、半荒漠动物群分布在中国西北最干旱的地区。动物群组成与草原动物群类似。兽类中以啮齿类和有蹄类动物最为繁盛,但由于生存条件更恶劣,群聚性的种类和数量分布的区域性变化比草原地带更大。鸟类比草原地带更贫乏,两栖类更不多见,但爬行类则相反,有不少种类特别适应于沙漠、戈壁的环境,数量也较多。

荒漠、半荒漠地区的啮齿类动物以沙鼠和跳鼠为主,前者主要栖息于戈壁中,后者主要栖息于沙质荒漠中。有蹄类中最普遍的有鹅喉羚、野驴等。食肉兽中常见的有狼、狐和沙狐等。鸟类十分稀少,最常见的有沙鸡、角百灵等。两栖类中只有绿蟾蜍。爬行类中蜥蜴的种类和数量都比较丰富。沙漠中的蛇类以沙蟒和花条蛇最为常见;在半荒漠地带以蝮蛇为最多,经常危害畜群。

(6)高原森林草原—草原、寒漠动物群:高原森林草原—草原、寒漠动物群主要分布在青藏高原及与其周围毗连的高山地带。青藏高原的东南部边缘,现代自然环境比较复杂,动物栖息条件较好,地质年代中曾为动物的"避难所",至今仍为高山高原动物的分布中心。但从整个高原来说,分布最广泛的环境是高山草原和高山寒漠,这对动物生活有较多的限制,因而动物贫乏,尤其是两栖爬行类更是如此。然而那些特别能适应于此种环境的种类,仍得以大量繁殖,而竞争对象很少。

青藏高原东南边缘区,地形复杂,许多南北向的河谷深切,南来气流能够顺河谷影响内部,在高山带,山地针叶林、高山灌丛和高山草原相互交错,并随海拔、坡向而有明显的变化,高山森林动物和草原动物相互混杂和渗透,构成高原森林草原动物群。兽类中的有蹄类大多在森林与草原间活动或作季节性迁徙,如白唇鹿、马鹿、马麝及狍等,其中以白唇鹿和马鹿最为常见,狍只限于高原北部。这个地带中,食肉动物有狼、猞猁、狐、香鼬等,鸟类中有马鸡、兰马鸡、高原山鹑等,爬行类中有雪山腹等,两栖类中有矮蛙、西藏蟾蜍等。

3.中国野生动物资源的多样性

我国野生动物资源的多样性高,仅陆栖脊椎动物就有 2000 多种,约占全世界的 9.9%。世界上已知兽类共有 19 个目、4237 种,我国就有 13 个目,430 种,占世界兽类的 10.1%。而我国境内已知的鸟类有 1186 种,再加上亚种,共有 2148 种,超过整个欧洲、北美洲的种数,是世界上拥有鸟类种数最多的国家之一。

另外,中国的陆栖动物中,有不少种类是中国的特有种,或主要分布于中国的种类。例如,据 1979 年濒危野生动植物种国际贸易公约统计,全世界雉科的珍稀种类共有 30 种,中国就有 16 种,占了一半以上。全世界鹤类共有 15 中,中国有 9 种,也占一半以上。全世界共有画眉 46 种,产于中国境内的有 33 种,占 3/4 以上。鸟类中的马鸡、丹顶鹤、长尾雉、鸳鸯,哺乳动物中的金丝猴、羚羊、毛冠鹿和梅花鹿等均为中国特有的珍稀动物种。

第四纪以来,中国未遭受到像欧洲大陆北部那样广泛的大陆冰川的覆盖,所以,动物区系的变化不像欧亚大陆北部那样剧烈,因此保存了一些古老、珍稀的种类。如产于中国横断山脉北部及其附近的大熊猫,自成一科,在分类学上具有特殊的地位。中国新疆和蒙古交界处的砾质荒漠(戈壁)地带,保存有现今唯一生存的野马。柴达木西部和塔里木沙漠深处,可能还有野生双峰驼。洞庭湖和长江下游的白鳍豚是世界留存到现代的两种淡水鲸中的一种。长江中下游一带的扬子鳄是世界上罕见的鳄类之一。南起华南、北至华北都有分布的大鲵(即娃娃鱼)是世界上现存最大的两栖类。物以稀为贵,这些特有的珍贵、稀有动物,大都产于范围非常狭小的生态环境中,而且数量有限,濒于灭绝,所以成为全世界关注的动物,被列为国家级保护动物。

中国各自然区和自然地带的历史发展过程不同,对野生动物的生存的影响也不一样,中国三大自然区在水分、气温等方面的巨大差异,构成了与之相适应的三大动物生态地理群,分析陆栖脊椎动物分布于自然条件之间的关系,可归纳为以下几点:

(1)少数适应性很强的世界性或大陆广布的类群或种,几乎可见于全国各地。

(2)绝大多数类群或种对自然条件有不同程度的依赖性。它们的分布区与一定的自然区或带相一致。有些种类的分布比较狭窄,限于一个自然区或温度带,有些则跨越几个自然区或温度带。

(3)主要分布于某一自然区域或带的动物类群或种,可在一定条件下,向另一自然区或带渗透。渗透的程度因种类不同而有很大的差别,主要取决于该种动物对分布区外缘环境的适应能力和扩展历史的长短。

(4)有些类群或种只出现于局部地区,分布区十分狭窄;另一些类群或种在同种或同属之间,呈现间断分布。这两种情况的产生,是由自然历史原因或者人为原因造成的。

（三）渔业资源

渔业资源分为海洋渔业资源和淡水渔业资源两大类，其中渔业资源只有少数种类经过驯化成为水产养殖品种，因此，大部分渔业资源都属于野生动物资源。

1. 海洋渔业资源

海洋渔业的生产对象包括鱼、介、贝、藻四大类，其中以海洋鱼类资源为主体，是人类直接食用的动物性蛋白质的重要来源之一。海洋鱼类资源的种类繁多，仅主要的经济鱼类就达数百种。海洋鱼类资源根据其生态习性的不同，从纬度高低、适应水温情况来看，可以分为热带鱼类，如金枪鱼、旗鱼、鲽鱼、飞鱼等；温水性鱼类，如鲱鱼、小黄鱼、大黄鱼、带鱼、鳓鱼等；冷水性鱼类，如鳕鱼、牙鲆等。

中国东邻太平洋，近海包括渤海、黄海、东海和南海四大海域，海洋渔场环境优越，在广阔的海域中蕴藏着多种多样的鱼类和水生动植物资源。据初步调查，全国沿海生长的藻类有近 2000 种，虾类、蟹类、贝类以及棘皮动物等各有百种以上，甚至数百种。从海区的分布来看，渤海、黄海的种类有些具有寒带或寒温带的性质，黄海南部、东海主要为温带性的品种，南海主要为亚热带和热带性品种。中国近海拥有的丰富多样的藻类和无脊椎动物，对鱼类的生态群落和饲料供应具有巨大的意义。

中国海洋鱼类资源有 1300 多种，其中渤海、黄海区有 250 多种，东海有 430 多种，南海有 860 多种，全国经济鱼类有 300 多种，最常见的产量较高的经济鱼类有六七十种。渤海、黄海、东海产量最大的为大黄鱼、小黄鱼和带鱼等。东海外海产量较高的有鲐鱼、鲣鱼和旗鱼等。南海的高产品种有鲷鱼科鱼类、红鱼、鲻鱼等。南海外海的重要中上层鱼类有金枪鱼、旗鱼等。在海区分布上，也是自北而南分别蕴藏着冷水性、温水性和热带性的典型鱼类资源。

2. 淡水鱼类资源

淡水鱼类资源包括河流、湖泊、坑塘、水库中天然和人工养殖的各种鱼类。其种类繁多，中国的内陆水域中有六七百种淡水鱼类，其中有一半左右的鱼类是具有较高的经济价值。

淡水鱼类资源的生态习性与海洋鱼类相似，从适应的水温情况，也可以分为暖水性鱼类，如鲮鱼和鳙、鲢、青、草鱼类等；温水性鱼类，如鲤、鲫等；冷水性鱼类，如鳟鱼、鲑鱼等。

淡水鱼类资源按其主要饵料组成可分为三类。第一类为温和鱼类,如取食浮游植物的鲢鱼、取食浮游动物的鳙鱼等、取食底栖生物的鲤鱼等,杂食性鱼类、如取食植物的鱼类。第二类为秉性凶猛鱼类,如鲌、马口等。第三类为典型凶猛鱼类,如鲶鱼、乌鱼、狗鱼、鳜鱼等。

在上述各种淡水鱼类中,鲢鱼、鲫鱼占有重要地位,它们不仅分布广,而且产量大,在许多水体中成为优势种。它们在一般湖泊中占总产量的20%以上,甚至高达50%;在河流中占10%以上,而且它们有许多品种和地方种。

中国地处温带,南跨热带、亚热带、北接亚寒带,西北连欧亚大陆,东南面临太平洋,地形复杂,河湖众多。据统计,全国内陆水域(包括咸水湖)总面积达 2.0×10^5 km²,其中湖泊占31%,池塘占8.3%,水库占7.8%,江河占48%,其他占4.9%。另外,还有可以进行养鱼的稻田 2.7×10^4 km²,这些水面可供开发用于发展淡水鱼类资源的养殖。中国淡水鱼类资源丰富多样,具有以下特征:

(1)种类繁多,地带性强。全国已查清的淡水鱼类资源有800多种,其中鲤科种类最多,约占1/2,鲇和鳅科占1/4,其他各种淡水鱼类占1/4。

(2)经济鱼种适应性强,分布广。如鲤鱼、鲫鱼、鲢鱼、鳙鱼、白鱼、鳊鱼、草鱼以及黄鳝,草鱼以及白鲢等分布很广,并为常见品种,几乎全国各地都能适应,有较大的经济利用价值。

(3)某些鱼类的区域性显著。全国各地区都有一些各具特点的地区性品种。如东北地区有寒带性鱼类大马哈鱼、哲罗鱼、狗鱼、鲤鱼等。西北地区有适栖高原急流、耐旱耐碱特点的鲤科和鳅科鱼类。东部平原地区鲤科种类繁多,形成我国淡水鱼业中心。南部地区有适栖热带高山急流的鲤科、鳅科和鲇科鱼类。西南地区有与南亚、东南亚相同的鲤科、鳅科和鲇科鱼类。形成当地特定鱼类品种。

(4)成熟早、繁殖力强、成长快。主要经济鱼类成熟早,多在 2~4 岁成熟,约占整个淡水鱼类的一半以上,而且产卵量大,生长快,产量大,因此,中国成为世界上淡水鱼类资源最丰富的国家之一。

二、非野生生物资源

非野生生物资源是指被人类驯化的各种生物资源,主要包括各种栽培植物、养殖动物以及某些人为培育的微生物等,是野生生物经过人类长期驯化而具备某些符合人类需要的特征,并在人类精心照料下生长、繁殖的生物。

（一）栽培植物

野生植物被驯化栽培成为作物大约有 10000 年的历史。人类栽培利用的植物物种，经过长期有意识或无意识的选择和隔离，形成了许多比原始种更适合人类需要的品种和类型。如以当今的栽培稻、粟、玉米和栽培大豆分别与它们的野生祖先野生稻、狗尾草、墨西哥类蜀黍和野生大豆相比，彼此的外形与实用价值都已有很大区别，分类学家也将它们区分为两个不同的物种。但实际上它们的亲缘关系很近，染色体数目甚至染色体组都相同，相互杂交很易结实。不过前者经过了人类的培育与选择，后者仍处于野生状态而已。当然，现有栽培品种形成的途径不尽相同。如亚麻的纤维用和油用两个类型均系由野生灰亚麻通过人工选择而分化成的；向日葵可能由多种野生向日葵杂交形成。有些作物则是人类利用天然形成的异源多倍体驯化而成，如世界上栽培面积最大的普通小麦就是由 3 种二倍体小麦（或山羊草）合成的六倍体；陆地棉也是由亚洲棉或草棉与秘鲁棉天然合成的异源四倍体。各种作物各有不同的来源与形成途径，但迄今并未全部了解清楚。

曾为人类栽培利用过的植物约有 2000 种以上，但常见的大面积栽培的农作物仅 30 余种。其余种类繁多的蔬菜类、瓜果类、观赏类植物，有时还包括木本植物中的果树，通常在较小面积上用集约方法栽培，称园艺作物。随着人类需要的发展，除传统作物以外，可以用作食物、饮料、药物以及各种工业原料的植物日益增多，也已大都被纳入作物的范畴。各种牧草和绿肥，虽然不能直接供人类消费，但由于它们对畜牧业和种植业的发展十分重要，大多已成为栽培作物。

由栽培植物为主体（生物群落）形成的人工生态系统（如农田生态系统、人工林生态系统等）是人类所需生物产品的主要来源，其中的非栽培植物则属于野生生物，如农田中的杂草、果园中生长的草本植物和自然繁殖的灌木等。

（二）驯养动物

全世界人工饲养的动物最主要的有 30 多种，除了狗、马、牛、羊、猪、鸡、鸭外，还有鲤鱼、金鱼、蜜蜂、蚕等。在各种养殖动物中，排名第一的是狗，距今大约 2 万年前，人类已经开始利用狗来帮助狩猎，出现了猎犬和看家犬。后来马、牛、羊、猪等也先后成了人工饲养的动物，现在人们又饲养了许多其他动物以满足人类的各种需要。按照养殖动物对人类的作用，大抵可分成以下三类：

提供生物产品类：这是对人类最重要的一类养殖动物，包括牛、马、猪、羊、狗、驴、骡等家畜和鸡鸭鹅等家禽。通过养殖这些动物，人类可以获得肉、蛋、奶、皮、毛、骨等各种动物性产品。这些养殖动物在人类的精心照料下生长繁殖，把人类难以利用的有机物质合成自身的物质供人类利用。这类生物还包括药用动物，众所周知，不少动物身体的某些部分可以入药，如蛇毒、熊胆、牛黄、虎骨、鹿茸等，中国《本草纲目》收载有动物药443种。没有动物提供药源的医学体系是不可想象的。因此，生产动物性药品也是人类养殖动物的目的之一，现在养蛇、养蝎子、养土鳖、养鹿等活动已经比较常见。

提供工作帮助类：有些动物被驯养来工作，例如运输重物的大象，驾车的牛马骡鹿，耕田的牛，拉磨的驴，打猎用的鹰隼，采摘香蕉的猴，看家护院的犬，另外还有导盲犬和搜救犬。在机器工业社会尚未到来之前，畜力是减轻人类劳动负担的重要途径。即便是现在，在广大的农村和落后地区，人类依然要借重畜力。另外，人类为了与疾病抗争和研制新药，经常会首先在动物身上进行试验，小白鼠和狗是理想的对象。据统计中国每年用于科学实验的动物约1000余万只，全世界每年是数十亿只，其中大多数用于医学研究。没有动物对实验工作提供的帮助，人类在医学领域将举步维艰。

提供精神愉悦类：养殖的动物能给人提供精神愉悦，例如养殖在动物园中用于观赏的猩猩、狮、虎、熊、猴、山羊、海豚等，养殖在私人家中陪伴主人的狗、鹦鹉等宠物。此外是民间用于比赛的信鸽、马匹、跑狗和斗鸡，还有在各旅游景点流行的骑马、骑牦牛，把大蟒蛇套在脖子上或被捆绑着陪伴拍照的老虎等均属于这一类。

第五节　能源资源

能源是指能够为人类提供能量的自然资源，这类自然资源包括储存有能量的物质和被能量驱动的物质运动。按照人类所利用的主要能源，可把人类社会发展历史划分为薪柴能源时期、化石能源时期、多能源时期。目前属于化石能源时期，人类利用的能源以煤炭、石油、天然气等化石能源为主，化石能源在世界一次能源消费结构中约占93%。

资源科学意义上的能源资源是指天然能源（一次能源），它们存在于自然界，并可直接获取而不致改变基本形态就能为人类社会所利用。能源资源的属性主要表现在三个方面：①能源利用的相互替代性；②能源的传递性与转化性；③能源品质的差异性。

一、能源资源的分类

能源资源涵盖的范围很广，既包括煤、石油、天然气、水能等，也包括太阳能、风能、生物质能、地热能、海洋能、核能等新能源。通常按照能源利用情况可分为一次能源和二次能源；按照其再生性分为可再生能源和不可再生能源；按照能源资源的来源分为第一类能源、第二类能源和第三类能源。

（一）一次能源与二次能源

一次能源是指在自然界中现成存在的能源，也就是能从自然界中直接取得、不改变其基本形态的能源。如煤炭、石油、天然气、水力、核燃料、太阳能、生物质能、海洋能、风能、地热能等。它们在未被开发之前，处于自然赋存状态，这就是能源资源。世界各国的能源产量和消费量一般均指一次能源而言（习惯上，把各种一次能源统一折算为标准煤，每吨标准煤发热量规定为 2.93×10^7 J）。

二次能源是一次能源经过加工、转换成另一种形态的能源，主要包括电力、焦炭、煤气、蒸汽、热水以及汽油、煤油、柴油、重油等石油制品。在生产过程中排出的余能、余热，如高温烟气、可燃废气、废蒸汽、废热水、有压流体等也属于二次能源。一次能源无论经过转换几次所得到的另一种能源，都称作二次能源。比如，电能是由煤炭、石油、天然气、水力等一次能源转换来的。

根据一次能源利用的技术情况又分为常规能源和新能源。这一分类从一次能源使用的历史长短和范围大小来进行划分，常规能源指当前被广泛使用的一次能源如煤炭、石油、天然气、水力和核裂变能，世界能源消费几乎全靠这五大能源来供应。新能源是指目前尚未被大规模利用、正在积极研究有待推广的一次能源，如太阳能、生物质能、风能、海洋能、地热能、核聚变能等。

常规能源与新能源的划分是相对的。以核裂变能为例，20 世纪 50 年代初，人们开始利用它来生产电力和为动力使用时，被认为是一种新能源，当步入原子能时代的今天，世界上不少国家已经把核裂变能列入了常规能源。在中国核裂变能得使用尚处于开创阶段，则常把它归入新能源之列。

表 9-4 常规能源与新能源

常规能源	新能源
煤炭（化学能）	太阳能（光能）
原油（化学能）	风能（机械能）
天然气（化学能）	地热能（热能和机械能）
油页岩（化学能）	潮汐能（机械能）
油砂（化学能）	海水热能（热能）
生物质能（化学能）	海流波浪能（机械能）
水能（机械能）	核燃料（原子能）

(二)再生能源与非再生能源

人们常常把一次能源分为再生能源与非再生能源。再生能源就是能够循环使用、不断得到补充的一次能源。如水能、太阳能、生物质能、风能、海洋能、地热能等。从资源角度看,它们是取之不尽、用之不竭的,是解决人类未来能源危机的重要源泉。反之,不能重复再生的一次能源,也就是在短期内无法恢复的一次能源叫做非再生能源,如煤炭、石油、天然气和核燃料等。因此,向再生性新能源过渡,是当代能源利用的一个重要特征。

二、能源结构及其变化

能源结构是指一定时期内各能源品种在能源总量中所占的比重。一般以常规能源为标准分析能源资源结构、能源生产结构与能源消费结构。

(一)能源资源结构

能源资源结构是指能源资源探明储量中各类能源资源储量所占比例。储量丰富的能源资源会进行大量的生产,因而生产规模和产量比较大;相反储量稀少的能源资源生产规模和产量将受到限制。从能源储量来看,全球能源资源结构是以煤炭为主的。

(二)能源生产结构

能源生产结构通常是指一定时期内一个国家或地区一次能源产品生产总量中各种一次能源产品生产量所占的比例。一次能源产品生产总量不包括生物质能源的利用和由一次能源加工转换而成的二次能源产品(火电、成品油等)的生产量。因此,能源生产结构也就是指原煤、原油、天然气、水电产品、核电的生产量在一次能源产品生产总量中的比例。

煤炭和石油是现代能源中最主要的两大能源。中国一直是以煤炭为主的能源生产结构,近年来,煤炭在一次能源生产结构中比例仍然在 70%以上,2003 年,煤炭生产占 74.6%,油气占 18.1%。

表 9-5 中国一次能源生产结构

年份	消费总量 10^4 t 标准煤	能源消费构成(以能源总量为 100)%				
		煤炭	石油	天然气	水电	核电
1995	129034	75.63	16.68	1.86	5.47	0.37
2000	106988	66.70	21.79	3.39	7.55	0.57
2001	120900	67.45	20.11	3.44	8.47	0.53
2002	139000	71.69	17.35	3.16	7.11	0.69
2003	160300	74.63	15.22	2.84	6.26	1.04

（三）能源消费结构

能源消费结构通常是指一定时期内社会所消费的能源产品数量的比例关系。能源消费结构可以根据不同的需要,在不同的范围内或从不同的角度划分为:①能源消费的品种结构,即在社会能源消费总量中各种能源产品所构成的比例关系,它是能源消费结构的主体;②能源消费的部门结构,即能源在国民经济各部门之间消费的数量比例关系;③能源消费的区域结构,即能源在世界不同国家或区域之间消费的数量比例与品种比例关系。

20 世纪以来,世界能源消费的品种结构发生了很大变化。从总体上看,煤炭的比例不断下降,石油的比重在能源危机前迅速上升,1973 年后开始有所下降,天然气和水能、核能的比重稳步增长。到目前为止,世界能源结构是以石油、煤炭、天然气为主的结构,其他能源的比重仍然偏低。

三、世界能源的基本态势

（一）世界能源分布特征

在全球范围内能源资源地区分布差异显著,尽管煤炭资源分布范围广泛,地球上约 15%的陆地总面积均有含煤地层,但北半球煤炭储量占全球地质储量的 99.2%,主要分布在北半球的中高纬度地带。世界煤炭资源的探明可采储量为 1.031611×10^{12} t,其中探明储量最多的国家是美国。石油资源主要集中在北半球的北纬 20°~40°和 50°~70°之间,波斯湾、墨西哥湾两大产油区和北非产油区位于北纬 20°~40°带内,北海油区、俄罗斯伏尔加及西伯利亚油区和阿拉斯加油区位于北纬 50°~70°带内。世界石油探明可采储量为 1.383×10^{11} t,其中沙特阿拉伯储量为 3.57×10^{10} t;天然气探明可采储量为 1.397×10^{14} m^3,储量最多的国家为前苏联;水能资源的 35% 分布在亚洲,28.6% 分布在中南美洲,非洲占 9.3%,欧洲占 8.7%;水能资源开发量为 1.23633×10^{13} kW·h;全球铀矿储量为 3.972×10^6 t,非洲铀矿资源储量占全球总量的 30.8%,亚洲占 25%,北美洲占 20.4%,探明储量最多的国家是美国。由于不同地区能源资源的储藏量差异巨大,所以不同地区可开采保证年限差异也很大。

另外,能源资源的质量具有差异大的特点。不同地区油气品质差异很大,总体上看,世界范围内重质油、中质油较多,轻质油较少;含硫高的油多,低硫油较少。

(二)世界能源生产格局

能源储量、质量、赋存条件以及与其他自然资源的组合状况等因素是决定能源资源生产的首要因素。矿区的水文、地形、气候等自然地理因素是影响能源开采与布局的次要因素。水源是影响能源资源开发和布局的一个很重要的因素,如果矿区没有充足的水源供应,就不可能进行大规模的开发。经济地理区位、交通运输条件、区域社会经济发展水平等社会经济因素和技术因素是影响能源资源开发的人文因素。

世界能源生产区域的空间格局及其变化是与资源地理分布密切相关的。随着对已知能源的长期开发和新能源的不断发现,其生产区域结构也随之发生变化。能源生产中心的转移通常是从经济发达的地区转移到经济落后的地区,从自然条件良好的地区转移到自然条件较为恶劣的未开发地区。世界能源生产中心经历了几次大转移。

1. 煤炭生产中心的转移

由西欧到美国的转移:工业革命以来,蒸汽机的大量使用促进了煤炭采掘业的发展。英国首先建立起第一批现代化的采煤工业区,英国是世界唯一的煤炭生产国和出口国。到 19 世纪中叶,世界主要产煤国又增加了美国、德国、法国和比利时等发达国家,但英国的煤炭产量仍然占一半以上。因此,世界能源生产中心在西欧地区。进入 20 世纪,美国的煤炭产量超过英国,从 1913 年以后,世界煤炭生产中心逐渐从英国和西欧转移到美国,1920 年,美国的煤炭产量已经超过了西欧地区全部煤炭产量的总和。

由美国向俄罗斯的转移:1917年以来,由于俄罗斯重视能源开发,煤炭生产量迅速上升,到1960年,煤炭产量达$4.9×10^8$ t,比1913年增加了16倍,超过了美国而居于世界首位,从而使世界最大产煤中心转移到俄罗斯。

煤炭生产区域形成多极中心:从20世纪80年代中期,世界煤炭生产中心逐步集中到中国、美国和苏联。1986年时这三个国家的煤炭产量占世界煤炭总产量的56.5%,其中中国占20.6%,美国占18.6%,苏联占17.3%。由于煤炭分布广泛,此后形成了世界煤炭生产区域的多中心结构。到1988年,全世界有11个国家煤炭年产量超过$1.0×10^8$ t,还有9个国家超过$1.5×10^7$ t。2002年世界煤炭年产量$4.87×10^9$ t,其中中国煤炭产量$1.45×10^9$ t,居世界第一位;美国煤炭产量$9.93×10^8$ t,居世界第二位;其他主要煤炭生产国有:印度、澳大利亚、俄罗斯、南非、德国、波兰、印度尼西亚等。

2. 世界石油工业中心的变动与转移

石油工业发展初期以美国为中心:19世纪末,石油工业开始兴起,全球只有少数几个国家生产石油,因此,石油工业主要分布在美国、前苏联、墨西哥、罗马尼亚和现在的伊朗。1919年,美国的石油产量突破$5.0×10^7$ t,前苏联的石油工业则由于政治动荡与战乱而经历了从盛到衰的一个阶段。1900年以前,美国的石油工业主要集中在其东北部的阿巴拉契亚地区,前苏联的石油生产则集中在巴库地区。到20世纪初,美国发现了许多大油田,其中,以加利福尼亚州的原油日产量最高。前苏联的石油生产则向高加索地区和中亚地区扩展。

石油工业重心向中东地区和俄罗斯等地区转移:20世纪60年代中期以来,随着美国石油生产占世界比重逐年下降,中东地区迅速崛起成为世界石油生产中心。这是世界性能源生产区域结构的一次重大变化,并对世界能源生产和供应关系产生了重大影响。在全世界范围内,石油消费量在快速上升。从20世纪60年代末,苏联在西伯利亚发现了一大批大型和巨型油田之后,其石油产量逐年增大。1987~1988年达到石油产量的高峰$6.24×10^8$ t。苏联解体后,这一地区的石油产量开始下降,但近年来这一地区石油产量开始逐步回升。目前世界上已经找到石油的国家有94个,但拥有储量$1.0×10^{10}$ t以上的国家只有6个,其中位于前5位的分别是中东地区的沙特阿拉伯、阿拉伯联合酋长国、伊拉克、科威特和伊朗,另一个是南美洲的委内瑞拉。这6个国家的储量接近$1.0×10^{11}$ t。目前世界上2/3的剩余开采储量集中分布在中东地区。

四、世界能源的利用和消费特征

（一）能源消费量增加且能源消费结构变化明显

世界能源消费量增长较快，从 1973 年到 2002 年，世界能源消费量从 6.04×10^9 t 油当量增长到 9.405×10^9 t 油当量，年平均增长率为 1.86%，在此期间，世界能源消费量增长最快的地区不是发达国家，而是在中东、亚太、中南美和非洲等经济发展中的地区。北美洲地区的能源消费量增长速度并不快，而欧洲地区能源消费量呈现下降趋势，主要因为俄罗斯及部分前苏联其他地区能源消费量有较大幅度的减少。中东地区的能源消费量从 1992 年的 2.24×10^8 t 油当量增加到 2002 的 4.02×10^8 t 油当量，增长约 44%。亚太地区从 1.965×10^7 t 增长到 2.718×10^9 t，增长约 38%。中美洲地区从 3.38×10^8 t 增加到 4.48×10^8 t。增长率约 30%。

随着能源消费量的增长，消费结构也发生了明显变化。以石油消费量最多，呈现出煤炭、石油、天然气、水电、核电、风电等能源结构的多样化。世界能源消费结构具有以下特征：

1. 石油在世界能源消费结构中占主导地位

20 世纪 60 年代至今，40 余年间世界石油消费量已增长了 2 倍多，从 1960 年的 1.05×10^9 t 增长到 2002 年的 3.325×10^9 t。近年来发展中国家和地区石油消费增长更快，石油消费增长最快的地区是亚太地区，10 年来增长了 35.6%；其次是非洲地区和中南美洲地区，分别增长 22.3% 和 22.2%。随着全球经济的发展，特别是广大发展中国家的工业化、现代化的推进，世界石油消费量还将继续增长。据美国能源部预测，到 2020 年石油需求量将达到 5.58×10^9 t。

2. 天然气在世界能源消费结构中所占比重将越来越大

1970 年世界天然气的消费量约为 1.1×10^{12} m^3，目前已增长到 2.53×10^{12} m^3。近 10 年来，世界天然气消费量增长速度超过石油消费量的增长速度。天然气的消费主要受管道和下游管网的限制，正在建设和规划建设的天然气管道预示着天然气的消费将快速增长。目前世界油气管线建设中天然气管线占主导地位，在建和拟建的长距离、大口径天然气管线投资约 8.612×10^9 美元，管线总长约 6250 km，包括中国的"西气东输"工程、俄罗斯到土耳其的"蓝溪"工程、越南海上油气田到内陆的天然气管道、阿尔及利亚中南部到欧洲的天然气管线工程等。

3. 世界煤炭资源消费量相对稳定

近年来,世界煤炭消费量基本保持稳定,但由于石油、天然气消费量的快速增加,以及新能源的开发,煤炭消费在世界能源消费中的比重逐渐降低。据统计,1950 年煤炭在世界能源消费结构中曾占到 64.2%,1960 年降到 50%,1970 年占 34.4%,1980 年占 31.1%,到 2002 年降低到 25.5%。

4. 新能源所占比例不断增加

尽管新能源在短期内难以满足巨大的能源需求,传统能源(化石能源如煤炭、石油、天然气等)在未来相当长的时间内还将占主导地位,但随着新技术的发展,新能源特别是可再生能源的利用正在快速增长。

新能源主要是太阳能、风能等正在研究利用的能源。太阳能在未来的能源结构中将具有举足轻重的地位,目前世界上太阳能发电技术已经日渐成熟(1960 年代开始,美国发射的人造卫星就已经利用太阳能电池作为能量的来源),2004 年全球安装的太阳能发电系统容量已经超过了 1000 MW,世界能源统计资料表明,太阳能发电产业在 2000 年以来年均增长速度超过了 30%。中国已成为全球主要的太阳能电池生产国。2006 年全国太阳能电池的产量为 438 MW,2007 年全国太阳能电池产量为 1188 MW。中国已经超越欧洲、日本成为世界太阳能电池生产第一大国。2008 年的产量继续提高,达到了 2.00×10^6 KW。

风能:全球的风能约为 2.74×10^9 MW,其中可利用的风能为 2.0×10^7 MW,比地球上可开发利用的水能总量还要大 10 倍。因此,可以说风能的开发前景十分广阔。从 1998 年到 2004 年的 7 年中,全球风电装机容量年均增长率达到了 30.46%。截至 2004 年末,全球风电装机达到 47616.4 MW,风力发电已经占世界总发电量的 0.5%。其中欧洲是世界风电发展最快的地区。2004 年全球新增风电装机总容量中欧洲占 72.4%,亚洲占 15.9%,北美洲占 6.4%。

其他新能源还包括生物质能、潮汐能、波浪能等,这些新能源的开发利用技术也在不断发展。

(二)能源消费量地区差异明显

能源消费水平在一定程度上代表着一个地区的经济发展水平。工业发达国家能源消费水平高,发展中国家(欠发达国家和地区)能源消费水平低。世界人均能源消费量最高的国家是美国,人均年消耗 8 t 石油当量,其次是加拿大,人均消耗量约 7.9 t 石油当量。中国和印度为最大的发展中国家,人均能源消费量分别是 0.9 t 石油当量和 0.5 t 石油当量。发达国家人均能源消费量是发展中国家人均能源消费量的 10 倍。可见,经济发展水平不同,能源消费的差异很大。另外,能源消费结构中,工业发达国家以石油、天然气、电力等清洁能源消费为主,且生活用能比重大;发展中国家以煤炭消耗为主,且生活用能比重小。

五、能源开发利用的环境效应

(一)气候变化与温室效应

化石燃料尤其是煤炭的燃烧,不可避免地产生大量的 CO_2 等温室气体,造成了全球气候的变化。温室效应是大气污染的一个最突出的代表,是生态环境代价中最具全球化威胁的一个问题。在过去的一个世纪,地球气温上升了 $0.3℃\sim0.6℃$。其中 11 个最暖的年份发生在 20 世纪 80 年代中期以后,因而全球变暖是一个毋庸置疑的事实。全球变暖将带来非常严重的后果,据统计,每燃烧 1 t 标准煤排放 CO_2 约 2.6 t。CO_2 是使地球气候变暖的主要温室气体之一。随着气候的变暖,地球南、北两极的冰盖以及中低纬度地区高山的冰川大量融化,海平面上升,气候变化异常,直接影响着人类赖以生存的自然环境。

(二)臭氧层破坏与消耗臭氧层物质(ODS)

在距离地面 30 km 以内的大气层中集中了地球大气 90%以上的臭氧,臭氧能够大量吸收太阳紫外线,因而保护了地球生物免受过多高能辐射的伤害。大气中的臭氧的极大值出现在距地面 $20\sim25$ km 高度处,称为臭氧层,是保护地球生物的一道天然屏障。在过去数十年中,广泛用作制冷剂的氯氟烃化合物,在散布到大气中后,受到紫外线的照射,发生分解并释放出氯原子。后者在低温下大量破坏臭氧分子,使臭氧层浓度降低,甚至出现臭氧层空洞,导致地球上生物受到紫外线辐射的伤害。1998 年 12 月,世界气象组织在日内瓦宣称:当年 9 月南极上空臭氧层空洞面积已达 2.5×10^7 km^2,远远超过南极大陆面积(约 1.4×10^7 km^2)。同年 6 月,世界气象组织和联合国环境规划署宣称:北极臭氧层厚度比 20 世纪 60 年代减少了 25%$\sim$30%。

氯氟烃广泛用作制冷剂,用于空调制冷系统。因此,臭氧层的破坏是同人类能源消费密切相关的。但对臭氧层的破坏还有用作灭火剂的哈龙类化合物以及用作清洗剂的四氯化碳等多种物质(统称"消耗臭氧层物质",简称 ODS—Ozone Depleting Substances)。

(三)酸雨

煤炭燃烧将产生大量的烟尘、SO_2 和氮氧化物,据统计,每燃烧 1 t 标准煤排放 SO_2 约 24 kg、排放氮氧化物约 7 kg。烟尘是造成空气污染的重要因素,大气中 SO_2 的含量的增加,最终将形成酸雨,严重影响植物的生长,氮氧化物能刺激呼吸器官,引起急性和慢性中毒。

(四)水环境恶化

油气泄露导致淡水生态系统和海洋生态环境的破坏。世界上有 1/3 以上的人口处于中等至严重水源紧张的状态中;能源产品加工和制造业生产恰恰是地下水的最大污染源。大坝建设直接破坏了水生态系统的多样化物种及人类自身的生存环境。储运中的燃爆与泄漏可引起严重的环境污染,几次海上漏油事故不仅污染海滩还危及海洋生物。油罐车损坏,油流入下水道引起多处火警的事也发生过。

(五)地面沉降

地面沉降现象与人类活动密切相关。尤其是近几十年来,人类过度开采煤炭、石油、天然气、固体矿产、地下水等直接导致了今天全球范围内的地面沉降。在中国,由于各大中城市都处于巨大的人口压力之下,地下水的过度超采更为严重,导致大部分城市出现地面沉降,在沿海地区还造成了海水入侵。

第十章 自然资源的配置

　　全球自然资源的数量是有限的,就每个人来讲,对自然资源产品的需求是无限的,而且全球人口数量又是不断增加的。因此,在自然资源利用中,人类始终面临着如何利用有限的自然资源组织生产,以便提供足够的物质产品(goods)和服务(services)来满足所有人的需要这样一个问题。解决这个问题,首先需要对于资源如何利用做出决策。即决定用有限的资源生产何种产品和服务,如何生产、生产多少,以及生产的产品和服务如何分配。

　　自然资源的稀缺性和多用性要求对自然资源实现有效的配置,这主要包括以下两个方面:①自然资源在空间上的配置:即在当代人之间如何分配有限的自然资源。包括自然资源在各种用途之间的分配和在各人群、个人和国家之间的分配。②自然资源在时间上的配置:即在长时期里如何在代际之间公平地分配资源,保证既满足当代人的需要,又不危及后代人满足其需要的能力。

第一节 自然资源配置的基本关注

一、资源配置的概念

　　资源配置是指经济活动中的各种资源在不同的使用方向之间的分配。资源的整体配置状态,是指各种不同资源在时间和空间中量的分布关系。资源合理配置的目标,一般有两种表述方式:一种是使有限的资源发挥最大的效益;另一种是为了取得预期的效益尽可能地减少资源的消耗。就一个国家来讲,可获取的各种资源都是有限的,人们主要关心的是如何在资源有限的情况下,通过资源的合理配置使其最有效地发挥作用,促进国民经济的发展。

　　资源配置有计划和市场两种方式。在计划经济条件下,国家计划或行政干预是实现各种资源有序配置的主要方式。在市场经济条件下,市场取代国家计划成为资源配置的主要手段,一国市场经济体制完善与否,直接与市场在资源配置中的地位相关。目前理论界对自然资源应如何优化配置的讨论,存在两种观点:一种是国家干预,一种是市场交易。其实,无论采用哪种方式,首先都必须明确在特定约束条件下何种产权结构是较优的。从理论上讲,明确产权通过市场交易形成价格调节机制是实现资源优化配置的最好手段,但明晰产权是有成本的,由于自然资源的特殊性,其产权界定有时非常困难。在自然资源的优化配置中,政府调控与市场均不可少。

资源配置与资源流动互为因果。资源配置的过程必然引发资源的流动;资源的流动,无论是在自然状态下还是人为驱动下均导致资源的重新配置。在一定程度上,两者的内涵是统一的。但是,两者又有一定的区别。在自然状态或人类活动干预程度较轻的情况下,资源的自然流动往往是"因",而资源的配置是"果",如水流导致区域之间水资源的重新配置等。随着社会经济发展,人类主观地配置资源逐渐成为资源流动的主要驱动力,"因"和"果"也相应地发生了转换,且经济越发展,这种因果关系也越强。

二、自然资源配置的经济效率

自然配置的核心目标是实现最佳经济效率。经济效率包括 3 个方面,即技术效率、产品选择效率和配置效率。

如果用自然资源生产出一定产品的过程成本低而收益高,那么这个产业就可以说有技术效率。市场经济中的私有企业会自动寻求这个效率,因为私有企业经营的目的就是赢利。

一个资源利用者所生产的产品和服务必须反映消费者的偏好,这就是产品选择效率。表面上看,对产品的偏好是消费者自己的事情,生产者只不过对消费者的要求作出响应。然而,在现实世界里,生产者能通过广告,通过选择向市场投放何种产品(限制消费者对产品的可得性)和消费者会购买什么东西(有条件偏好限制)。当然,假如没有更好的产品上市,短寿命的产品和将要淘汰的产品也会被购买;如果已安装了昂贵的空气加热系统,家庭主妇就不会再选择其他能源。

自然资源的有限性和对它需求的多样性产生了稀缺。稀缺要求在同一时期不同用途、不同使用者之间以及在不同时间之间进行自然资源配置,任何"明智的"配置都必须考虑资源的有效利用,这就是自然资源的配置效率。

配置效率涉及生产要素、产品或服务在一定经济体制内的全面分配。资源的所有权意味着如何使用资源的权力以及谁有权利从资源使用中获益。可将盛行的所有权格局称为资源的最初分配。根据帕累托标准,如果资源的重新分配使一方较为有利的同时又不使另一方较不利,就是无效率的。现实世界中大多数有效率的决策都是使某些人占另一些人的便宜,因此,配置效率不一定要求分配公平。

三、实现配置效率的条件

现代经济学的一个核心观点是:给定必要的条件,市场能导致有效的配置。这里的必要条件就是指完备的市场条件,主要是指:

(1)消费者是理性的经济人,不仅要求而且能够在现在和将来都使他们的效用函数达最大,包括掌握充分的信息。

(2)生产者也是理性的经济人,理性地要使他们的利润达最大,并且生产者也具有使其利润达到最大的能力,包括掌握充分的信息。

(3)经济的各个部分是完全竞争的,包括资本和劳动市场。

(4)所有的生产要素都完全可流动。

(5)产权完全明确,所有的物品和服务都在市场体系内;换句话说,没有不定价的公共物品,不存在公共性质的环境资源。

(6)不存在外部性。

(7)经济不受政府干预。

按照这些条件来考察,现实世界中不存在完备的市场条件,即这些条件在现实世界中往往不成立。例如,现实世界中由于生产者、消费者掌握的信息不充分,或者没有足够的智慧预测未来的市场变化,会导致一些非理性的行为;市场的不完全竞争;不能充分流动的人才和资金,不可流动的生产要素;无价的公共物品、公共性质的环境资源;资源利用中不可避免的外部性等。

四、资源的产权和价值的确定

大气圈、江河湖海、荒野等自然资源往往是公共财产,很难计算其价格,更难收取其费用,因而谁都可以无偿使用,但谁都不负责任。即使私有领地,也具有公共性质,例如,一条河流不是属于任何私人或企业的私有财产,而是属于河流流域内的所有居民的公共资源,但流域内的某些企业向河流排放污水而造成河流污染,危害了流域内的大部分人的利益,这属于资源利用的负外部性。再如,一片果园的所有者,他所拥有的是生长果园的土地以及土地上生长的果树,但果树提供的固碳释氧、涵养地下水等生态系统服务功能和景观美学价值却是公共的，这部分"公共资源价值"的价格难以计算，更难以实现，这部分公共资源价值属于资源利用的正外部性。

现在，资源稀缺已经成为经济—社会持续、稳定、健康发展的主要制约因素，同时，资源不合理的开发利用又是造成环境污染和生态破坏的根源，而随着人们生活水平的提高，对清洁、优美、安静的环境和稳定、充实的资源保障的要求更加迫切。

（一）经济决策的时间尺度

自然资源利用的效率和优化不仅要在某一短时间段上考虑，而且必须要在长时间段上考虑。效率和优化具有短期和长期、静态和动态两个尺度。在短期尺度，必须注意由储蓄和投资所积累的资本的生产率变化。如果消费推迟到未来某个时期，由这种投资所引起的未来消费的增值将超过被推迟的初始消费的数量，推迟消费所得报酬就是投资报酬率。为了鉴别资源环境利用的长期有效且优化的方式，必须考虑一般经济学意义上的资本回报率和自然资源—环境资产的回报率。

（二）自然资源的可耗竭性

自然资源的可耗竭性涉及一个重要问题：当前的利用影响未来利用的机会。各种资源在一定程度上可以互相替代，环境资源在一定程度上可以由其他投入（尤其是人工资本）替代。这对于经济和环境的长期相互作用以及对可持续性具有深远意义。人工资本的存量是可再生的，而很多自然资源的存量是不可再生的，在某种意义上说，对其利用是不可逆的。自然资源的各种生态服务功能，具有作为生产投入（供给功能）的潜在价值，也具有调节功能、文化功能和支撑功能方面的潜在价值，考虑开发利用的不可逆性，应该给予保护更大的优先权。

（三）资源配置的优化

优化指自然资源利用的决策从社会的角度看是否合乎需要。对某种自然资源利用方式的选择在受到约束的情况下，能够使目标最大化，那么该选择就是社会优化。优化的目标之一是提高资源利用效率，一种资源的配置如果没有效率就谈不上优化，效率是优化的必要条件。但效率不是优化的充分条件，即使资源配置是有效率的，也不一定令全社会最满意。因为总存在各种不同的有效率的资源配置，但从社会观点看只有一个是"优化"。

第二节 不可更新资源的配置

一、不完备市场条件下的技术效率和产品选择效率

(一)现实中的技术效率

在现有市场条件下,大多数矿产资源的开发利用和消费过程具有不完全竞争的特点,因此,很难实现技术效率和产品选择效率。又由于技术效率是配置效率的先决条件,配置效率也很难实现。

在完备的竞争形势下可以假定,私有生产者为了维持下去必须以最小的成本来经营。从理论上讲,在长时期内,新的企业会加入到产业中来,再加上替代品的竞争,最终迫使产业用最低成本方式生产。然而,实践中有一些因素表明,非最低成本的经营也能维持相当长的一段时间。第一,新加入的竞争企业有自然的、技术的和人为的障碍。第二,跨国联合大企业现在可以控制整个替代材料的产量。第三,企业需要在一些成本相对高的生产中心维持产量以减少风险。此外,垄断、卡特尔、纵向联合的康采恩、长期供应合同、巨头价格协定的存在都削弱了效率规则。

例如,从世界石油工业的历史看,石油总产量常常不是以最低的成本来生产的。在 20 世纪 60 年代后期,估计中东的长期边际生产成本仅每桶 0.05~0.25 美元,而在美国约为 3 美元。各大公司充分控制了市场以维持他们传统源地的产量,同时又保持了多样的供应源,并在中东的经营上获得巨大的反常利润。欧佩克力量的崛起并没有增加技术效率,不仅其价格和产量控制政策允许在卡特尔中的高成本生产者保持其协议上既定的市场份额,而且石油大国和消费国政府正在诸如北海和加拿大北冰洋沿岸这样的地区开发石油,在这些地区虽然不是成本最低,但是他们具有安全和可控制的优势。

在整个矿产部门,多产地和多工厂的企业是很常见的,通过调整他们的价格和成本安排以便在各工厂之间作交叉补偿,总生产成本也许会增加,但因保持了生产中心的多样化而大大地减少了风险,而且销售或市场分享的目标也可实现。避开风险的经营目标及其重要性,则使任何多国公司都不可能成为最低成本生产者。例如,每一个主要铝业公司都在许多国家显著不同的成本条件下维持铝土矿的生产。因此,供应中断的可能性微乎其微,因为所有的公司不可能同时中断生产。

在纵向联合康采恩中,其产品和服务将用于自己公司的第二生产阶段,不管他们是否是成本最低的投入。原料和半成品矿产长期供应合同的广泛存在,意味着许多公司在长达 20~30 年的时期内并没有寻求最低成本输入的自由。例如,就世界范围来说,40％的铁矿石贸易是通过所有关系控制的,另外 40％被 20 年合同约束;这就必然意味着大批的钢铁生产商不一定能使用最低成本输入。把矿产部门作为一个整体来看,世界铁矿生产是高度竞争的;然而供应的连续性太重要,因而不可能使钢铁生产者充分利用这种竞争形势。显然,在一定限度内,供应稳定、易于控制和管理所带来的利益,比自由利用最便宜供应来源所获得的成本优势更为重要。

国营矿产企业不仅面临全部不完全的竞争,而且通常要为各种非利润最大化而经营。此类目标有:实现有利的贸易平衡,保障本地的供应来源,减少由失业引起的社会经济和政治代价。在这样的情况下,追求技术效率就意味着牺牲其他目标。然而这些目标如此重要,就常常不得不牺牲效率。例如,需要维持高成本煤矿的生产、各矿之间的交叉补偿以及电力工业对维持燃煤发电厂的补贴,必然意味着煤炭和电力工业都不能以最低成本生产,因此都没取得技术效率和配置效率。

为使问题简化,在经济分析中一般假设生产者有充分的市场力量,能自己选择供给来源、价格策略和生产策略。然而,即使完备的竞争,矿产生产者也可能不采用最低成本生产战略。如果满意的利润或平静的生活是现实世界的经营目标,如果重要的信息受阻,如果公司由于事先已购买了资本设备或由于劳动协议而被束缚在特定的要素投入或原材料上,那么就不可能实现理论上的技术效率。而且,不管是完全竞争还是不完全竞争的公司都要面临资金、土地和劳动力市场的严重不完备,这就带来了进一步的技术无效率性。金融资本配置的无效率尤为重要,这使得资金不能完全地流动,特别是在不同国家之间;过去引入系统的资本投资的刚性也特别重要。当这涉及抛弃现有的工厂和机器,公司就不能轻易采用当前最低成本的办法,已固定的劳动力组合也会限制重新适应当前劳动力成本。政府要求特定产地维持生产的压力也会延长技术上无效率的经营。

(二)现实中的产品选择效率

许多矿产资源的需求都源于对最终消费品的需求,因此可以认为初级产品生产者远离消费者,因而很难控制产品选择。但事实并非总是如此。许多类型的矿产开发和生产都具有纵向联合公司的特点,为了赢得对市场更大程度的控制,往往要把联合推向生产的最后阶段甚至推向销售。

能源部门的产品选择最不完全。石油公司的大量广告预算在相当程度上操纵了消费者的偏好(有条件偏好限制)。把燃料矿物转换成可用能源(例如,以煤发电)需要资本投资,这加强了可得性限制。这种可得性限制有很多表现,例如,用户不得不"需要"核能,因为他们没有任何机制可以拒绝与别的电源混合在一起的原子能发电站生产的电。同样,汽车的主人也不得不使用汽油,因为替代燃料(例如,氢或乙醇)还未能以有实质性意义的规模上市。

一些大型企业常常对提供替代产品和服务的企业加以收购或控股甚至消灭,由此而精心地控制消费者的产品选择。例如,石油公司和汽车及轮胎制造厂家联合起来,买断提供城市公众服务的公司,以便保证汽车交通的最大优势而削弱电车或轨道交通。可见,私有经济决策只在市场上提供特定的产品和服务,是对消费者产品选择可得性的主要限制。

私有公司在提供替代品时,他们关于提供什么、在哪里提供和以什么价格提供的决定,都基于公司内部的经济考虑,而不顾所涉及的广泛社会成本和利益。一个典型例子是伴生天然气的开发,它和石油一起被发现并常常由石油公司生产。一些公司一直不愿花费成本把它运往市场中心去和石油竞争,因此相当大的部分被烧掉或排放到大气中。尽管明知道这样既浪费又污染环境,仍然照此处理,即使在离消费中心很近或已建立了天然气燃气市场的地区也是如此。例如,在英国北海,各公司一直认为让消费者能以当前价格得到天然气,对他们是不合算的;投资于储存设备以使这些天然气可在将来利用,对他们也是不经济的。

二、不完备市场条件下的配置效率

配置效率的前提包括技术效率和产品选择效率,然而,即使假设现实中技术效率和产品选择效率的必要条件得到满足,还是有许多因素表明很难实现配置效率。这里有两个重要的配置问题,第一,可得的矿产资源供给在不同用户之间的分配;第二,时间上或不同时代之间的供给分配。考虑矿产资源的可耗竭性质,第二点尤其重要,因为当前的消费水平一定会影响未来利用的机会。

(一)不同用户之间的配置效率

在当前不同用户之间分配矿产资源要实现帕累托效率,必须满足两个价格条件:第一,各用户必须支付为提供资源而花费的边际成本;第二,在每一种供给成本的范畴内,单位价格对所有的用户应该一样。在这两个价格规则之下,至少从理论上讲,每个用户会购买所提供的矿产资源,直到它对他们的边际价值等于供给成本,而且也不可能通过再分配而使从可得供给上获取的总利润增加,这就实现了配置效率。但实际上计算边际成本是很困难的,即使假设公司能一清二楚地计算他们的边际生产成本,从他们的利益角度看,还是有很多理由说明为什么没有必要采用边际成本作为产品定价的基础。

1. 价格的差别

不完全竞争的大公司需要维持一定产量来实现规模经济,需要将高度固定的资金成本分散到大量产品单位上去,需要维持销售量或市场份额的目标,还需要避免由于增加可得供应而宠坏市场的危险。在这些情况下,不会采用边际成本来制定价格;相反,采用差别对待的定价常常对他们有利。这就违背了帕累托定价规则,而现实中却常常采取诸如此类的策略。差别对待的价格策略主要有以下方式:

(1)分割市场。为了实现规模经济,就必须扩大产量,这就增加了供给,从而导致价格下降,这就会宠坏市场。为了避免出现这种局面,大公司会尽可能把消费者分割为不连贯的市场,在他们占优势的市场中维持既有价格,不惜牺牲销售量;而把任何超量产品以低价倾销到优势市场之外。

(2)不同距离消费者之间的价格差别。实现固定产量或市场份额目标,或保持经营地点多样性的愿望,可以在离生产中心距离不同的消费者之间导致价格的差别。从配置效率考虑,每个消费者应支付生产成本加上产品运输成本。然而,这种系统(一般称为离岸价格,free-on-board,略作FOB)将限制一个公司的市场范围。因此,到岸价格(cost-insurance-freight,CIF)和单凭经验定价,或据对运费的承受能力来设置价格,就成为现实中普遍采用的策略。

(3)内部交换价格。纵向联合公司以低于市场的价格设置内部交换价格,以使其下属企业具有一定竞争优势。当市场上最终产品比采矿和初级加工阶段更有竞争力的时候,这种情况最为常见。例如铜矿,面临废铜材料和替代金属的竞争,为了增加公司对铜矿市场的控制,并使市场份额目标能得到满足,就会制定较低的内部价格。此外,这种内部价格也可能用来保证下属企业营业额的相对稳定,这样就不仅使所有加工阶段的联合和计划生产较为容易,而且可以减少在开放市场出售过剩原料和半成品金属的不确定性。当然,这种内部定价也可能会变化,公司会随时调整生产过程中不同阶段之间的交叉补偿关系,以反映经济条件、税收水平或风险评估的变化。

（4）优惠价格。对有长期关系或订有合同的大主顾给予优惠价格,他们一般能在很低的单位成本上得到供应。矿产部门的成本结构中固定资本占很大比重,需要保持高负荷（或高生产率）成为一个重要目标,如果大部分已建立的生产能力闲置不用,单位生产成本就显著提高。此外,他们又面临市场需求的波动,例如,能源需求又有季节性的和昼夜性的波动;而许多金属的需求则随总体经济活动水平的变化而变化。储存大量产品以供需求高峰期之用,或许可以避免此类波动对生产的影响。但这样做非常困难或代价昂贵。因此,在所有工业化国家,天然气和电力当局提供可观的折扣来吸引大工业消费者,其用量比对天气高度敏感的民用和商业部门的需求稳定得多。

2. 价格的波动

许多金属矿产的需求和价格都是经常波动的,波动最大的是铜、锡、金。在完全竞争和生产要素完全流动的理想市场里,需求的变化会影响价格水平,并且将立即引起供给的相应变化。因此,供不应求或供过于求（以及相关的价格波动）的现象都是短期的。然而,在矿产部门的经营中,主要有4种不完备性共同抑制着市场的快速反应,并且使价格周期变化更趋复杂。

首先,形成新的矿产供给能力一般至少需要4年时间,因此一旦发生稀缺,不可能指望靠立即扩大供给能力来解决,稀缺会持续,导致价格上涨。

第二,一旦建成新的供给能力,就已投进了固定成本,只要企业能有收益,生产者是不愿抑制产量的。因此,如果发生供过于求,过剩也会持续一段时间;对于其收入依靠矿产出口的国家,这种情况及其造成的恶果会更加严重。

第三,某些矿产需求的性质放大了价格变化。大量金属矿产最终是用在建筑业和机器制造业、交通工具制造和其他中间产品生产中的,所有这些部门比其他部门更容易受经济不景气的影响。经济不景气时期,消费者对最终商品的需求下降,这些产品的制造商有足够的能力去满足需求,因此,没有多少使他们扩大生产的推动力。而且,即使他们想扩大供给能力,也很难获得财政支持。在经济回升期间,消费者需求上升,但并不能立即形成新的生产能力。而且金属矿产在最终产品总成本中所占比例一般较小,例如,铝土矿成本只占铝材价格中的很小比例,而在建筑成本中,铝材本身所占比例由最小。这意味着短期内对金属价格上涨的反应并不敏感。在短期内,制造商趋向于被约束在现存生产协议内,而只有在高价长期维持并被看做长期市场的特征时,才会有扩大供给的响应。

第四，许多矿产品具有开放市场或拍卖市场的性质。大多数情况下，矿产品市场是严格意义上的边际市场，即它们仅仅处理一小部分生产和销售。例如，全世界铜的贸易量中只有 5％～10％ 通过伦敦金属交易市场，而在另一个主要市场纽约商品交易市场的交换量更小。铝的开放市场甚至更受限制，根本没有真正的"现货"价格，生产者的供给要么在内部交换，要么签订长期合同。虽然伦敦金属交易市场自 1978 年后建立了现货市场和期货市场，但这一度遭到许多大公司的反对，他们仍在力图采用另外的定价机制。在 1983 年的石油危机中，现货市场只占所有原油交易的 2.3％。

3. 投机的影响

当开放市场处理的数量很少时，需求或供给的微小变化都不可避免地对价格产生明显的冲击。而生产者和消费者都可能操纵价格，投机商也可能在市场上活动。如果市场像经济理论预测的那样运行，那么投机行为将使市场稳定，因为投机商在价格低时会买进，价格高时会抛售。然而实际上投机行为趋于加剧业已存在的局部性价格波动。因为从事这种交易的多为金属制造商，在不景气时期，这种企业无力持有大量金属储存，因此趋于减少他们的拥有量，从而使价格进一步降低。但当贸易改善时，他们有财政能力购进更多金属储存，因此使价格进一步上涨。而且，独立的投机商(既无生产利益也无消费利益)趋于加强这种趋势，当价格下跌时，他们期望价格进一步下跌从而推迟购买；当价格上涨时则相反。如果有很多的投机商照此行事，实际上就能保证他们的期望实现。当消费国政府扩大或处理他们的储备时，涉及的数量则更大，大得足以冲击市场价格。

(二)代际配置效率

不可更新资源由于利用多少就少多少，因而当代人利用这类自然资源数量越多，留给后代人利用的数量就越少。因此，不可更新资源存在着代际配置的问题。开发利用不可更新资源的矿产部门在现实经济运行中的配置现状与福利经济理论定义的那种优化条件并不相符。在不同代人之间的矿产资源配置上，高度不完备的经济系统也不可能会更有效率。然而很难绝对地说当前矿产开发过程太快或太慢而不能使资源配置在时间方面优化。关于最终资源储备的数量、技术变化的速度和性质、自然界生物地球化学循环的脆弱性和未来社会的偏好，都存在着极大的不确定性。分析家们对这些关键因素不仅有完全不同的判断，而且他们关于什么是"优化"的资源消耗途径的观点，也严重依赖他们关于代际平等的定义以及赋予代际平等的优先权。

1. 自然资源的代际配置效率

关于自然资源代际配置的优化,最流行的经济学定义是:以现有的价值标准度量,现代及未来各代人从资源配置中获得的净效用总和达最大。假定市场是在完备条件下运行的,私有企业选择的贴现率将自动地产生资源在时间上的社会优化配置。企业将会考虑未来的成本和需求格局,将以消费者时间偏好决定的比率贴现未来的纯报酬,并且将在消费和保护间建立适度的均衡。然而,现实中并不存在完备的市场条件。

自然资源代际配置问题总是从现代人的眼光来讨论的。关于财富、收入和消费的时间偏好是由现代人决定的。后代人不可能和现代人商量这件事,而现代人的大多数会认为现在收入的价值远高于未来收入的价值(如果二者的差别无关紧要,借贷资本的实际利率对通货膨胀作校正后将等于零)。这种偏好深入到关于消耗的计算里,后代从资源配置能获得的利益就贬值了。于是,对现代消费就不可避免有偏向,如果源自当代偏好的资源配置模式"要求某些鱼类灭绝、某些矿藏耗竭、环境质量下降,最终人类自我毁灭,那也没有什么可担忧的,因为按照帕累托标准,所有这些情况正符合经济效率"。经济学家认为,如果市场机制产生的代际分配违背了生态伦理和社会公正,那只是政治决策的事,与经济效率无关。

现代人普遍认为,个人偏好是缺乏远见的,虽然人们可能会关注他们后代的福利,但人类的大脑不可能想象未来更久远时代的需要和偏好。一般认为,未来人们肯定会活得更好,因为后代人将会掌握更先进的技术,获得更好的资源和服务,所以,偏向当前的消费既合理又合情。主张剥夺当代人利用自然资源的权利,以给后代留下更多的机会是愚蠢的。这主要有以下3个基本根据:

第一,技术进步可能会显著减少矿产资源的价值,所以把这种资源保留到未来是不明智的。

第二,现在使用低成本能源使我们的经济更有效率,并且将使资源配置转向促进科学知识的发展。换言之,要么留给后代矿物燃料,要么留给后代更先进的科学技术,而留给后代更先进的科学技术肯定更有利于后代的发展,因为授之以鱼不如授之以渔。

第三,低成本能源的使用将在经济上有更多的增长,从而增加未来国民财富和人均消费机会,因此有理由追问现代人:使用较昂贵的替代能源而损失经济增长,能使后代的财富进一步增加吗?

然而未来是不确定的,如果未来世代并非更繁荣,如果技术进步不能解决资源稀缺和威胁人类生存的污染问题,如果后代恰好对现代人大量消耗而导致枯竭的自然资源有很强的偏好,那么现在看来有效的自然资源消耗方式就显然违背了普遍接受的公平原则。

人们对保护或消费的偏好,不能独立于他们生活于其中的经济系统。经济增长过程的一个促动因素是鼓励消费,所以虽然以保护和零增长来减缓长期稀缺问题的战略提出已久,但政府和大公司都不完全认同,甚至完全不认同。例如,很多大公司就不断鼓励人们消费,很少关注节约和保护;他们甚至鼓吹,仅仅保护根本不能解决问题,减少经济增长意味着生活水平的普遍降低。在关于环境库兹涅茨曲线的讨论中已经表明,如果总的经济增长确实对环境有益,那么就没有必要通过减缓世界经济增长来保护环境,然而事实是,经济增长并非改善环境质量的灵丹妙药,促进 GDP 增长的政策不能代替环境政策。

2. 不完全竞争下的资源消耗代际配置效率

矿产资源部门普遍存在垄断和不完全竞争,从理论上讲,这会促进矿产资源的保护,实践中也曾发生过这种情况,例如,1973 年后欧佩克的行为就减少了世界石油消费。但这只是例外而不是规律,没有证据可以表明矿产采掘业会普遍保存已知储量,这是因为矿产开发具有一些导致不合理行为的特点。

第一,矿产开发是高度风险产业,大多数企业反对冒险,这不仅大大地加速了位于政治不稳定或敌对地区的储量消耗过程,而且全部生产过程也趋向于对将来不利。即使在政治较稳定的国家,延期销售矿产也会有价格下跌的风险。

第二,如果公司有操纵市场需求的能力,他们并不需要严格限制现在产量来维持价格和利润水平。当消费者被约束在某些特殊产品上,以至这些产品不可缺少时,削减很少的产量就可以提高价格。而且如果公司能成功地引导消费者,以提高消费,也就没有必要削减产量。此外,许多公司把市场分割成明显分离的实体来避免低价或削减产量。

第三,大部分矿产生产者是大型资金密集型企业,这些企业需要维持足够大的产量才能实现规模经济。因此,限制生产所付出的代价也许远远超过任何潜在的价格优势。大规模生产技术的引入,在偏远或自然条件严酷的地区生产所需的固定投资规模,都会加速开采和消耗。

第四,许多公司的市场份额目标和产量稳定目标会压倒利润最大化目标。在所有权与控制权分离的地方,只要满意的利润水平得到实现,管理状况、安全和成功都很可能与经营规模有关;更多的产量意味更多的就业、更多的设备和工厂,以及更大的预算。甚至对于所有者管理而言,增长的目标是比增加利润水平的目标更真实和"更有价值"的目标,是更显著的成功标志。

第五,所有的公司,不管是私有的还是政府经营的,为了将来能继续生产,就不得不维持现在的生存,他们必须创造足够的当前收入来维持工厂、设备和劳动力。小型私有企业没有足够的储备能使他们在相当一段时间里抑制产量,以待将来盛行更高的价格。跨国公司的执行人员必须维持足够的产量和开发活动,以维持和保护公司的技术专家体系。此外,如果他们不能维持使其继任者获得最大利润的那种消耗方式,并不会被解雇;但如果现在的增长和利润被判断为不充分,则很可能被解雇。一些欠发达国家的财政需求在很大程度上依赖矿产资源出口,加速消耗的压力甚至会更大。由于国际贸易条款对初级产品不利,再加上债务问题更为尖锐,许多欠发达国家必然要把短期的需求置于比潜在长期利润更为优先的地位,不得不选择增加产量以维持总收入。例如,1974 年以后的一段时间,铜价的下跌使主要产铜国赞比亚、扎伊尔(刚果)、秘鲁和智利不得不以增加产量来维持外汇收入,这又加剧了铜价的下跌。

当考虑不确定性、市场操纵目标和非利润最大目标时,矿产部门不完全竞争的性质就不再是促进保护和代际有效配置资源的主要力量。此外,系统中所有其他"不完备性",实际上趋于加强对当前消费量的偏重。现有的市场机制使生产决策很少考虑环境变化的全部成本,这使产业转向资源密集和污染密集的生产模式。而且很多政府强调增产和产出数量,不惜牺牲自然资源和环境保护,税收政策和法规也趋向加速开发。

总之,尽管如此经常地用效率来为自由市场制度辩护,但很难认定矿产业实现了经济效率。市场的不完备程度使技术效率、产品选择效率和配置效率都不可能实现,以至需要引入公共干预。市场机制只是社会对自然资源控制的多种方式之一,其他社会控制机制也有重要作用。大量研究试图将可替代的社会价值、政治目标与传统市场机制结合起来。

第十一章　自然资源评价

　　自然资源的地理分布不均衡,其数量、质量、开发利用条件等都有地区差异性,为了充分、合理地开发利用各种自然资源,不仅需要对自然资源本身的数量、质量作出度量,还需要对开发利用条件、开发利用后果等有关的各方面作出评价。不同类型的自然资源,评价方法也不同。

第一节　矿产资源评价

　　矿产资源的评价,一般包括地质评价(又称自然特性评价)和经济评价两个方面。地质评价是应用地质技术的方法,从矿藏本身的形成、分布规律与工业技术的要求出发,研究与矿产资源远景与开发利用有关的各种自然、技术、经济要素,以便确定勘探方向和判断其工业价值,提出开发利用决策的依据,是整个评价的基础。

　　经济评价是在地质评价的基础上,从国民经济发展需要和市场供需平衡、当前技术水平与矿藏开发利用的经济后果等方面,论证其工业意义和开发利用的经济效果,用定量的指标来论证开发利用的合理性和经济效果。地质评价与经济评价密切相关,而且常常同时进行。另外,矿产资源开发活动必然对当地自然环境和社会生活产生一定的影响,因此在矿产资源开发之前,需要对矿产资源开发活动进行环境影响评价和社会影响评价。

一、矿产资源的地质评价

　　地质评价主要从矿床类型、矿石储量、矿石质量、开采条件和矿区条件等方面评价矿产资源开发利用的可行性。

(一)矿床类型

　　矿床(或称矿藏)是在地质作用下形成于地壳中,并在现有技术和经济条件下能够被开采利用的有用矿物聚集体。矿床类型分矿床成因类型和矿床工业类型,矿床成因类型是根据矿床形成的地质环境而划分的成矿类型,如划分为内生矿床、外生矿床、变质矿床等;矿床工业类型是指那些作为某种矿产主要来源,而其在世界(或一国)经济中起主要作用的矿床成因类型。

不同的矿床类型,其储量、质量和开采条件不同,也在很大程度上反映了其开发利用的可能性和工业价值的大小。不同的矿床类型,影响着采矿、选矿的工艺方法和工艺流程的选用。

矿床类型对金属矿产资源的评价尤其重要,不同成因的矿床、矿石的储量、矿石品位、开采条件等不同,矿石中所含的杂质种类和数量不同,因此,开采方式、冶炼方法等也不同。

非金属矿物原料由于矿种多、分布普遍、用途广泛,而且大部分是作为矿物整体来加工使用的,不同矿种、不同用途对矿床规模、矿石质量和开采条件要求不同,区别比较严格,因而矿床类型降到相对次要地位。只有用作化工原料的非金属矿物原料资源,因为和金属矿物一样,也是从中提取某一种元素,矿床类型的作用和影响相对突出一些。

(二)矿石储量

矿石储量是经过不同程度的地质探查而掌握的矿产资源数量,类似于矿产资源的可得性度量,但各国对矿石储量的界定不尽相同。

矿石储量的大小,决定着矿石开采、加工(冶炼)企业的生产规模、投资额、生产装备、工艺流程和生产年限,以及未来扩大矿山生产规模、延长服务年限的可能性,是制定开采规划、生产计划和企业设计的重要依据。因此,了解各种矿产资源的储量以及储量的分级情况,对于评价各种矿产资源的开发利用价值有着重要意义。

(1)铁矿:铁矿储量直接影响着矿床的可能开发规模和利用方向。铁矿储量越大,可能开采的规模也越大,服务年限也越长。例如,山东省最大铁矿——李官集铁矿位于汶上城北郭仓乡李官集村和东海、西海村境内,总储量 5.5×10^7 t。按照采选能力每年 1.0×10^6 t 的规模,服务年限可达 50 年以上。

(2)铜矿:铜矿石是最典型的有色金属矿物原料,而有色金属矿物原料总的储量规模不大,品位较低,对矿床储量规模的要求有别于黑色金属矿物原料。对于铜、铅、锌等,凡金属含量达 5.0×10^5 t 以上者,即为大型矿床;金属含量小于 1.0×10^4 t 者,为小型矿床。即使是小型矿床,只要其他条件有利,也值得重视和开采。

(3)贵金属矿:贵金属矿物原料,由于矿石储量特别少,所以对储量的要求也比较低。一般矿石储量在 1 t 左右为小型矿床,1~10 t 为中型矿床,大于 10 t 的为大型矿床。

(4)煤矿:煤田的储量规模是评价煤炭资源的首要指标,它决定着采煤企业的生产规模、投资额、采煤机械设备选型、自动化程度和生产年限以及未来扩大矿山生产规模、延长服务年限的可能性。由于采煤技术的提高,煤矿的井型和设计也在不断扩大,因而对煤田储量的要求更高。煤田井型设计对于所需各级设计储量的比例,随矿床条件不同而有不同要求。

(5)油田:油田的原油储量直接影响着油田的开发规模和开采量,采油企业的服务年限和最大年产量与储量、规模的关系见表11-1。

表 11-1　油田开采的储量要求

规模类型	工业储量/10^8 t	采油企业服务年限	年产量/10^4 t
特大型	>2	>50	>400
大型	0.5~2	30~50	100~400
中型	0.1~0.5	10~30	30~100
小型	<0.1	<10	<30

(三)矿石质量

1.矿石质量评价的指标

矿石质量的优劣可以用以下几个指标评价:

(1)矿石的自然类型:不同的矿石自然类型要求不同的加工工艺技术、具有不同的工业用途,所以是矿石质量的重要方面之一。如铁矿有磁铁矿、硫铁矿等不同自然类型;一般有工业价值的黑色金属矿石主要是氧化物,有工业价值的有色金属矿石主要是硫化物。

(2)矿石品位:在其他条件相同的情况下,矿石品位的高低,直接影响着生产成本。如黑色金属矿石的品位相差1倍,其选矿所投入的劳动和吨成本就会相差5倍以上;有色金属矿石品位差别比黑色金属矿石品位差别大,其选矿所投入的劳动和吨成本相差更悬殊,一般可高达10~20倍以上。

(3)矿石的加工技术特征和综合利用价值。主要指影响矿石加工利用的一系列因素。如对要提取其中某种有用组分的矿石来说,一般指矿石中主要有用组分的品位及其存在形式,矿石加工过程的复杂性和成本等;对一般作为整体使用的非金属矿物原料(如建筑石材)来说,主要指它们的物理机械性质(硬度、抗风化能力)、加工难易等。矿石往往含有多种成分和多种元素,可以提取副产品,各种矿石类型都有着不同的综合利用价值。

2.几种常见矿石的质量评价

(1)铁矿的矿石质量评价

铁矿石的自然类型:自然界已知的含铁矿物有 300 余种,但目前有工业利用价值的只有磁铁矿(Fe_3O_4)、赤铁矿(Fe_2O_3)、褐铁矿($Fe_2O_3 \cdot nH_2O$)、菱铁矿(FeO_3)和含钛磁铁矿($FeTiO_3$)5 种。硫铁矿不能作为铁的工业矿物;磁铁矿易选矿但冶炼时不易还原;赤铁矿不易选矿但冶炼时易还原;菱铁矿、褐铁矿品位低,易还原,对入炉矿石品位要求也低;含钛磁铁矿冶炼需要特殊工艺技术,但可综合利用。

矿石品位:品位高的富矿可以不经过选矿直接入炉冶炼;贫矿则需经过选矿、烧结后才能入炉冶炼,因而增加了选矿成本和选矿设备的投资。对不同种类铁矿石的品位要求也不同,一般磁铁矿、赤铁矿要求稍高,而对褐铁矿和菱铁矿要求稍低。铁矿石的最低品位为 25%~30%。含铁 45%以上的磁铁矿、赤铁矿均可看做富矿,而含铁 30%以上的菱铁矿即可看做富矿。

矿石的加工技术特征和综合利用价值。主要考虑铁矿石的成分。铁矿石中含有有害、有益、无害无益组分。有害组分主要有硫、磷、砷,它们会影响钢铁的坚韧性;其次有铅、锌、氟,它们会腐蚀炉壁,硅会使炉渣黏结。因而工业对铁矿石中的有害杂质有严格要求:硫小于 0.3%,磷小于 0.3%(用于酸性转炉),磷小于 1.2%(用于基性转炉,炉渣可直接用作磷肥),砷小于0.07%。铅、锌、锡有害但也可以综合利用。铁矿石中的有益组分主要有锰、钒、钛、镍、钴、铬、钨、钼等,多为合金钢所需成分,可以综合利用。铁矿中还有无害无益杂质如 Al_2O_3、SiO_2、LaO、MgO 等,冶炼时虽无严格要求,但这些成分过多时,技术要求也就高了。此外,铁矿石的结构及机械性能也直接影响着矿石的选矿性能。如块状结构的富矿可以不进行选矿,对于具有浸染状结构的铁矿石,则先要进行机械选矿,而选矿过程中对其机械性能和水分也有一定要求。

(2)非金属矿石质量评价

矿石质量对某些非金属矿物原料的地质评价有着更大的作用和影响。例如金刚石、石棉、石墨、压电石英、硅藻土等,其矿石质量是影响其工业利用价值的首要因素,在矿石质量符合工业要求的前提下,再考虑矿床的储量规模和开采条件。影响此类矿物原料矿石质量的指标主要有:

矿石中有用矿物的物理技术特性。如金刚石,主要利用其硬度,因而其洁净程度、硬度和脆性,就成为决定其质量的主要因素。工业用金刚石(占金刚石年产量的 75%~85%),根据其质量、结构和硬度分圆粒金刚石、红钻石和黑金刚石 3 种,红钻石硬度大、韧性强但较少见。黑金刚石硬度较低。而装饰用金刚石,晶体越大,价值越高。

矿石中有用矿物的含量。如金刚石含量要达到 4 mg/m³,云母 5～10 kg/m³,石棉 5～30 kg/m³,压电石英 15 g/m³,才具有工业价值。

(3)煤炭的质量评价

品种决定煤炭的成分和结构,从而有不同的发热能力,直接影响着煤炭资源的开发利用方向,以及可能取得的经济效益。煤炭资源可以分为泥煤、褐煤、烟煤和无烟煤之分,烟煤中又有长焰煤、气煤、肥煤、焦煤、瘦煤和贫煤之分。不同煤种的煤化程度、含煤量不同,因而有不同的用途。对煤质影响较大的因素有以下理化性质:

水分含量:水在煤炭中会降低煤的发热量,增加煤炭运输中的无谓消耗。水分在褐煤中含量可高达 50%,在块煤中也达 1%～7%。

灰分含量:灰分不仅无用,而且在生产和运输中会增加工作量,降低煤的发热量,在炼焦过程中会全部进入焦炭,从而降低焦炭的机械强度和炼铁炉的生产能力,增加溶剂的消耗量。煤中灰分含量少的为 2%～3%,多的可达 30%～40%。

硫和磷的含量:硫、磷都是煤炭中的有害成分,硫对煤的自燃起促进作用,煤炭中的硫在燃烧时生成 SO_2,不仅腐蚀设备,影响焦炭质量,而且为大气污染源,造成酸性沉降。炼焦中如果含有磷的成分,就要增加溶剂和焦炭的消耗量,降低生铁生产量,还会使生铁变脆,影响质量。一般规定冶金用煤中硫的含量应低于 2%,磷的含量低于 0.1%。

挥发分含量:挥发分是煤炭在高温和隔绝空气的条件下分解而逸出的物质,其含量随着煤的炭化程度的增高而降低,挥发分含量高的炭化程度低、煤质差,含中等挥发分的煤多属烟煤,用途最广;含挥发分最少的无烟煤则主要作动力用。

发热量:发热量越高,煤的利用价值越大。各种煤的发热量与煤的炭化程度成正相关,最高的为烟煤和无烟煤。

黏结性:指煤在炼焦时所产生的黏结残渣的能力,通常用胶质层厚度来表示,也是烟煤分类的重要指标。这个特性对炼焦工业意义较大。

此外,煤的硬度和块度,也影响煤炭的工业利用价值。

(4)原油质量的评价

比重:比重是衡量原油质量的一个主要指标。原油比重一般为 0.75～1.0 之间,比重小的轻质石油加工后能得到较多的汽油、润滑油等,价值较大;反之,比重大的重质石油质量较差。

黏度、含蜡量、凝固点:影响石油的开采、运输、管路建设和加工方式。黏度越大越不易流动,影响开采时和管线运输中的流动速度。含蜡量影响凝固点从而影响输油管线建设。按含蜡量多少可把原油分为少蜡原油(凝固点低于−15℃)、含蜡原油(凝固点−15℃~20℃)和多蜡原油(凝固点高于20℃)三种,少蜡原油及含蜡原油用管路输油比较方便,所需投资也较少;多蜡原油较难用管路输油,所需投资也大得多。原油含蜡量还影响石油冶炼的加工方案。

含硫量:原油中含有硫化物,能腐蚀设备、管线、储油罐,降低抗爆剂的效率,增加裂化汽油的出胶倾向。所以低硫原油(含硫量小于0.5%)的经济价值要高于多硫原油(含硫量大于0.5%)。

(四)矿床开采条件与矿区条件

1. 矿床开采条件

主要指矿体产状、形态及大小、矿层厚度、埋藏深度、矿石顶底板围岩的机械强度和稳定性,以及矿区的水文地质、地貌、气候条件等。这些条件对矿山的基建投资、生产成本、生产规模和劳动生产率等方面能产生巨大影响,是选择矿山开采方式的重要技术因素之一。其中尤其是埋藏深度,不仅决定着开采方式(露天开采还是地下开采),而且影响着剥离系数的大小,而剥离系数则是影响露天开采时技术复杂程度和成本高低的主要因素。

矿区的地形结合矿体产状、形态及分布情况,影响开采方式的选择和未来矿山企业的工业场地、废石场地,以及有关厂房等永久性建筑物的布置。

矿石和围岩成分的稳定性、硬度及其他物理机械性质决定着崩落和加固的方法,对于确定开采时的支护方式和支柱密度、爆破效率和炸药消耗量,以及露天开采场的边坡角、或地下开采的回采方法会产生重要影响。

矿床水文地质条件的复杂程度,如矿体及围岩的含水性、喀斯特发育状况、地下水位、地下水与地表水的联系情况,以及地表水系的洪水情况等,在很大程度上决定井筒和坑道的布置、排水方法、排水设备的动力、开采成本的高低等,因为一般情况下,只能开采地下水面以上的矿石。

化石燃料的开采条件主要包括矿体的形态、产状和含矿率、矿层厚度、埋藏深度、顶底板围岩的机械强度和稳定性、矿区水文地质条件、矿区地貌、气候条件等。其作用与意义,对开采的影响等都与矿物原料资源的开采条件相似。

影响石油和天然气资源开发的自然因素(开采条件),主要是油、气的地质构造类型、埋藏深度、埋藏岩层的性质、孔隙度和渗透率等。一般而言,平铺分散储油、气层,即使储量丰富,但油、气资源不聚集,难于开采。相反,各种褶皱构造一般都有较好的储油、气条件,有利于勘探和开发。因此,不同油田类型又有不同的最大井距。油、气埋藏深度越浅,建井投资越省;但若小于 500 m,由于油、气产量与压力有关,也会影响开采价值。岩层性质、孔隙度和渗透率影响可钻性,影响油、气储量和油、气是否易于流入井内而开采出来。

2.矿区条件

主要指矿床的经济地理位置和该矿在国民经济中的地位,特别是矿区的交通运输条件方便与否,对于那些大型的、开采量大的矿床有重大意义。其他经济条件,如人口和劳动力情况、动力燃料来源、工业用水、生活用水的水源和给排水情况,辅助原料、建筑材料、木材等的来源和供应情况,以及粮食、副食品的供应情况,都在某种程度上影响着矿产资源的开发利用。

对于化石燃料资源的开发来说,最重要的是矿区所处的地理位置、交通、供水等。例如新疆煤田储量大、煤质好,开采条件也不错,但由于位置偏僻,距主要消费区太远,故近期不作为重点开发的煤田。而两淮煤田,虽然储量不大,但由于距离主要消费区近,有方便的交通运输条件,易于取得各大经济中心的人力、经济、技术支持,因而成为华东地区重点建设的主要煤田。新疆、青海一些大型油、气田,由于人口稀少,远离生产、生活资料供应地,水源不足等原因,迟迟不能大规模开采。随着中国东部油气资源的日益枯竭,现在不得不开发中国西北地区的油气资源,但其勘探、开采、运输等费用则会大大提高。

二、矿产资源的经济评价

在地质评价的基础上,可以进一步结合矿区的具体情况进行经济评价,从数量上来了解各矿床可能提供的产量和价值,以便全面评价矿产资源开发利用产生的经济效果。矿产资源的经济评价一般从以下几个方面进行。

（一）年开采能力与开采年限

一般用年产量来表示,它取决于矿床规模（Q）和企业年限（T）,设最大年生产力为 A,则有:

$$A = Q/T \text{ 或 } QKn/TKp$$

式中:Kn 为选矿时矿石回收系数;Kp 为开采时矿石贫化系数。

通过上式确定 A 时,还要考虑到采矿技术条件的可能性和国民经济及发展的需要。

年生产能力是矿物原料资源经济评价的首要指标,因为年产量不同,不仅对矿床在相应部门中的作用、采矿设备、运输手段等会产生重大影响,而且对投资数量、企业生产年限、开采利用水平、产品成本和开采经济效果等也有决定性的影响。

(二)投资与成本

1.投资

开发矿床需要的投资大小是评价矿床开发利用价值的重要指标之一。开发两座生产规模相同的矿山,需要投资额越小的矿床经济效益越大,开发利用价值也就越大。

投资一般分为生产投资和居住生活投资两大类。生产投资也就是工业用途投资,包括矿山基础设施建设、矿山设备、运输、动力、房屋建筑(矿井、选矿厂、冶炼厂、矿仓)等。其中矿山基建投资所占比例较大(地下采矿占40%~60%,露天开采占 15%~25%),其次是选矿厂建设投资(15%~25%)和能源投资(20%~30%)。

居住生活投资主要是采矿企业职工居住的宿舍或住宅区建设投资,包括住宅楼、食堂以及配套的水、电等建设投资。

投资评价不仅要看总投资多少,也要看投资比例的高低:

$$投资比例 = 总投资 / 年生产能力$$

投资比例是动态的,一般规律是,随着矿山企业年生产力的增加,投资比例就有所降低,开发利用的经济效果就会更显著。

2.运营成本

矿产资源开采的运营成本取决于多种因素,如采矿方法、年生产力、总投资和投资比例等,还有资源税、费等。各种因素相互关联。在已开发矿山的具体核算中,成本的内容包括工资、材料、能源、地质勘探费用偿还率、固定资产折旧费用、环境污染补偿费、拆迁费、土地使用费、矿产资源税等。

(三)价值与利润

价值是指矿产品所能实现的市场价格和(计划经济体制下的)国家调拨或回收价格。显然,这对资源开发的经济效果具有决定性影响。一般根据金属价格或精矿价格来计算。矿藏开发的利润是矿产总价值扣除成本的剩余部分。利润是正数则说明可以获利,数值越大,获利越高,矿床的工业利用价值就越大。反之就要亏损。

三、矿产资源开发的环境影响评价

任何资源开发活动都会对环境产生一定的不利影响，而且资源利用后又会形成废弃物进入到环境中，造成环境污染。因此，随着资源开发活动强度的增大，环境问题将会日益突出。

为了防止和减轻资源开发活动的不利环境影响，1969 年美国国会通过了国家环境政策法（National Environmental Policy Act，NEPA），规定各种资源开发项目的论证必须有"环境影响报告"（Environmental Impact Statement，EIS），这就首次把环境影响评价引入了资源开发评价中。此后，所有发达国家和一些发展中国家陆续确立了环境影响评价制度，我国也规定所有的建设项目必须作环境影响评价。

环境影响评价有广义和狭义两种理解：广义的理解包括对项目建设造成的自然环境、经济环境、社会环境的影响进行评价，实际上是要评价项目导致的所有未纳入市场体系的影响后果，这既包括有益的经济、社会影响，如改善地区经济结构、促进地区经济发展、增加就业机会、保障社会稳定、改善交通条件、提升景观美学效果等，也包括有害影响，如造成当地收入差距增大，导致劳动力价格上升、生活费用上涨、环境污染和生态破坏、危害人体健康等，这些影响绝大多数是不能用市场价格来衡量的，有时是无形的、不可度量、不可预测的。

而狭义的环境影响评价仅对项目建设造成的自然环境影响进行的评价。主要包括环境影响的识别、环境影响的估算、不利环境影响的避免和减缓措施等。

(一)环境影响的识别

对于拟开发的矿产资源，考虑资源开发计划实施将会对哪些环境要素产生影响？影响程度如何？一般包括以下 8 个方面：

(1)人类健康：发病率、死亡率。

(2)生态系统：植被的覆盖率的变化，生物量的损失、物种多样性的改变，生态系统稳定性，物种迁移(尤其是鱼类洄游)。

(3)景观美学价值和娱乐价值的变化：风景、垂钓、体育。

(4)环境污染：空气污染、水污染、土壤污染、噪声、辐射等。

(5)资源变化：土地的占用、矿产资源的损耗、对生物资源和景观资源的影响等。

(6)自然环境条件的改变：造成当地温度条件、空气湿度、地下水位、地表水文、空气成分、辐射类型和强度、地貌形态等的变化。

(7)文物古迹：历史遗址、遗迹,风景名胜等的改变。

(8)对周围地区或上、下游地区的影响：如矿产资源开发引起当地水土流失进而影响下游地区的河流、水库淤塞、沉积物类型的变化等,以及矿产资源开发利用导致 SO_2 排放增加,造成周围地区酸雨影响加重等。

环境影响的识别必须以对各要素之间相互关系的认识为基础,其中的因果关系有一些已被认识,但还有许多没有被认识。此外,对影响及其程度的判断不免会有一定主观性,因而也会有争论。

(二)环境影响的估算

对已经识别的有益或有害影响加以估算,有些影响可以直接货币化,如砍掉了多少树木,淹没了多少房屋和土地,可以按照其价格和数量直接换算成货币。有些影响可以按照补偿受害者的支付费用货币化,如医疗费、产量损失费、修理费、收入损失费等。还有一些影响则可以按照恢复费用进行货币化估算,即估算为了恢复原来的环境质量水平所需的花费,如水处理费、除尘设备费、生态恢复费等。所有这些补偿性支出均可看做项目建设的环境成本。同时,对项目的环境效益也可以类似地估算,如估算能增收多少等。

另一种方法则是通过财产价值的变动来估算项目的环境影响。例如,空气污染明显的项目会使附近的房地产贬值、交通条件改善会使房地产增值。这样就可以用房地产租金或售价的变化来间接估算环境影响的费用或效益。

(三)环境影响的避免和减轻

主要包括对不同开发方案的比较与选择、提出防护措施和建议等。对不同开发方案,或同一方案的不同技术、不同设计都作环境影响评价,然后估算各种影响的总和,比较不同方案的总分,选择不利环境影响最小的开发方案、开发技术。对于总分无可比性的不同方案,通常采用两种方法,一种是通过实地调查或问卷调查,了解公众对项目的支持程度;另一种是投票决定取舍。

环境影响评价的主要目的之一,是减轻或避免不利影响,这就要对矿产资源开发利用的提出具体的措施和建议。

第二节　土地资源评价

土地资源的自然特性评价,是针对一定的利用目的评价土地的生产潜力或适宜性,分别称为土地潜力评价(land capacity)和土地适宜性评价(land suitability)。

一、土地潜力评价

土地潜力是指土地利用的潜在能力。土地潜力评价主要依据土地的自然性质及其对土地利用的影响,就土地的潜在能力作出等级划分。迄今的土地潜力评价大都是针对农业利用目的。最早的土地潜力评价系统是美国农业部土壤保持局在 20 世纪 30 年代建立的,当时的目的主要是为控制土壤侵蚀服务,60 年代后加以改进,用于评价土地对于大农业利用的潜力。

二、土地适宜性评价

土地适宜性评价是针对一定的土地利用方式,判断土地对于这种利用方式是否适宜以及适宜的程度如何,从而作出等级评定。土地利用方式的分类有不同层次,高层次的类型如农业、林业、牧业、工业、交通、国防、城市、旅游等用地,低层次的类型如小麦、茶叶、居住、机场等用地。联合国粮农组织在 1976 年颁布的《土地评价纲要》中将土地对一定利用方式的适宜性分为适宜、有条件适宜和不适宜 3 个等级,适宜又进一步分为非常适宜、中等适宜、临界适宜 3 个亚等;不适宜分为当前不适宜和永久不适宜 2 个亚等。

无论是土地潜力评价还是土地适宜性评价,都取决于土地组成要素的性质和土地的区位条件。因此,土地资源自然特性的评价实际上是土地的组成要素(地形、气候、水分状况、植被等)的评价。

(一)地形

土地资源评价中主要考虑地形中的海拔高度、坡度、坡长和坡位、坡向等。海拔高度影响土地的水热条件。海拔高度不同,土壤、植被、作物的生长季节长短等也有明显的差异,从而影响到土地的适宜性和生产潜力。相对高度表示地形受切割的程度,切割程度不但反映土地形成条件上的差异,而且也与土壤侵蚀强度等有关。

(二)气象气候

土地评价所涉及的气象气候性质,主要是辐射、温度、降水、蒸发、风速及雹、雪等。

气温状况可用几种方法表示,例如生长季内的平均温度、最高温度和最低温度,无霜期,或者以超过一定界限温度(如 5.6℃)的日数所表示的生长季长短,也可以用积温(超过某一界限温度的日数与温度的乘积)表示。这些不同温度指标,在土地评价中可选择使用。

降水量主要指年和月的平均降水量。如果是为一年生作物进行土地评价,该作物生长期间的平均降水量则更为重要。此外,还包括降水强度和降水年际变率等。在土壤侵蚀较强烈的地区,降水强度的影响更为突出,因此在土地评价中最好考虑这个指标。

风速大小对蒸发蒸腾有一定影响,尤其在那些"曝露"的坡地顶部,影响更为突出。同时,如果风速超过一定限度,对农作物、树木等会造成直接危害。例如在我国海南岛,台风的风速及发生频率对橡胶树等热带作物的栽培有很大影响,发展热带作物的土地评价,风速是一个不可忽视的指标。风向则对城市建设用地评价有特别重要的意义。

冰雹、霜冻和积雪(过量)等属气候灾害,对土地利用也有重要影响。在土地评价中,应尽量调查它们的发生频率和强度。可从气象台站收集有关资料,也可实地调查访问,如植株的损害程度和减产情况等。

(三)水分状况

地下水埋深、有无泉水出露以及洪涝频率等水文因素影响土地的潮湿状况,从而影响到土地的质量。

表 11-2　水文因素对土地质量的影响

水文因素	对土地质量的影响
地下水埋深	水分有效性,排水和通透性,工程地质条件
有无泉水	耕作难易程度,工程地质条件
洪涝频率	洪涝危害程度,工程条件

土地潮湿状况还受降水量和蒸发量的影响。在降水量多且较均匀以及地势较平坦的地区,土地评价必须考虑排水状况,排水状况愈差,潮湿度愈大。此类地区不同排水状况的等级及其对土地质量的影响可分以下情况:

(1)排水过度:土壤质地粗,有效水容量小,仅在大雨期间或以后才出现水分饱和。过量水分很快流失。地下水位明显低于土体。

(2)排水良好:90 cm 内的任何土层很少出现水分饱和。

(3)排水中等良好：大雨过后，上部 90 cm 内的土层内部分水饱和，50 cm 内土层水分饱和时间较短。

(4)排水不良：50 cm 以上有部分土壤的水分饱和期可长达几个月。

(5)排水差：50 cm 内土壤的水饱和期在 6 个月以上，但 25 cm 以上的土层在生长季的大部分时间内不饱和。

(6)排水极差：25 cm 以内的土壤有一部分水分饱和期超过 6 个月。在 60 cm 内的土壤的某些部分出现永久性积水。

土壤剖面内的有效水容量也是评定土壤水分状况的重要指标，这是指有效土层厚度内可供利用的土壤水分含量。可采用根据土壤质地和土层厚度推算土壤有效水容量的方法。例如，假定土壤质地为壤土，每 10 cm 土层内的有效水分含量为 17 mm，有效土层厚度为 35 cm，那么其中有效水分含量约为 59.5 mm。这种方法比较简便，如果土壤质地与土壤有效水分含量之间的关系研究得比较透彻，计算结果是可以满足土地评价要求的。

（四）土壤

土壤的许多性质与土地质量有关。

土壤侵蚀强度是土地评价常用的一项指标，它与气候、地形、岩性和母质、植被及人类活动等因素有关。土壤侵蚀类型有不同的划分方案。按营力可分成水力侵蚀、重力侵蚀和风力侵蚀等。在水力侵蚀中，又可分出面蚀（雨滴溅蚀、层状侵蚀、鳞片状面蚀以及细沟状面蚀）、沟蚀（浅沟、切沟、冲沟等）和喀斯特溶蚀等。在重力侵蚀中，又可分出泻溜、崩塌、滑坡等；在风力侵蚀中，又可按砂粒的移动方式分出悬移和推移两种形式，而实际上往往以沙丘的形态种类和固定程度划分风力侵蚀或堆积的类型。这些侵蚀类型既是侵蚀形态的体现，在一定程度上也反映了土壤的侵蚀强度。因此在已经有明显侵蚀特征的地区，可参照这些侵蚀类型去间接判断土壤的侵蚀强度。

土壤质量是与土壤利用和土壤功能有关的土壤内在属性，是指土壤具有维持生态系统生产力和动植物健康而不发生土壤退化和其他生态环境问题的能力。土壤质量包含三个方面：①肥力质量——土壤为植物提供养分和生产生物产品的能力；②健康质量——影响和促进人类和动植物健康的能力；③环境质量——土壤容纳、吸收和降解各种环境污染物质的能力。

（五）土地覆被

土地覆被指地表物质组成，是陆地生物圈的重要组成部分。土地覆被最主要的组成部分是植被，但也包括土壤和陆地表面的水体。不同区域土地覆被的性质主要取决于自然因素,但目前的土地覆被状况则主要是人类对土地的利用和整治活动造成的。土地覆被分为耕地、林地、草地、园地、水体、道路交通占地、建筑占地等类型。不同的土地覆被对土地质量有显著影响。

(六)区位条件

土地的区位条件评价,在原理上与矿产资源评价中的矿区条件评价类同。

第三节　水资源评价

一、水能资源评价

(一)水能蕴藏量

河流的水能蕴藏量的大小,与水量、落差成正比。

由于水量取决于降水量和蒸发量,落差取决于地形条件,因而又可依据一定区域内的降水量、蒸发量和地形落差变化的基本数据,大致估算区域的理论水能蕴藏量。实际上,由于自然、经济、技术种种条件的限制,理论水能蕴藏量中有相当一部分是不可利用的。例如,河流的天然流量在洪枯季节变化很大,洪峰来时,要从溢洪道放走一部分,不可能全部流量都用来发电。用水库调节可解决部分问题,一般水电站可利用流量的 $80\%\sim90\%$。从河流或水库中引水供农田灌溉和工业用水,船闸放水,水库蒸发损失等,都减少发电量。河道的落差由于受地形地质条件和淹没损失的限制,也往往不能利用到最高程度。此外,把水能转换为电能或机械能的过程中也有损失(水轮机组的发电效率平均约为 $85\%\sim90\%$)。那些实际能够用来发电的水能蕴藏量,称为实际水能蕴藏量(或可开发水能蕴藏量)。

一个地区的实际水能蕴藏量和理论水能蕴藏量的比值,称为水能蕴藏量的利用系数。利用系数越大,开发利用价值越高。例如,中国总的理论水能蕴藏量(为 6.8×10^8 kW)相当于每年发电 5.9×10^{12} 度。全国可开发的大中小水电站装机容量为 3.8×10^8 kW,以平均年利用小时数为 5000 h计,年发电量约 1.9×10^{12} kW·h。所以,水能蕴藏量的利用系数为 32%。各地区的利用系数也可照此计算。

(二)水能开发条件

水电站的建设投资较大,工期较长,所需建材、机器设备多,修建水坝淹没损失也较大。所以,水电站所在地区的自然、经济和技术条件对水能资源的开发利用价值也有很大影响。如电站坝址的地质、地貌条件,一般要求基岩坚硬,河床覆盖层较薄,坝区地壳稳定,河谷深切,库区无渗漏。河流含沙量少则水库的寿命长,反之则短。这对投资大、工期长,对国民经济发展影响较大的大中型水电站尤为重要。库区淹没指标和人口迁移指标是很重要的因素。一般而言,坝高越大,库容越大,发电量越多,淹没损失也越大。一般用单位千瓦淹没耕地数和迁移人口数来衡量。可在相同发电量前提下(对于两处电站)或不同发电量前提下(对于一处电站的不同坝高),对比这两个指标,较低者成本低,经济效果较好。中国在建和已建的大中型水电工程,淹没耕地数一般不超过 0.226 亩/kW,迁移人口数不超过 0.144 人/kW。水电站所处的经济地理位置,特别是水电站与能源消费中心之间的距离,影响着水能资源开发利用的先后次序,制约着水电站的投资和生产规模。如西藏及川、滇西部能源极为丰富,可开发的水能资源占全国的64.5%,地形地质条件好,淹没损失小,移民数量少,但因交通不便,人烟稀少,经济基础落后,远离负荷中心(电能消费中心),这个地区的电能开发就不在目前的考虑范围内。而三峡地区,水能富集,可发电量大,而且所处的地理位置优越,因而得到了优先开发。

二、水资源基础评价

水资源是生态系统的命脉,水资源评价的基础评价主要包括水量评价和水质评价。对水资源的量和质的评价是保证水资源可持续开发利用的前提,合理规划和管理的基础。随着地区需水量的增加,流域用水压力的加大,对整个区域或流域进行水资源评价活动将会越来越普遍。

(一)水量评价

水量评价指对区域或流域内水资源的量在时间、空间上的分布和变化规律作出定性描述和定量计算,同时对影响水资源量的诸因素作出评价。

水资源量的评价,通常采用的方法主要有降水频率分析法、河流水文过程线分割法、相关分析法、系统分析法、水均衡法、解析法、数值法。

(二)水质评价

在水资源评价中对水质的评价包括各种水体中天然水的本底值、河流挟带的悬浮物及泥沙、水中污染物等的含量、成分及其时空变化的分析。对水质的评定是水资源评价中的必需项目。

1. 水的化学成分

天然水质的本底值也称天然水化学成分含量，是指在天然状态下，不包括人的干扰因素在内，由于在水文循环运动中，降水和径流不断溶解大气中、地表面及地表层中各种成分而形成天然水的矿化，其成分主要有重碳酸根、硫酸根和氯化物以及钙、镁、钠、钾离子，这些共占天然水中离子总量的95%～99%。也包括少量铜、锰、铅、汞、铁等微量元素，也有少量硝酸盐类、有机物和与水中生命活动有关的物质。因此，在评价天然水本底值时主要以前者为依据。常用的水质标准分类方法，是以三种常见的阴离子（酸根）作为分类的标准，以金属阳离子为分组的依据。天然水的化学分类通常分为重碳酸水、硫酸水和氯化水，分组则有钙组、镁组和钠组，分型则有Ⅰ、Ⅱ、Ⅲ型。

Ⅰ型水是指水中钙、镁离子之和小于水中的碳酸氢根离子，即$(Ca^{2+} + Mg^{2+}) < HCO_3^-$，有时$Ca^{2+}$也可交换土壤或岩石中的$Na^+$，其特征是矿化度较低，而单位水体中含有的钙、镁离子总量代表水的总硬度。

Ⅱ型水是指水中钙、镁离子之和虽然大于碳酸氢根离子，却小于水中碳酸氢根离子与硫酸根离子之和，即$HCO_3^- < (Ca^{2+} + Mg^{2+}) < (HCO_3^- + SO_4^{2-})$。Ⅱ型水较Ⅰ型水总硬度变大，且出现永久硬度水。

Ⅲ型水是指水中钙、镁离子之和大于水中碳酸氢根离子与硫酸根离子之和，即$(HCO_3^- + SO_4^{2-}) < (Ca^{2+} + Mg^{2+})$，或水中钠离子小于氯离子，即$Na^+ < Cl^-$。这种水主要存在于海洋中，或是强烈的矿化地下水，其总硬度和永久硬度均大于Ⅱ型水。

以上三种类型的水是天然水中常见的。在自然界也存在少量天然水中没有碳酸氢根，这类水呈弱酸性，可见于火山水中。

对于河川径流中的化学成分，在水质评价中上需统计河流的离子径流量及其模数。离子年径流量是河川年径流与河水年平均矿化度的乘积，常以每年吨(t/a)计。河流年离子径流模数是单位面积上的年离子径流量，其地区分布趋势是湿润地区大，干旱地区小，和年径流深的地区分布趋势相似。河流水化学成分也呈年内和年际的变化。汛期因河川流量大，河水的矿化度和总硬度也相对较低，枯水期则较高。河水矿化度及总硬度的年际变化小于河川径流的变化。地下水因与岩石、土壤接触时间长，其离子含量也较多，有时还含有放射性元素如镭、铀、氡等。

2. 水的泥沙含量

河流泥沙含量是天然水质的另一个重要指标。河流泥沙的来源是暴雨对地表的冲刷侵蚀，以及河岸受水流冲蚀崩塌使泥沙进入河中水流。河流泥沙分推移质和悬移质两类，含沙量受河道中水流的流量、流速的影响，泥沙的侵蚀与淤积造成河床的变化，并在河流下游形成冲积平原。泥沙对水资源的开发利用有重要影响，在水资源开发过程中，水库和渠道的淤积、水工建筑及金属构件的磨损、水轮机叶片的磨蚀都与河流泥沙含量有关。泥沙还是水中污染物质的载体，对污染物的扩散转化有也很大影响。

3. 水污染物

人们习惯于把水在自然界中由于自然过程掺进水中杂质的现象作为水质的天然本底值，而对于由于人类活动把一些本来不该掺进天然水中的有害物质排入水中的现象称作水污染。由于人类社会经济的不断发展，同时人类在生产和生活过程中制造了大量废水、废渣和污染物并排入水体，其中也包括了野生生物的排泄物和尸体、腐殖物等分解物，造成水污染的来源。污染源习惯上分为点源（如城镇、工矿等集中产生污染物的来源）和面源（广大农田上因使用化肥、农药等物质，被雨水或灌溉回归水挟带进入水体的污染源，以及一切野生动植物造成的污染物被雨水带入水体的污染源等）。

水污染物可分为无机污染物和有机污染物两大类。无机污染物指各种金属以及酸、碱、无机盐类等，其中重金属如汞、镉、铅、铜、铬等是具有潜在危害的污染物。砷虽然是非金属，但其毒性及某些性质类似重金属。水污染中的汞主要来源是工业废水，以及燃烧煤炭、石油产生的废气。镉污染源是来自采矿、冶炼、电镀等工业行业，可导致"骨痛病"的发生，铅污染主要来自冶金、农药、蓄电池制造，以及汽油中使用的抗震剂。铬污染主要来源于冶金、机械、汽车、船舶、油漆、印刷行业，有致癌作用。砷污染主要来自燃煤及含砷农药等。砷的三价和五价化合物有剧毒。水体中的酸主要来源于矿山排水及工业废水，碱主要来源于一些轻工业废水。有机污染物又可分为耗氧有机物和有毒有机物。耗氧有机物如碳水化合物、脂肪、蛋白质等，它们很容易在水中分解并消耗水中大量溶解氧，以致影响水生生物的生长；植物营养素如氮化物、磷化物等，主要来自农田排水、生活污水以及某些工业废水，可导致水体的富营养化而使水中浮游植物藻类的猛涨而造成污染。有毒有机污染物主要指酚、多环芳烃和各种人工合成的并具有积累性生物毒性的物质，如多氯农药、有机氯化物如 DDT 等持久性的有机毒物，以及石油类污染物质等。随着工业的不断增长，这些污染物给环境带来的影响正不断加剧，成为世界范围的大问题。

另一方面，由于水分不断在大气、河流、湖泊、土壤和海洋中循环运动，并在运动过程中不断产生各种物理的、化学的、生活的和微生物的作用,使污染物发生分解、降解、挥发或沉淀现象,而使其存在形态和化学构成等发生变化,从而可改变水中污染物的组成和浓度,这就是水的自净作用。人类应在如何充分利用水体的自净能力方面加强研究,以实现对水体功能的充分应用。

第四节　生物资源评价

按照人类利用的生物资源的来源,生物资源包括陆地生物资源和水生生物资源。陆地生物资源是指陆地生态系统中的动植物、真菌等,从生物量来看主要是植物资源,它是陆地生态系统的生物成分的主体。按照陆地生态系统的主要类型,陆地生物资源主要是森林资源、草地资源。

一、森林资源评价

森林资源评价主要从林地面积、森林结构、林产品数量和质量等方面进行。

(一)林地面积

林地面积是指林木郁闭度达到 0.4 以上的有林地面积(包括天然林和人工林)。林木郁闭度为 0.1～0.3 者称疏林地,0.1 以下者称无林地。林地面积是衡量一个地区森林资源的首要指标。

林地面积除以上绝对数量指标外,还用相对数量指标,即森林覆盖率来表示:

$$森林覆盖率＝(有林地面积＋灌木林面积)÷土地总面积$$

一般认为,一个地区的森林覆盖率应该在 25％ 以上,否则不仅木材不能自给,生态环境也难以保持良性平衡。但各个地区的自然条件和社会经济条件不同,林业在各地区的地位也不一样,从而对各个地区森林覆盖率的要求也不同。我国《森林法》规定,全国森林覆盖率应达 30％(目前仅为 12.5％)山区应达 40％ 以上,丘陵区达 20％,平原区达 10％。这是评价各地区林地面积的基本要求。

(二)森林结构

森林结构是影响林分生长、生产力以及稳定性的重要因素,同时也影响着森林其他功能的发挥。森林结构主要从以下几个方面来评价:

（1）树种结构：一般而言，树种结构越简单，越便于造林，便于机械操作，越易于抚育、采伐，但也越易受自然灾害和病虫害的危害。也就是说，单纯林易造林、抚育和管理，但稳定性较差。而混交林的优缺点则与此相反，若树种搭配得当，可以充分利用地上、地下空间，更充分地发挥地力，比单纯林有更高的生产力，而且抗御自然灾害和病虫害的能力也较强，副产品也更多，可满足对森林的多方面要求。

（2）层次结构：从资源角度看，一般森林都可分为立木、下木、活地被层、层外植物等数层，其中最重要的是立木。立木本身根据树冠高低还可分出数层，立木的层次在林业上称为林相，故有单层林和复层林之分。森林的层次结构不仅改变着外界的环境，并且使森林的小气候和土壤状况也发生垂直变化，也影响林分抗风力和对病虫害的抵抗力。此外，改善森林的层次结构还可加强林木的光合作用效率和促进土壤与乔木树种之间的新陈代谢和能量交换。

（3）树龄结构：大致可分为同龄林和异龄林。同龄林由于树干相互荫蔽，整枝良好，树干比较通直，所以造林技术容易，抚育、采伐便于进行，单位面积产出较大，异龄林护土作用强，当把成熟树木采伐后，耐荫树种易于萌生和天然更新，异龄林对风害、雪害的抵抗力也较强。

（4）森林密度：即单位面积内的林木株数，是表示林分水平结构的一个指标。一般而言，森林的密度影响到林冠的郁闭状况、林木对土地资源和光、热、水分条件的利用率，也影响环境条件的变化，林木质量和生长量。此外，森林密度还影响到林分的稳定性。

（三）森林产品的数量和质量

森林产品的数量和质量依据不同林种而有不同的指标要求。对于用材林而言，主要指森林蓄积量和木材品种及材积级别。森林蓄积量中首先是森林蓄积总量，其次是可利用蓄积量所占比重。对于特用经济林、竹林、果树林等林种来说，则主要应考虑林副产品的种类、年产量、质量等方面。

（四）森林资源的分布和开发利用条件

森林分布有明显的地带性和非地带性分异特点，此外，人为因素也影响森林的分布变化，从而形成不同的林区、林种、蓄积量和林副产品，森林的分布也决定其区位条件和其他开发利用条件。森林资源的开发利用条件具体表现为：森林资源的集中程度、林区交通条件、林区附近工农业发展水平是否有利于提供必要的机械设备和粮食等生活、生产用品，林区动力保障程度,以及林区的气候、地貌等条件。

二、草地资源评价

(一)草场的生境条件

草场生境条件决定草场类型、植物构成、草场的生长期、产量和质量,因此是重要的评价指标。其评价主要包括以下几个要素。

(1)气候:主要评价年均温、月均温、极端高低温、无霜期、冰雪期、降水量以及暴风雪、尘暴、沙暴等自然灾害的强度和频度,以及它们对草场生产和放牧活动的影响。

(2)地貌:主要评价地貌部位对地方气候、地下水埋深、土壤的影响,评价地形起伏、坡度、坡向对放牧活动、草场饲料利用率,以及利用方式(放牧或割草)的影响。

(3)水源:水、草是评定草场经济利用价值的两大重要因素。草群丰茂但缺乏水源的草场往往不能充分利用。草场水源包括地表水(河、湖)和地下水(井泉),水源丰富与否取决于水源地距离和水量,与水源地相距越近、水量越大,草场的供水保证率就越高;反之则低。如果牲畜饮水需要到 10 km以外,供水就无基本保证,草场也只有在冬季积雪时才能部分利用。

(4)土壤基质:主要考虑土壤发育程度和土壤机械组成,以鉴定草场饲用植物的生长情况和草场的耐牧条件,从而确定草场的经济利用价值。

(二)草场植被条件

草场植被是草场的主体因素,也是人类利用草场的直接对象,它决定草场的基本特性(如植物组成、发育强度、产草量等)、草丛质量和草场利用的发展方向。

(1)植被覆盖度:在其他条件相同的情况下,草场植被覆盖度越大,经济价值越高。南方山坡草地植被覆盖度最高。历史上北方草原"天苍苍,野茫茫,风吹草低见牛羊"的景观,也描述了一种很好的草地植被覆盖状况。

(2)草场饲用植物构成:直接影响草场的经济利用价值。南方山坡草地植被虽好,但往往缺少适口性强的草种,限制了其牧用价值。饲用草群中以豆科草类最好,其分布广泛,含有丰富的蛋白质和矿物质,适口性强,吸收率也高,有很高的饲用价值,但在一般草场中所占比重不大(人工草场除外)。其次为禾本科草类,这是一般草场中最常见、比重最大的草群,含有丰富的碳水化合物,适口性强,饲用价值也较高。杂类草品质和适口性都较差,只适用于骆驼和山羊放牧。

(3)草群品质和产量:草群种类可大致反映草群品质,但各类草群的品质差异很大。一般按植物成分的适口性来鉴定草群品质,可分为优、良、中、劣、不食或很少食几类。植物适口性好坏与其利用率高低通常成正比关系。草场产草量的多少是划分草场等级的重要指标。南方山地草场草群虽品质较差,但产量较高。

以上三个指标,在很大程度上取决于草场类型,如表11-3所示。南方山地草场虽覆盖度高、产量高,但由于草群品质差,约30亩才能供养一头牛,而北方草原供养一头牛约需5亩土地。

表 11-3　北方草场类型的草场植被条件

类型	草群覆盖度/%	草层高度/cm	鲜草产量/(kg/亩)	草群组成(重量/%)			
				禾本科	豆科	杂草类	灌木及半灌木
森林草原	60~80	30~50	200~400	13.6	5.3	81.1	—
干草原	35~50	20~40	100~200	67.9	1.0	21.1	9.9
荒漠、半荒漠草原	15~25	20~40	25~100	31.8	12.4	55.8	
荒漠	5~10	草本 3~5 半灌木 0~25 灌木 40~70	15~50	1.0	—	—	99.0

(三)草场生产潜力

1.载畜量与载畜能力

载畜量是指草场上实际的家畜饲养量,也称为牧场实际的密度容量。它在一定程度上反映了草场生产能力的水平和经营管理的效果。由于家畜繁殖、死亡、淘汰、出栏等过程随着草场牧草数量、质量在季节和年份上的不断波动,加之每年气候、灾情、饲养管理、草地培育手段等条件的不同,因而载畜量总是不断变化的。就一年而言,冬春季载畜量最低,夏秋季最高。

载畜能力是草场对牧畜的承载能力,指草场在保证持续利用(为方便起见,多定为中等程度利用)条件下,全年放牧期内可容载的最大牲畜数。它是一个理论数值,载畜量小于载畜能力,表明草场生产还有潜力;反之,则造成超载,这就是一种过度放牧,会使草场生产力大大下降。

用载畜量来评定草场的生产能力,长期以来以其指标简单明确、通俗易懂、统计方便而广泛用于各国的草场生产实践中。尤其在草多畜少和草畜平衡的地区,牧草能充分满足家畜的需要,在一般经营管理条件下,较多的家畜头数可直接表现为较多的畜产品。但由于家畜本身具有生产资料或财富象征两种作用,家畜量与可用畜产品(存栏数与出栏数)之间可能会有显著差别。往往会出现家畜存栏量增加了,畜产品收获量反而下降的反常现象。

2. 畜产品的年产量与单位面积产量

草场生产的最终目的是获得畜产品,载畜量和载畜能力只是一个中间状态,所获得畜产品与牲畜数量有直接关系,没有一定数量的牲畜,牧草就得不到充分利用,草场生产潜力也就无从发挥。但牲畜头数过多,超出草场牧草生产量的负荷能力时,不但牲畜数量发展没有保证,也会严重降低草场生产能力。因此,应当在稳定适当的牲畜数量的情况下,通过提高畜产品年产量和单位面积产量的途径,来提高草场生产能力,充分发挥其潜力。

计算畜产品的年产量和单位面积产量时,常把各类畜产品产量换算成统一的畜产品单位。1个畜产品单位相当于1 kg增重,0.7 kg净肉,含有2.25 Mcal代谢能(这里没有考虑蛋白质和其他营养成分或物质,如毛、皮)。按国内先进地区的试验数据,以5 kg青草为1个饲料单位,每10个饲料单位(50 kg青草)生产1个畜产品单位。据此,一定范围内的草场年总产草量除以50,即可得此范围内畜产品的年产量;再除以面积,得单位面积产量。当然,这只是一种粗略的算法,实际上畜产品产量还取决于草的品质、水源等。在维持牲畜产量相对稳定的条件下,增加畜产品产量的一个有效途径是:合理淘汰,加速周转,这是符合草场畜牧业经济规律的。因为家畜的生产性能与年龄有关,年龄越大,生产性能越低。以产毛、产肉的改良羊为例,5岁后其毛、肉均不会有增量,此外,草场牲畜一般有所谓秋肥冬瘦春死的季节变化规律。因此,只要注意减少老、残、弱畜等生产性能低的牲畜在畜群中的比例,提高家畜质量,适时出栏,加强冷季牧场建设或冬储牧草,畜产品产量可以在不增加牲畜数量的情况下大量增加。

第十二章　自然资源价值重建

由于市场的不完备性,目前市场上自然资源的供给与需求都未涵盖自然资源的外部性价值。为了推进自然资源的可持续利用,需要将外部性"内化",而"内化"概念的实质是全面认识和度量其价值,尤其是目前市场体系不能涵盖却极其重要的生态系统服务功能价值。

第一节　自然资源价值理论

一、自然资源无价值论的产生

在传统的经济价值观中,一般认为没有劳动参与的东西没有价值,或者认为不能交易的东西没有价值,因此都认为天然的自然资源是没有价值的。资源无价值论的产生,既有思想观念、经济体制和历史传统的因素,也与自然资源本身的性质有关。

(1)劳动价值论的绝对化。根据马克思的劳动价值论,价值取决于物品中所凝结的社会必要劳动量。把这一原理加以极端化,就认为凡是不包含人类劳动的自然物,如自然资源都没有价值。劳动价值论极端化的危害是巨大的,导致认为自然资源是没有价值和价格的。实际上马克思主义经济学并不主张自然资源无价值论,马克思本人就引用古典经济学家威廉·配弟的话说:"劳动是财富之父,土地(自然资源)是财富之母。"

(2)确定价格的市场机制不合理。一般采用生产价格定价法(东方),和市场价格定价法(西方)。原料即自然资源产品的价格,都只包括了开发资源的成本和利润等项内容,没有包括自然资源本身的价值。例如,我国曾经在很长时期内,木材的价格只计算采伐和运输成本,不计算营林成本,更不要说地租了,因此造成森林资源无价值的现象。再如水资源,只计算供水成本,不计算排水成本和污水处理成本,更不计算水资源本身的价值。土地资源也曾经长期无偿使用。矿产价格也多只计算开采成本和运输成本,未把资源本身的价值纳入价格中。近年来已经意识到这个问题,开始征收水资源费、土地使用费、矿产资源费等,但仍未从根本上解决问题。

(3)历史因素。传统观念忽视自然资源的价值,还由于历史发展早期,大部分自然资源不具有稀缺性,在经济社会发展水平和人们生活水平比较低下的情况下,对自然资源的开发利用程度也比较低下,自然资源相对于人类需要比较丰富,因而大多为自由财货。人类的需要也是较低层次的,即首先需要解决温饱等基本生存问题。在这种情况下,人们没有认识到自然资源和生态环境的价值是很自然的。

(4)"公共财产"问题。诸如大气圈、江河湖海、荒野等自然资源往往是公共财产,因而谁都可以无偿使用,但谁都不负责任。即使是私有领地,也具有公共性质。例如,一片私有森林的土地和立木的所有权和使用权都属于林场主,但其景观美学价值、固碳释氧等生态服务功能价值却是公共的,这部分"公共财产"的价格难以计算。更难以实现。

现在,资源稀缺已成为经济—社会持续、稳定、健康发展的主要制约因素,自然资源的不合理利用又是造成环境污染和生态破坏的直接原因。目前人们已经认识到稳定、充足的自然资源供应的重要性,以及清洁、优美的环境的宝贵。随着经济社会发展和人们生活水平的提高,人口的增加和资源环境限制的日益明显,自然资源的价值和生态环境的价值将会逐渐显现和加大。解决自然资源问题、生态环境问题,应该从体制、政策、法规、技术措施等多方面入手,而重建自然源价值则是一项根本性的对策。

二、自然资源无价值论的后果

自然资源无价值的观念及其在理论、政策上的表现,导致了自然资源的无偿占有、掠夺式开发和浪费、生态破坏和环境恶化。

(1)自然资源的破坏和浪费。由于自然资源可以无偿使用,因此,在利用过程中就很容易出现浪费和破坏现象。例如随意圈地,任意截流引水,矿产资源利用上的"采富弃贫、采厚弃薄、采主弃副、采易弃难",乱伐林木,大材小用,好材劣用等现象比比皆是。得到自然资源使用权的单位或个人可以无视资源利用的经济效益,没有节约资源、提高资源利用效率的主动性、积极性和约束机制,因而造成自然资源的恶性破坏和浪费。

(2)导致财富分配不公和竞争的不平等。既然自然资源无价值和价格,其所有权和使用权就不是通过市场竞争手段获得的,而可能是通过权力、关系、偶然因素得来的,这样,获得资源的单位或个人比未获得的单位或个人处于有利地位;获得丰饶性好的资源的单位和个人比获得丰饶性差的单位或个人处于有利地位。在这种情况下，资源分配不公平，竞争也不公平，丰饶的自然资源往往掩盖了低劣的经营管理。尤其是采矿、伐木、粮食和蔬菜种植等第一产业部门，其劳动生产率与自然资源的丰饶性直接相关。在相同的经营管理和外部条件下，在富铁矿区开采 1 t 铁矿石所取得的收益可能是贫矿区的 5 倍。油田的劳动生产率相差更大。由于自然资源的无偿使用，资源丰饶的企业即使经营管理较差，往往也比自然资源欠佳、经营管理较好的企业获得的经济效益高。自然资源带来的财富抵消了经营不善造成的损失，掩盖了经营管理中的种种问题。

（3）国家财政收入的减少。很多自然资源是公共所有，其所产生的价值本来可以成为一项重要的国家财政收入，但是由于自然资源没有价值或价格，其使用者无需付费，因此公共所有或国家所有只是徒有虚名，这项财政收入就不存在。

（4）资源物质补偿和价值补偿不足，导致自然资源财富枯竭。自然资源在被开发利用的同时，应当不断得到保护、改善、补偿和整治，人类开发利用自然资源的历史，也就是不断改善和保护自然资源的历史。但如果从理论上认为自然资源没有价值，实践上自然资源可以无偿使用，那么对自然资源的改善、保护、补偿措施都不会得到应有的重视，都会视作额外负担。即使重视了，也被视为非生产性投资，这种投资是无法收回的，因此常常欠账，无以为继。

（5）国民财富的核算失真。国民财富是反映一个国家经济水平的重要指标，反映一个国家几百年来甚至几千年来劳动积累的成果。自然资源，特别是土地资源，是国民财富的重要组成部分。西方国家的土地资源（不动产）大体占国民财富的 1/4 以上。还有资料表明，"土地和土地改良上的投资，占去美国财富的 2/3"。中国土地和其他自然资源没有价值和价格，因此整个国民财富的核算不能完全反映国家实力和经济水平。

三、自然资源价值的建立

由于自然资源无价值论，导致自然资源的浪费和自然资源利用的负外部性缺陷。要解决这些问题，一般需通过政府干预和市场机制两条途径实现。

1. 政府干预

庇古从福利经济学角度对引起市场失灵的外部性问题进行了系统的研究，在其《福利经济学》中指出：外部性问题不能通过市场来解决，而必须依靠政府的介入,依靠增加一个附加税或者发放津贴,来实现对私人决策附加一个影响变量,从而使私人决策的均衡点向社会决策靠近。这样借助政府的干预,重建市场秩序。政府在促进私人达成协议方面的作用,符合当代经济学对政府调节作用的理解。但庇古理论存在着一定的局限性:其一,庇古理论的前提是政府天然代表公共利益,并能自觉按公共利益对外部性活动进行干预。然而,事实上公共决策存在很大的局限性。其二,政府不是万能的,例如,它不可能拥有足够的信息。其三,政府干预本身也要花费成本。其四,庇古税使用过程中可能出现寻租行为(寻租是指人们凭借政府保护而进行的寻求财富转移的活动。它包括"旨在通过引入政府干预或者终止它的干预而获利的活动"。租,即租金,也就是利润、利益、好处。寻租,即对经济利益的追求。有的企业贿赂官员为本企业得到项目、特许权或其他稀缺的经济资源。后者被称为寻租。是一些既得利益者对既得利益的维护和对既得利益进行的再分配的活动。)

2.市场机制

科斯在1960年发表的《社会成本问题》一文中反思了庇古对外部性(尤其是外部不经济)问题的治理思路,提出了不同于政府干预的多种内化途径,指出"只要产权关系明确地予以界定,私人成本和社会成本就不会发生背离。通过市场的交易活动和权利的买卖,可以实现资源的合理配置。"这实质上是引入市场机制,使外部性在产权界定的基础上,重新回到市场中来。认为产权在治理市场失灵和提高资源配置效率中的主要作用或功能有:产权可以引导人们实现外部性的内化,减少资源浪费,提高资源配置效率;产权可以构建激励机制,减少经济活动中的"搭便车"的机会主义行为;产权可以通过减少不确定性来提高资源配置效率。

从理论上看,无论是市场机制还是政府干预,都有不可克服的固有缺陷。当发现一种途径有缺陷时寻求另一种途径,这在逻辑上并不能保证做出合理的选择。从实践上看,无论是政府干预还是市场的重建,对于纠正市场失灵问题都不是尽善尽美的。但是,通过将政府干预和市场机制进行配合,弥补市场缺陷,将有助于资源浪费和资源利用的外部性问题的解决。

3.建立效用价值论

随着社会经济的发展以及人口、资源、环境问题的突出,人类对自然资源功能效用的认识及对这种功能的利用都发生了深刻的改变。自然资源对于人类已不仅仅是单纯的生产要素,它所提供的其他服务功能也越来越受到关注,效用价值论逐渐取代了劳动价值论。

效用价值论认为,商品的价值并非是由劳动决定的,而是由效用决定的。这一理论后来被进一步完善为边际效用价值论。边际效用价值论认为:①价值起源于效用,效用是形成价值的必要条件,又以物品的稀缺性为条件,效用和稀缺性是价值得以出现的充分条件。②价值量取决于边际效用量,即满足人的最后欲望的那一单位商品的效用,"价值就是经济人对于财货所具有的意义所下的判断"。③人们对某种物品的欲望程度,随着享用该物品数量的增加而递减,此即边际效用递减规律;不管几种欲望最初的绝对量如何,最终使各种欲望满足的程度彼此相同才能使人们从中获得的总效用达到最大,此即边际效用均等定律。④效用量是由供给和需求之间的状况决定的,其大小与需求强度成正比例关系,物品的价值最终由效用和稀缺性共同决定。⑤生产资料的价值是由其生产出来的消费资料的边际效用决定的;有多种用途的物品,其价值由各种用途中边际效用最大的那种用途的边际效用决定。

四、自然资源价值的构成

较系统地研究自然资源价值构成的代表有美国经济学家弗里曼、英国经济学家皮尔斯、经济合作与发展组织(OECD)、联合国千年生态系统评估计划等。

(一)弗里曼的资源价值构成体系

1970年以后,国际上资源价值研究的主流都以效用价值理论为基础。根据效用价值理论,自然资源的价值取决于两个因素:是否具有效用,是否稀缺。在此期间,人们从社会经济福利最大化引出最优资源配置问题,由此引出了数学规划计算影子价格来量化资源价值的主流方法,并出现了许多研究资源价值的文集和专著,提出了许多资源价值观念,但是这些理论偏重于计算资源价格,缺乏价值说明。

1979年,弗里曼打破了这种局面,他在美国的未来资源研究所(RFF)的支持下,完成了他的著作《环境改善的效益:理论和方法》。但随着时间的推移,该书中所涉及的环境效益评价的方法(主要是成本——效益分析)已经难以满足要求,一些新的方法(如意愿评估法)已经产生。弗里曼重新修订了原书,新书名为《环境与资源价值评估:理论与方法》。书中系统地将新古典经济学的有关理论运用于环境和资源价值评价中,为资源和环境价值评价提供了坚实的理论基础;同时,该书还阐述了早期环境和资源评价方法的进展,并对目前新出现的一些环境资源价值评价方法进行了深入分析。

(二)皮尔斯与经济合作与发展组织的资源价值构成系统

皮尔斯将环境资源的价值分为两部分,即使用价值和非使用价值,各部分又分别包括若干种价值。这一自然资源价值系统特别指出了非使用价值,包括自然资源自身的传承价值和存在价值,它与对人类福利的贡献无关。这就是说,虽然目前对人类还没有使用价值,但根据伦理、宗教以及文化观点来判断,自然资源本身及其内涵具有内在价值(见图 12-1)。

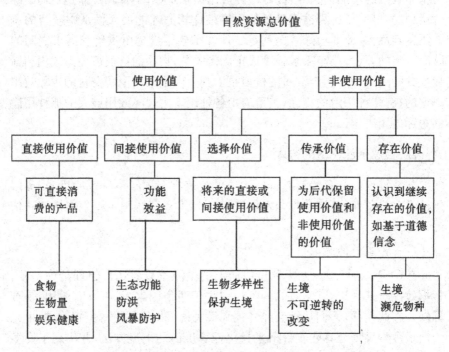

图 12-1　皮尔斯的资源价值构成系统(据 Pearce 修改)

经济合作与发展组织的《项目和政策评价:经济学与环境的整合》一书,提出了与皮尔斯系统类似的自然资源价值构成系统(见图 12-2)。

(三)联合国千年生态系统评估计划的资源价值构成系统

联合国千年生态系统评估计划联系人类福利来评估生态系统的服务功能及其价值(见图 12-3),即把生态系统服务功能看成自然资源,并且已经发展了许多方法来试图量化生态系统服务功能及其价值,其中对供给功能的量化方法尤为完善,近年来的研究也提高了对调节功能价值等量化的能力。

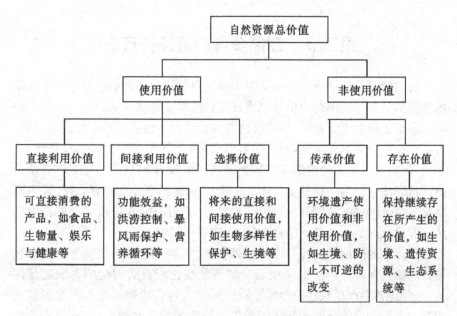

图 12-2 经济合作与发展组织资源价值构成系统

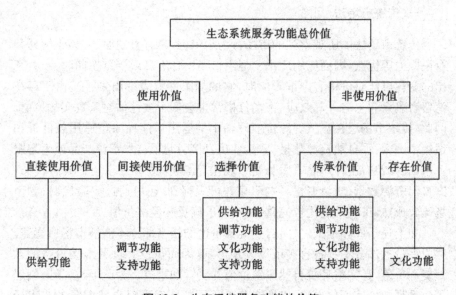

图 12-3 生态系统服务功能的价值

第二节　自然资源价值评价方法

　　自然资源价值评价就是用货币来表现自然资源的价值。对于可进入市场的那部分自然资源的价值可以直接用传统市场价格评估。

　　由于市场的不完备性，自然资源使用中所产生的外部性不能进入市场，为了弥补市场机制的不足，需要对自然资源的这些外部性进行非市场评估。于是，根据自然资源价值的不同属性和获得信息的不同途径，把自然资源价值评价方法划分为 3 种基本类型。①传统市场法：包括生产函数法、人力资本法、重置成本法。②替代市场法：包括旅行费用法、规避行为与防护费用法。③意愿评估法或译作条件估值法、市场模拟法。

　　自然资源价值评估还可以根据评价的主、客观性分为主观评价法和客观评价法。客观评价法直接根据自然资源变化所造成的物质影响进行评价，主要包括生产函数法、重置成本法等；主观评价法则根据人们的意愿或根据对人们行为的观察来间接评价自然资源的效益和损失，包括旅行费用法、人力资本法、意愿评估法等。

一、传统市场法

　　传统市场法以所观察到的市场行为为依据，具有直观明了、易于解释和有说服力等优点，因而应用广泛。但当市场发育不良或严重扭曲时，或者产出的变化可能对价格有严重影响时，它的局限性就表现出来了。由于存在消费者剩余和忽略外部效应，市场价格常常会低于被评估对象真实的价值。因此，传统市场法在自然资源价值评估中的运用只能在一定适用条件下和适用范围内：①自然资源数量、质量变化直接引起了自然资源产品或生态服务产出的增减，这种产品或服务是市场上已有的，或者在市场上有替代品；②自然资源数量、质量变化影响明显并可观察到，还可通过实验检验；③市场比较成熟，市场功能比较完善，价格能准确反映经济价值。

　　在上述条件和范围之外，自然资源价值的相当部分不能被市场所涵盖。科学评价这部分不具备直接市场表现形式，因而也没有可见市场价格的自然资源价值，是完整评价自然资源价值的关键和重点。为此，经济学家创建了一系列的价值评估方法，以便在各种不同的状况下对自然资源的非市场价值进行科学的货币评价，于是出现了替代市场法和意愿评估法。

二、替代市场法

当所评价对象本身没有市场价格来直接度量时,可以寻求替代物的市场价格。例如清新的空气、整洁的环境、优美的景观等都没有直接的市场价格,需要找到某种有市场价格的替代物来间接度量其价值。这就是自然资源价值评估的替代市场法,其基本思路是:首先对待估价的自然资源进行价值分析,再寻找某种有市场价格的替代物来间接衡量其种种价值。例如,对自然资源的旅游/休闲价值评价,就可以用旅行成本作为替代物来衡量。替代市场法包括旅行费用法、规避行为或防护费用法。

(一)旅行费用法

旅行费用法是用以评估非市场物品价值最早的方法之一,最初是为评估环境物品的社会效益而发展起来的。1947 年,美国国家公园管理局为了获取更多的政府财政拨款,需要论证这部分增加的财政拨款产生的社会效益超过社会成本。霍特林建议用旅行费用代替入场费来评估公园的社会效益。但这个方法当时未被采纳,直到 20 世纪 50 年代后期和 60 年代,美国克劳森再次提出用旅行费用法来评估娱乐地的经济价值,旅行费用法才逐渐被认可并不断得到发展和完善。

自然游憩资源被认为是一种准公共物品。公共物品的消费者剩余难以计算,故其价值亦难以度量。旅行费用法首次把消费者剩余这一重要概念引入公共物品价值评估,是对公共物品评价的一次重大突破。该方法被用于评估美国包括国家公园在内的各种游憩目的地的价值。到 20 世纪 60 年代后期,旅行费用法已成为评估户外游憩价值的经典方法,并在 80 年代以后日益盛行。旅行费用法评估结果可用于辅助旅游地的门票价格制定、在不同旅游地之间分配政府的游憩和保护预算以及土地利用的成本—效益分析等。

旅行费用法以旅游成本(如交通费、门票和旅游地的花费等)作为旅游地入场费的替代,通过这些成本,求出旅游者的消费剩余,以此来测定自然资源的游憩价值。

在实际评估中,旅行费用法是针对具体旅游地而言的。首先确定旅游目的地,把目的地周围的区域分成与该目的地距离逐渐加大的若干个同心区,距离增大意味着相应旅游成本的增加。在目的地对游客进行调查,以便确定游客的来源地区、旅游率、旅游费用和游客的各种社会经济特征,然后分析来自这个游客样本的资料,用分析产生的数据将旅游率对旅游成本和各种社会经济变量进行回归。

$$Q_i = f(TC, X_1, X_2, \cdots\cdots, X_n, E)$$

式中:Q_i 为旅游率(i 区的每 1000 个居民中到该旅游地旅游的人数);TC 为旅游成本;$X_1, \cdots\cdots, X_n$ 是包括收入、教育水平和其他有关变量的一系列社会经济变量;E 为该旅游地的环境质量。

(二)规避行为法(防护费用法)

面对可能的自然资源变化,人们会试图保护自己免受危害。他们将购买一些商品或服务来抵消自然资源变化所带来的损失。这些商品或服务可被视为自然资源价值的替代品。购买替代品的费用构成了人们对自然资源价值的最低限度衡量。这种以自然资源变化而导致的替代物费用的变化来度量自然资源价值的方法就称为规避行为法或防护费用法。

规避行为法用实际购买花费来度量人们对自然资源的偏好,度量自然资源价值,具有很强的直观性。运用规避行为法度量自然资源的非市场价值,主要有三个步骤:

第一步是识别有害的环境因素。这一步骤也许一目了然,但是由于规避行为经常有若干动机,所以在任何情况下都应识别主要的有害环境因素。用规避行为体现自然资源价值,会因多种行为动机和环境目标的存在而夸大单个有害环境因素的价值。因此,在运用规避行为法时,应区分主要和次要环境因素,并将规避行为归到某个主要目的上。

第二步是确定受影响的人数。对于某个不利的自然资源因素,需要划分受影响的人群。根据受影响程度的不同,可区分为受影响较大和受影响较小人群。规避行为法研究应从受影响较大的人群中抽取数据,以避免只考虑受部分影响的人群而导致对价值的低估。

第三步是获取人们对所受影响采取的规避措施的数据。数据的收集有几种方式,对潜在受影响者的综合调查;在受影响者较多时采用抽样调查,这主要是用于因空气质量、水环境质量下降或存在噪声污染问题时,而采取预警措施的家庭;采取对丧失养分的土壤施肥等防止土壤侵蚀措施的农民等;还可以咨询专家意见,通过专家可以了解采取预防措施的费用,恢复资源环境原状或替代环境资产的费用,以及资源环境替代品的购置费用。然而专家意见只能是作为补充的信息来源,并用于检验其他方法得到的数据之可靠性,而不能直接利用专家意见进行价值评估,或改变通过观察到的行为所获取的数据。

相对于其他方法,规避行为法较为简单也较为直观,但在运用中也存在着一系列的问题：①有时找不到能完全替代自然资源质量的物品，如用化肥来补充土壤养分并不能恢复土壤结构，只能是部分替代。因此，用规避行为法求得的自然资源价值只是其最低的价值。②规避行为法建立在一个假设基础上，即人们了解防护费用的水平并能计算其大小，但对于新风险或跨时间风险，人们可能会不自觉地低估或高估。③即使人们了解实际需要的费用，市场机制的不完备性以及收入水平的限制也会制约他们的行为，例如，因为贫困而使自然资源变化受害者无力支付足够的花费来保护自己。这些问题最终都会影响到用规避行为法所度量的自然资源价值。因此，这个方法也只在一定条件下适用：在人们知道他们受到自然资源变化所带来的威胁，采取行动来保护自己，且这些行动能用价格体现时。

替代市场法提供了使用可观察的市场行为和市场价格来间接评估非直接市场资源环境价值的途径，具有比传统市场法更广泛的适用范围。但由于需要借助另一种市场商品或服务的价格，替代市场法需要比传统市场价值评价方法更多的数据和其他资料，也要求比传统市场法更严格的经济假设。

另外，传统市场法和替代市场法都不能对自然资源的非使用价值进行评估，因而都存在价值低估的可能性。对于自然资源的非使用价值的评估，目前多采用意愿评估法。

三、意愿评估法

(一)意愿评估法简介

意愿评估法是在缺乏市场价格数据的情况下，通过对不能在市场上交易的自然资源效用(如空气净化功能等外部效益)假设一种市场，让被调查者假想自己作为该市场的当事人，通过对被调查者的直接调查，了解被调查者的支付意愿。被调查者根据自然资源给自己带来的效用，在待评价自然资源服务供给量(或质)变化的情形下，为保证自己的效用恒定在一定的水平上的支付意愿(willingness to pay)或者获取补偿的意愿(willingness to accept)作出回答，研究者据此评价该自然资源服务价值的方法。意愿评估法通过采用补偿变量和均衡变量指标来测度自然资源的消费者剩余，以此计算自然资源的价值。

意愿评估法通过构建假想市场，揭示人们对于环境改善的最大支付意愿，或对于环境恶化希望获得的最小补偿意愿。当应用于游憩领域时，使受访者面对环境状况的假想变化，引导其说出对游憩资源或游憩活动的支付意愿。

在意愿评估调查中,需要通过某一种引导评估技术来获得受访者的支付意愿/补偿意愿。这些引导评估技术主要包括投标博弈法、支付卡法、开放式问卷法、封闭式问卷法等,其中后 3 种方法应用比较广泛。

支付卡法是让受访者在列举了一系列支付意愿标值的支付卡上选择出愿意支付的数额。该方法的优势是受访者选择起来比较简单;不足之处是面对不熟悉的公共物品的估值,受访者往往难以确定哪一个数值比较适宜,这时就有可能出现猜测或任选的现象。还有一种针对支付卡存在的问题而提出的改进方法,称为"支付卡梯级法",该方法是请受访者在支付卡上选择两个数值:一个是肯定能够接受的最低值,一个是肯定不能接受的最高值,选出这两个数字显然要比确定一个数值更容易一些。

开放式问卷法(open-ended questionnaire)与封闭式问卷法(close-ended questionnaire)是进行意愿评估调查时采用的两种基本评估技术。开放式问卷法直接询问人们对于环境改善的最大支付意愿,尽管易于提问,但受访者在回答问题时却有一定的难度,易产生大量的不回答、许多"零"支付、部分过小和过大的支付意愿现象,特别是在受访者对待评估对象不熟悉时尤其如此。封闭式问卷法,也称二分选择问卷,该方法设计的问卷是让受访者对支付意愿标值只回答"是"或"否"。该问卷形式更能模拟真实市场,便于受访者回答,也克服了开放式问卷中常见的没有回应的问题。二分选择问卷进一步发展,出现了双边界二分法,假如受访者对第一个支付意愿标值回答了"是",那么第二个支付意愿标值就要比第一个大一些,反之就要小一些。与单边界二分式问卷相比,这种方法能够提供更多的信息,在统计上也更为有效。还有的进一步引入 1.5 边界二分法,受访者先被告知物品的价格在 X~Y 元之间(X<Y),然后询问受访者是否愿意支付 X 元,若回答否定的,问题结束,若回答为肯定的,就继续询问其是否愿意支付 Y 元。与双边界二分法相比,1.5 边界二分法在统计上的有效性方面更进一步;该方法在受访者回答之前就被告知其一高一低两个支付意愿标值,从而避免了因新标值的提出而可能引致的偏差。

(二)意愿评估法的有效性

理论上,意愿评估法采用支付意愿调查与采用补偿意愿调查评估自然资源价值所得结果应该是一样的。但是根据预期理论,一般消费者对失去现有东西的评价较高,而对未来才能获得的东西的评价则较低,自然资源的供给数量固定,让消费者的选择不仅具有终决性,而且只能作出要么接受,要么永远放弃式的选择,这样就会更加重消费者对"得"与"失"的评价差异。

现实世界中,进行补偿意愿调查时,让被调查者放弃对自然资源使用效益的假设容易激发他们提出较高的补偿意愿价值;进行支付意愿调查时,被调查者往往会出于回避支付高额费用风险的考虑而给出较低的支付意愿。这样采用支付意愿与补偿意愿得到的结果就会存在较大的差异。例如,在一个居民小区内有一块公共绿地,为了解决小区居民停车困难的问题,小区物业部门有两种选择,要么进行少量投资把这片公共绿地改建成停车场,要么投入大量资金在公共绿地地下建地下停车场。而对小区居民也有两种选择,要么从物业管理部门获得一定补偿放弃公共绿地,要么向物业管理部门支付一定费用,物业管理部门建设地下停车场,使公共绿地得以保留。此时调查小区居民愿意为保留公共绿地支付的数额和放弃公共绿地能够接受的补偿数额,可以肯定,支付意愿要低于补偿意愿。一般补偿意愿大约是支付意愿的 4 倍。

因此,意愿评估首先面临着具体选择补偿意愿还是支付意愿的问题。不能否认可以设计出成功地应用补偿意愿的情况,但是补偿意愿在很多情况下,特别是在受益关系或权利关系十分复杂和定义不清的情况下,很难反映真实有效的补偿意愿数值,因此一般都避免使用。

而对于支付意愿,一方面,如果回答者认为自己的支付意愿值将要实际支付,那么为了将来少支付,他可能会尽可能少申报支付意愿值;另一方面,如果回答者明确实际支付额与回答值完全无关时,他为了享受这种外部效益,则有可能过大地申报支付意愿值。

在运用意愿评估法进行自然资源价值评估时,要尽可能地避免和减少支付意愿和补偿意愿的偏差。具体做法如通过运用相关图片、恰当的比喻来清晰地描述调查对象所面临的模拟市场以减少假象偏差,扩大调查样本规模数,争取从有代表性的人群中选择调查对象,以减少支付意愿(或补偿意愿)的汇总偏差;消除策略误差的一个常用方法则是采用"是"或"不是"的提问方式来询问他们是否愿意支付某一笔特定数额的资金,同时告知调查对象有可能按他们的支付意愿来真正收取费用;或根据支付意愿的高低,决定是否继续提供相关的环境服务,以免他们过分夸大或减少支付意愿。

意愿评估法通过调查人们所表达的支付意愿/补偿意愿来评估自然资源的价值,几乎可以用来评价任何自然资源变化所具有的经济价值。特别是在缺乏市场价格或市场替代价格数据的情况下,意愿评估法便有了用武之地,是目前评价非使用价值的唯一方法。

　　但是意愿评估法要求的数据多，需要花费大量的时间和调查经费，而且调查问卷的设计和解释专业性很强。另外，意愿评估法不是基于可观察到或预设的市场行为，而是基于调查对象的回答，是从被调查者声称的偏好中获取信息的，所以是一种主观评价。而对于持不同价值观、环境伦理观的人，对同一问题的回答会出现许多偏差，这些偏差虽然可以通过精心设计问卷来控制，但完全避免偏差则是不可能的。

第十三章　自然资源管理与保护

为保证自然资源合理利用,需要对自然资源的开发利用进行科学管理。所谓自然资源管理是自然资源所有者及其代理或使用者运用管理学、经济学、心理学、政策学等相关学科的基本原理及必要手段,对资源勘查、调查、评价、开发、利用、保护及经营等过程进行计划、组织、协调、监督、约束和激励等,以使自然资源效率不断提高,并保障国家、地区、企业和个人自然资源需求的行为的总称。

第一节　自然资源管理概述

为了使自然资源的利用具有可持续性,必须对自然资源进行科学的管理。但是,自然资源使用者管理自然资源的目标往往和社会目标是不一致的,甚至是冲突的。从社会角度看,有 5 个重要且普遍认同的自然资源管理目标:提高资源利用效率;保证资源利用的分配公平;促进社会发展;保障自然资源供应;维护生态系统健康和环境质量。

一、自然资源管理的社会目标

(一)社会发展目标

自然资源开发利用促进经济增长,一般认为,这种增长能在空间上扩散并惠及社会最贫困的阶层,从而促进社会发展。首先,自然资源开发利用是众多地区人民生存的基本手段,或者直接通过自然资源开发利用获得生存资料,或者在这种开发利用活动中解决就业问题;其次,自然资源开发利用促进经济增长,有利于社会发展;再次,它还能将自然资源转化成资本,并可以用来为其他经济部门的发展提供投资。

但实践中,自然资源开发利用在促进社会发展中的作用,还取决于当地的经济结构、投资政策、资源管理政策、分配政策等。例如就投资而言,按经济规律,要使增长加快,一般应确保已有要素的投资获得最大可能的回报。这就会排斥或降低经济落后地区和旨在满足穷人需要的开发项目(例如农业)的投资可能性,因为其相对经济效率的低下会限制投资的回报率。这意味着落后地区或关系国计民生的经济部门的投资很可能不足,区域发展不均衡的倾向将更加剧。因此,政府必须制定相关政策,弥补市场机制在满足社会发展目标中的缺陷。

自然资源管理的决策,不可避免地涉及在各种经济利益、环境利益及地方利益集团之间权衡的一系列复杂问题。例如,为保证民生而对一些基本生活必需的资源产品实行低价政策,很可能包含着增加区域不平等,因为产出这些资源产品的地区收入会减少、失业会增加。企图加速可更新能源开发、矿产品回收、资源保护或维护环境质量等方面的政策,也会导致资源产地失业水平的上升。另一方面,如果为保护自然资源产地的收入和竞争力以减小区域不平等,或者为减少资源消耗,而采取高价政策,也可能加剧阶级集团间的不平等,当此类措施增加了某个经济内的能源成本时尤其如此,因为能源支出在总收入中所占的比例,对于贫困者远高于富有者。因此,任何提高能源价格的变动,都会明显增加贫困者的负担。

(二)分配公平目标

社会目标比较注重公平,包括资源开发利用中所获利益以及所造成代价在时空分配上的公平问题。

公平对某些人来说意味着平均地分享一切;而另一些人则认为公平应该是按需分配;还有人把公平看成按贡献分配(按劳分配、按资分配)。在自然资源管理中,按贡献分配就是按各人拥有的资源贡献来分配利益,这意味着那些原本拥有大量资源的人将得到相应多的利益。但当对资源的拥有是由历史造成的而不是现实贡献的结果时,这种公平就值得怀疑。若再考虑自然资源开发的生态效应,公平问题就更加复杂。例如,一条河流上游地区的人们开垦自己祖祖辈辈拥有的土地似乎是天经地义的,但随着上游地区对土地干扰强度的增加,造成的严重的水土流失将殃及下游地区;上游地区的人们从河里引水利用后再把产生的污水排入河流也是他们历史上形成的权利,但随着排放污水量的增加,下游地区的人们就会得不到充足的清洁水资源;由此可见,上游地区的人们按照历史上形成的传统对水土资源利用对下游来讲就是不公平的。然而,如果根据下游地区的利益而禁止上游地区的自然资源开发利用,对上游地区也是不公平的,除非能采取合理的生态补偿措施。

政府和个人按照各自的利益诉诸完全不同的公平概念,这就使有关公平的争论进一步复杂化。公平可用作在不同基础上做出合法决策的一种手段,或实际上用来为自我利益所驱动的需求和行为辩护。由于一个社会中关于公平的盛行思想,与已建立起来的经济体制间常缺乏一致性,又产生了额外的困难。

分配公平和经济增长在概念上是完全不同的问题,因为即使在非增长的经济中仍然要关注国民收入的分配公平。然而在很多实际情况里,把这两个问题分开是不可能的。对于大多数发展中国家和地区,经济发展进程和国民收入都高度依赖自然资源开发,因此,既关注自然资源开发利用对经济增长的作用,也关注自然资源管理所导致的利益和代际分配问题。

分配公平问题涉及不同利益集团之间的权衡。利益集团之间的关系也很复杂,至少有 4 种利益集团的集合或划分:经济地位不同的阶级、民族和文化有别的族群、价值体系各异的团体、不同地区的人群。这些集合显然是相互关联的,处于最不利地位的阶级可能集中于一地,属同一民族,大致持同一种价值体系;但他们之间并非绝对一致,力图减小一类集合不公平的努力,可能会增加另一类集合的差距,这就会产生一些特殊问题。

(三)资源保障目标

资源保障又称资源安全。由于自然生态系统演变、市场条件变化、资源分布的不均衡等原因,任何国家和地区都会面临自然资源供给的不确定性,因此资源保障成为自然资源管理中的一个重要的社会目标。

在全球经济一体化形势下,资源保障包括持续、稳定地获得国际市场上的低价供应和保护贸易渠道。资源保障目标的重要性并非现在才凸显。在国际贸易的历史中,以国家资源保障为由进行政府干预的例子很多。早在工业革命之前,欧洲的贸易国家主要采取军事和外交活动保证重要贸易渠道的畅通,整个殖民扩张的进程至少部分由保证取得丰富廉价初级产品的经济利益所驱动。资源保障与两方面的国家利益有关,一是保证经济繁荣和保护国家的经济利益,二是使受到的军事或政治威慑最小。

不同国家实现资源保障的方式不同,同一国家在不同时期也可能采取不同的方式实现资源保障。例如,前苏联和计划经济时代的中国,由于当时都受到国际贸易和财政上的封锁,资源保障需要避免依赖外国进口和国外市场,而主要依靠国内的自然资源自给。还有一些国家在自然资源保障上过度依赖国际市场。这两种资源保障战略都付出了代价,自给的国家丧失了灵活性和利用不同时期廉价供应所带来的利益;而过度依赖进口的国家则既有贸易中断的危险,又使经济面临价格不稳定的烦恼。在这方面,美国的地位较为优越,其基本自然资源尚能够自足,又不放弃来自进口的经济收益。

实现资源保障目标就是要应对满足资源供应的各种不确定性,尤其是国际资源市场的不确定性。例如某种资源主要产地的战争、动乱或矿工罢工,运输路线上水手和码头工人的罢工,主要贸易通道的关闭,国际地缘政治的变化……诸多原因都可能导致资源供给波动,产生潜在的资源短缺风险。依据不同的时间尺度可采取不同的应对措施。

(1)短期供给中断与战略资源储备。对于某些重要资源持续几周或几个月的短期供给中断问题,通常可以通过建立战略性储备来避免此类危机,也可以采取抑制消费者需求的方法。主要工业化国家政府早就建立了战略性矿产资源的应急储备。例如,美国根据1946年的战略与物质储备法令建立了储备,这些储备不得低于某个目标定额以应对军事紧急时期的需求,在此额度以上的储备可以用来对付和平时期的贸易中断,有时过剩的战略储备至少部分地出于稳定价格的考虑而被处理掉。20世纪50年代以来,多数发达国家都持有足以维持6~12个月的战略资源储备,1976年后美国政府(不包括私人储备)对93种战略性物资建立了可以应付三年军事紧急状态的储备。当然,储备不仅需要巨大的资金购买这类资源、而且需要高额的管理和储存费用。

(2)中期供应中断与来源多样化。如果将资源保障依赖于单一的供应源,那么一旦此供给源发生变故,就有中期供给中断的危险。应对办法是尽快开始供给来源多样化过程,以期"东方不亮西方亮,黑了南方有北方"。

(3)对长期保障的威胁。长期资源保障问题涉及包括两种很不相同的关注。首先是担心某些矿产资源会在世界范围内出现绝对稀缺,其次担心储量和价格的格局发生根本性的变化。区分这两种担心非常重要,因为它隐含着不同的应对策略。如果世界范围内某些矿产资源的自然耗竭成为现实问题,那么解决的途径包括:减少消费量、遵循某种非增长的发展战略,改变生活方式,大量投资于可更新资源,鼓励技术革新使以前未使用或使用不充分的物质成为替代物等。如果问题不是自然耗竭而是低成本供给或储量在世界经济中的分配,那么通常认为,国家应该建立稳定的国际来源,并控制国外供应渠道;或保留国内的资源存量以保障未来的资源供给,换句话说,尽可能使用国外的资源以保存自身资源的完整。

(四)生态系统健康目标

人类对自然资源的开发利用必然影响地球生态系统的健康,自然资源开发利用的不利影响将会使生态系统健康状态恶化,造成生态系统服务功能的降低,进而限制人类的生存和发展。因此,保持生态系统健康是自然资源管理的重要社会目标之一。

　　人类对生态系统的依赖性正在加强,一旦管理不善而丧失生态系统的服务功能,就很难替代,即使替代,其代价也十分高昂。健康的生态系统应该能够充分地为人类提供一系列的生态系统服务功能,但目前世界上关于生态系统健康状态的判断还没有一个普遍认同的标准。人们已经越来越多地认识到生态系统健康与自身生活质量和社会经济繁荣之间的联系,随着个人收入的增长,教育与环境意识的普及,人们对完好生态系统的重视程度也一定会提高,这就需要人们对生态系统有更加深入的理解。

　　自然资源管理的效率目标、公平目标、社会发展目标、资源保障目标和生态系统健康目标等是相互联系相互影响的。例如,效率目标和资源保障目标的实现有利于社会发展目标的实现;但任何一个目标的实现都可能与其他目标的实现发生冲突,例如一个经济上有效率的自然资源管理系统,很难在利益的分配和代价的分担上做到符合社会最能接受的公平;最有保障的供应格局也许会导致效率的显著丧失和引起生态系统的退化;环境损害小的资源开发模式常常限制经济快速增长。因此,任何最大限度实现某一资源管理社会目标的企图,都几乎不可避免地要和其他目标一起加以权衡和统筹。再加上情况在变化,社会在发展,不同时期会面临不同的当务之急,所以实际上很少有哪个政府能明确地永远把某一目标放在优先地位,在某些时期,为了公平和保障可以牺牲效率;在另一些时期,在资源开发投资中获取最大净利润的压力又会战胜其他目标。

二、自然资源管理社会目标的统筹

　　自然资源管理的各种社会目标之间的不一致甚至冲突,要求社会和政府在管理中努力统筹各种目标。以中国土地资源管理中的各种目标的统筹为例介绍如下:

　　在现阶段,中国土地资源管理面临着以下问题:①随着经济、社会的高速发展,对土地资源的需求量日益增多,特别是城市化、工业化的突飞猛进,造成建设用地的需求量快速增长,并且在未来相当长的时期内还将继续增长。②人口多、耕地少的国情又决定了中国必须保护耕地以维持粮食安全;③生态退耕进一步加剧了以有限的土地既要保证"吃饭"又要保证"建设"的两难局面;④农地非农化过程中"三无"(无地、无业、无社保)农民增多,使"三农"问题更加突显;⑤土地转移增值的收益分配不公平,导致贫富差距拉大；⑥土地供应过程中存在"寻租"空间，为"土地腐败"提供了可能性；⑦与土地资源管理有关的各政府部门之间协调不够，行政掣肘；⑧中央和地方的土地资源管理目标不尽相同，"上有政策，下有对策"在所难免。

土地资源管理应该统筹城乡关系、工农关系、区域关系、市场与调控关系、加快发展与可持续性的关系等。

(一)城乡协调发展

统筹城乡经济社会发展，是从根本上解决现阶段"三农"问题、全面推进农村小康社会建设的客观要求。进入21世纪以来，中国市场化、国际化、工业化、城市化和信息化进程明显加快，但农业增效难、农民增收难、农村社会进步慢的问题未能得到有效的解决，城乡差距、工农差距、地区差距扩大趋势尚未扭转，其深层次原因在于城乡二元结构没有完全突破，城镇化严重滞后，城乡分割的政策、制度还没有得到根本性纠正，城乡经济社会发展缺乏内在的有机联系，致使工业发展与城市建设对农村经济社会发展带动力不强，过多的劳动力滞留在农业，过多的人口滞留在农村。这种城乡分割的体制性障碍和发展失衡状态，造成了解决"三农"问题的现实困难，实现农村小康成为全面建设小康社会最大的难点。在全面建设小康社会的新阶段，必须把"三农"问题作为重中之重，摆到更加突出的位置；必须突破就农业论农业、就农村论农村、就农民论农民的思想束缚，打破城乡分割的传统体制，以城带乡，以工促农，以工业化和城市化带动农业农村现代化，形成城乡互补共促、共同发展的格局，推动农村全面小康建设。

其次，统筹城乡经济社会发展，是保持国民经济持续快速健康发展的客观要求。全面建设小康社会，最根本的是坚持以经济建设为中心，不断解放和发展社会生产力，保持国民经济持续快速健康发展，不断提高人民生活水平。当前，中国经济社会生活中存在的许多问题和困难都与城乡经济社会结构不合理有关，农村经济社会发展滞后已经成为制约国民经济持续快速健康发展的最大障碍。占中国人口绝大多数的农村居民收入增长幅度下降，收入水平和消费水平远远低于城镇居民，直接影响到扩大内需、刺激经济增长政策的实施效果，扩大内需已经成为中国现阶段经济能否持续增长的关键。这就要求：一方面，要积极推进具有二、三产业劳动技能的农民进城务工经商，具有经济实力的农村人口到城镇安居乐业，促进农村型消费向城镇型消费转变；另一方面，要千方百计增加农民收入，不断繁荣农村经济，提高农村购买力，启动农村市场。因此，只有统筹城乡经济社会发展，加快城市建设和城市经济的繁荣，加快农村劳动力向二、三产业和城镇转移，不断发展农村经济,增加农民收入,提高农村消费水平,才能保持国民经济持续快速健康发展。

再次,统筹城乡经济社会发展,是新时期实现新跨越的客观要求。城市化对经济社会发展的作用越来越大,城乡关系、工农关系越来越密切,统筹城乡经济社会发展显得更加紧迫,也更有条件。因此,我们必须把统筹城乡经济社会发展作为经济社会发展再上新台阶的一个大战略,进一步发挥城市化在区域经济社会发展中的龙头带动作用,加快推进城乡一体化改革和结构调整,形成城市与农村相互促进、农业与工业联动、经济与社会协调发展的格局,走出一条以城带乡、以工促农、城乡一体化发展的新路子。

城市化和工业化导致大量农用地转为非农用地,但农民的非农化滞后,导致失地农民变成"三无"人员。

城市化又称都市化或城镇化。由于城市工业、商业和其他行业的发展,使城市经济在国民经济中的地位日益增长而引起的人口由农村向城市的集中化过程。城市化是由以农业为主的传统乡村社会向以工业和服务业为主的现代城市社会逐渐转变的历史过程。

(二)一要吃饭,二要建设

中国政府充分重视建立耕地保护的体制和机制,迄今的主要思路是实行耕地总量动态平衡政策。但经济高速发展的地区往往缺乏后备耕地资源,做不到占补平衡。而城市化、工业化是经济发展的必然途径,保护耕地和城市化、工业化是矛盾的。因此要针对区域的具体情况,因地制宜地统筹"一要吃饭,二要建设"。既不能任城市化、工业化无止境地占用耕地,也不能凡耕地就绝对保护从而影响城市化、工业化进程,要适当把握其中的"度"。这个"度"通常是采用最小人均耕地面积和耕地压力指数作为耕地保护的底线和调控指标。

"最小人均耕地面积",是指在一定区域范围内,一定食物自给水平和耕地生产力条件下,为满足每个人正常生活的食物消费所需的耕地面积,它与人均食物需求量及食物自给率成正比,与耕地的生产力成反比。随着经济发展和科技进步,耕地生产力、人均消费水平、食物自给率等因素都在不断变化,因而最小人均耕地面积是一个高度动态的概念。特别要注意的是,随着投入增加和科技进步从而提高耕地生产力,最小人均耕地面积会不断减小,土地利用集约度发展的历史也证实了这个规律的正确性。耕地压力指数是最小人均耕地面积与实际人均耕地面积之比,耕地压力指数也是一个随时空而异的变量。

随着经济发展和科技进步,近年来中国最小人均耕地面积不断降低,耕地压力指数不断减小,说明虽然耕地总面积不断减少,人口不断增加,人均食物消费水平不断提高,但通过增加投入和科技进步提高耕地生产力水平能降低耕地压力指数,在保证粮食安全的前提下,满足城市化、工业化对土地需求。

(三)区域协调发展

中国区域发展的不平衡非常突出,东部沿海地区发展水平较高,中西部相对落后。为了协调区域发展,政府出台了西部大开发、东北振兴老工业基地、中部崛起等战略。土地资源管理如何配合这些战略,显然是土地资源管理在统筹区域协调发展方面不可推卸的责任和面临的挑战。区域发展不平衡是多种原因综合形成的,协调区域发展不平衡也需要从多个方面入手。政策(包括土地资源管理政策)倾斜显然是其中不可忽视的重要原因和举措。

区域发展依赖区域比较优势的发挥,土地资源是比较优势中的重要因素。研究表明,目前中国土地资源优势和问题在东、中、西部有不同的表现,东部土地价格优势渐弱(土地资源价格高),而土地供给限制凸显;中部和西部土地价格优势显著,而土地供给又有较大的回旋余地。但全国统一的土地供应宏观紧缩,对东部发达地区来讲不过是夹住了"尾巴",而对西部和中部欠发达地区来讲却是夹住了"头颅"和"躯干"。这显然不利于发挥各地的土地资源比较优势,不利于中西部抓住时机加快发展。因此,土地资源管理政策应该因地制宜、区别对待,因时制宜,适时调整,而不应该"一刀切"。

(四)统筹"可持续性"与"当务之急"

联合国粮农组织与1993年颁布的《可持续土地资源管理评价纲要》明确指出:土地利用的可持续性是"获得最高的产量、并保护土壤等生产赖以进行的资源,从而维护其永久的生产力"。进一步思索,这个概念包括:

生产可持续性——为获得最大的可持续产量并使之与不断更新的资源储备保持协调。

经济可持续性——实现稳定状态的经济,需要解决对经济增长的限制和生态系统的经济价值问题。

生态可持续性——生物遗传资源和物种的多样性以及生态平衡得到保护和维持,可持续的资源利用、不降低的环境质量、非退化的自然生态系统。生态可持续性不排斥短期的自然变动,因为它对维持生态系统的健康是必要的。

社会可持续性——保障可持续的土地产品供给,同时还要既能使经济维持下去,又能被社会所接受,土地利用收益分配的公平性至关重要。

在为实现土地利用的可持续性目标而努力的同时,某些当务之急又不得不兼顾。毕竟"发展是硬道理"。问题在于什么是发展,什么是当务之急。现在很多地方不切实际地兴师动众建大广场、大学城之类,是不是当务之急? 这些哗众取宠之举,与其说是为了发展,倒不如说是为了政绩。当然,为政绩也无可非议,问题在于如何评价政绩? 按短视的政绩评价,就不可避免出现"现届政府吃土地,下届政府吃空气"的局面,这显然直接与可持续发展目标背道而驰。

(五)统筹经济与社会的协调发展,统筹人与自然的和谐发展

土地资源具有物质供给功能、生态服务功能、社会保障功能,还有历史文化承载功能等。土地资源管理应保护所有这些功能,并实现其价值。但长期以来,对土地资源价值的认识仅仅停留在单纯的或狭义的经济价值(即物质生产功能)基础上,忽视了土地资源所拥有的生态服务功能、社会保障功能、代际公平等这些外在于市场的生态价值和社会价值。所以,在土地分配与利用的实践中,土地供给者和利用者在决策时基本上只重视经济价值。但对社会来讲,这意味着土地在用途改变过程中造成了大量的社会福利的损失。

例如,耕地不仅是重要的生产要素,而且是人类生存的根基;耕地利用不仅有经济效益,更有生态效益和社会效益。现在的市场机制只关注经济效益,环境效益和社会效益对市场来说是所谓的"外部性"效益,体现不到耕地利用者和保持者身上,所以耕地利用的比较效益低下。一味听任这种市场机制起作用,比较经济效益低下的农用地就不可避免地不断被占用。而耕地过多转为非农用地,损失的将不仅是当代人的粮食保障,也会损失环境质量和后代的衣食来源,这些损失对现在的市场机制是"外部成本",谁也不负责任。

因此,在土地资源管理中统筹经济与社会的协调发展、统筹人与自然的和谐发展,就要全面认识和实现土地资源的经济、生态和社会价值,重新建立起土地资源评价的指标体系,把土地的社会、生态价值和对后代的价值纳入农业效益,使土地利用者和保持者有利可图;另一方面,把土地损失的外部成本"内化",把土地损失造成的社会、生态、机会成本以及对后代的代价纳入市场成本,重新建立土地估价体系,使占有土地者付出足够的代价,以

支付对土地生态服务、社会保障,历史文化承载等功能的补偿。

(六)统筹宏观调控与市场机制

目前,中国的土地资源管理既面临着市场发育不健全、市场机制不充分的问题,又存在着宏观调控目标不甚清楚的问题。因此,统筹宏观调控和市场机制的任务是非常复杂、繁重的。

一方面,要进一步完善土地市场,建立规范的市场秩序。另一方面,对市场固有的一些缺陷要有充分的认识,明确政府独立于土地市场的作用,加强宏观调控。中国整个经济体制改革的总体走向应该是强化市场,但对土地这种本质上是公共财产的资源,则应该强化政府的宏观调控职能。例如,上述"外部性"问题,不可能指望市场自我完善,必须由政府强制性地使之"内化"。

政府可以通过控制土地一级市场来统筹宏观调控和市场机制。真正的土地市场应该是二、三级市场。控制一级市场涉及宏观调控的目标,过去土地资源管理中的许多问题都与宏观调控目标不明有关。政府目标与市场目标大不一样,市场目标就是利润最大;而政府目标则要广泛得多。政府考虑的经济效率目标不仅是土地利用的收益,也包括经济结构和产业结构的优化、国有资产的保值和增值、国家税收的稳定增长等。供给保障目标是要保证现今和将来人口的生存和发展基础,在土地总量的自然极限范围内,保证"一要吃饭,二要建设"。在社会发展目标方面,要为社会公益事业和社会基础设施,为创造就业机会等提供用地。分配公平目标即土地利用收益的分配应在各阶层、各地区、各部门、中央与地方之间力争公平,在当代人与后代人之间力争公平。环境质量目标与土地利用格局、土地覆被配置等密切相关。市场不可能提供所有这些目标的保证机制,只有由政府的调控来保证其实现。

第二节 自然资源可持续管理的途径

自然资源的可持续管理应遵循可持续发展原则,可持续应是一个全球性的目标,是一个各国制定环境与发展政策的原则基础,一些主要的途径在各国都是一致的。

实现自然资源的可持续利用需要从观念、体制和技术手段3个方面努力。首先,要转变观念,建立人与自然和谐的观念。其次,要克服现行体制中的缺陷,重构同一种可以对付资源、环境所施加的限制的经济——社会体制。再次,要发展有利于自然资源可持续利用的科学技术。

一、建立人与自然和谐的新观念

在人类利用自然资源的过程中,人类常常按照它们头脑中关于世界的认识来行动,一定时代的思想意识大气候可以决定某种科学知识的使用或误用。因此,在自然资源可持续管理中,人对自然的态度起着重要的作用。

关于人与自然的关系(即人地关系)思想曾经经历了天命论、地理环境决定论、或然论、征服自然论、人地和谐论等发展阶段。现在关于人对自然的态度基本上可归为两类:人类中心主义和非人类中心主义。

(一)对人类中心主义的反思

人类中心主义又称为人类中心论,一切以人为中心,或者一切以人为尺度,为人的利益服务,一切从人的利益出发,按人的价值观念来判断。人类中心主义的一种主要学说就是征服自然论(或称文化决定论),至今仍然是在科学界和社会生活中占主导的一种伦理意识。这种观念自英国经典哲学家培根发表其名言"知识就是力量"以来就大行其道。培根认为,人类为了统治自然需要认识自然,科学的真正目的就是认识自然的奥秘,从而找到征服自然的途径。另一位英国经典哲学家洛克则指出:"对自然的否定就是通往幸福之路。"

自19世纪工业革命以来,人类科学技术和生产力发展得如此强大,在开发自然资源、改变自然方面如此广泛深刻,以至给人以无所不能的印象。人与自然的关系完全改观,关于人在自然界中的地位,关于人对自然的征服和改造等论题更加盛行。例如,马克思反对马尔萨斯的观点,认为在合理的社会制度下自然资源应该是丰饶的。总的说来,马克思主义经济学比较无视自然界对人类发展的限制,而马克思主义哲学(历史唯物主义和自然辩证法)则充分注意到地理环境的作用和人类对自然界的影响。20世纪城市化和工业化的扩展使人和自然明显分离开来。人再也不属于任何自然要素,人与自然已形成一种敌对关系,人侵略性地对待自然,把自然当做一个大仓库,只顾在里面索取。同时,技术的不断发明和应用又使自然资源似乎变得取之不尽。因为人们不断掌握获取自然资源的新手段,并且不断开辟出物质产品的新市场,二者相互促进。

历史证明,人类中心主义的思想及其实践对于人类社会的发展起了伟大的促进作用,而科学技术本身无论在过去、现在还是将来都是协调人与自然关系的重要手段。但若把征服自然论发展到极致,而不用适当的观念形态来指导科学技术的指向和应用,则会导致滥用自然,并最终受到大自然的报复。历史上由于无节制地向自然索取导致自然环境退化,从而使一度辉煌的文明沦落到消亡的例子并不鲜见。每一个发达国家在经济发展史上几乎都经历了违反自然规律,掠夺式地开发自然资源,污染环境,从而引起严重环境问题,又反作用于人类,影响人类的生存和发展的阶段。而当但人类面临的资源枯竭、环境退化、人口膨胀等全球性问题,应当说也与这种观念不无关系。可以认为,人类中心主义是迄今人类全部成就的思想和观念意识基础,也是人类目前所面临的环境问题的思想根源。环境问题的根本解决,需要从伦理道德上改变对待自然的态度。

(二)建立人地和谐的观念

可持续性在人与自然关系上的基本理念是人与自然和谐论,人类保护自然其实是出于保护自己的目的,保护自然才能维持人类的生存和发展基础。

和谐论摆脱了以往人地关系思想中把人和地简化为因果链的两端,就参与水决定谁的思想怪圈。协调论认为,人地关系是一个复杂的巨系统,它与所有系统一样服从以下规律:①系统内部各因素相互作用;②系统对立统一的双方中,任何一方不能脱离另一方而孤立存在;③系统的任何一个成分不可无限制地发展,其生存与繁荣不能以过分损害另一方为代价,否则自己也会失去存在条件。

因此,人与自然应该互惠共生,只有当人类的行为促进了人与自然的和谐、完整时才是正确的,维持生态系统就是维持人类自身,因而,人类自身的道德规定就扩展到包容生态系统。在促进整个人地系统和谐、完整的同时,也就促进了该系统各组成部分的发展和完善。人地和谐论整合了人类中心主义和生态伦理学基本观点的合理内核,总体趋向是发展观点的变革。

(1)人与自然关系的协调有赖于人与人关系的协调。人类发展涉及人类社会内部关系即人与人的关系,也涉及人类社会与自然的关系。从发生学上看,自然是人类的母亲;从整体观上看,人类社会是整个地球生态系统的一个组成部分。由此就决定了,自然界是人类社会生存和发展的前提,人类社会必须依赖于、适应于自然界,它本身才能获得相对的独立性,才能存在和发展。但只有人才能协调人与自然的关系,这是因为:①人类活动已变革了自然。②人类可以运用高度发达的科学技术和强大的社会生产力,适应和调节自然过程。③人与自然的矛盾中,认识具有自觉能动性的方面,而自然界不具备自觉能动性。正由于这个特点使得人类在人与自然的矛盾中处于支配的、主导的地位。④人类调节人与自然关系的努力受制于人与人的关系,调节人与人的关系,使之摆脱各种形式的冲突、剥削、压迫、专制、对立、战争和暴力以及霸权等,人类才有能力、有办法和有保障解决全球性问题。

(2)把长远利益置于眼前利益之上。把人类引向困境的那些问题多半都是由人们自己急功近利的活动造成的,所有只顾当下利益的发展措施,都会造成资源的浪费,加快不可再生资源的枯竭,降低生态系统健康和环境质量……几乎在任何一种具体事情的处理上,都存在一个是否愿意和是否能够牺牲局部利益而有益于长远整体利益的问题。当代人类发展的伦理抉择,不是不要眼前利益,而是要在考虑长远根本利益的前提下使二者统一起来。

(3)把全球问题置于局部问题之上。涉及全球、全人类利益的问题,就是要承认全人类确实有共同的利益,面临共同的挑战。全球问题的发生,不仅是由于人类影响自然的能力已达到全球性的水平,人类整体已有自掘坟墓把自己消灭多次的能力,而且是由于世界的经济、政治、文化发展到今天,使地球上各个地区、各个民族、各个国家之间的利益形成了一个相互联系、相互依赖的整体。全球性问题的解决在观念层要发展一种新的价值观,破除和超越特定地区、阶级、民族的狭隘局限和种种偏见,立足于全球和全人类立场加以认识、解决全局性问题。

(4)从高速增长的社会过渡到可持续发展的社会。生产力的高速发展与市场激烈竞争形成的社会已面临不可持续的危险。为使社会可持续发展,人类必须确立可持续发展的目标,并在可持续发展的基础上建设高度文明的社会。这样一个社会既不同于极端乐观派实际上所要维持的经济高速增长的社会,又不同于极端悲观派所要返回的前工业文明社会。我们的一切工作,人类社会的一切活动都应按照这个标准重新加以衡量,做出新的价值评估,完成从快速增长社会向可持续发展社会的转变。

二、改革社会经济体制

在人类实现可持续发展的道路上,面临着许多需要通过改革社会经济体制才能解决的紧迫问题,主要包括:

(一)消除贫困问题

社会经济发展应致力于解决贫困问题,贫困既违反自然资源利用中"满足需要"的概念,又导致资源利用中的短视行为,加重资源与环境限制;同时也是最大的不公平。因此,自然资源可持续管理的一个重要目标是消除贫困。

在全球尺度上,绝对贫困多发生在发展中国家,消除绝对贫困的途径是通过发展经济提高人均收入并调整国民经济的再分配方式,显然消除绝对贫困离不开经济增长。

(二)转变增长方式

可持续发展包括比增长更多的内容,要求改变增长的性质,降低原料和能源的密集程度,以及更公平地分配发展的成果。转变增长方式具体包括:

(1)保持自然资源储备。保持经济发展所必需的自然资源储备,是经济可持续发展的基础。但在迄今的经济增长机制中,无论是发达国家还是发展中国家都很少做到这一点。经济增长造成自然资源储备减少,这种增长是不可持续的。因此,在经济发展中必须在发展增加量中拿出一部分来弥补自然资源储备的减少量。

(2)改善收入分配。收入分配公平是发展质量的一个重要指标,社会收入"不患寡,患不均",就是说发展迅速但分配不合理还不如发展缓慢但分配公平。例如,在许多发展中国家推行"绿色革命"的结果大致大规模商品农业推广开来,使农业产量和收入迅速增加,但使大批小农的生计被剥夺,收入分配更加不公平。从长远看,这样的发展是不可持续的,它使农业过度商品化,小农贫困化,从而增加了自然资源的压力。相反更多地依靠小农户的耕作可能发展较慢,但容易长期维持。

(3)提高增长的抗逆性。经济发展过程中会遭遇各种干扰,如自然灾害、市场波动等,如果抗御这些干扰的能力比较脆弱,这种经济发展就是不可持续的。例如,干旱可能迫使农民屠杀未来生产所需的牲畜,价格下跌可能造成农民或其他生产者过度开发自然资源以维持收入,这些都会危害今后的经济发展。但采用风险较小的生产技术,造成较能灵活地适应市场波动的经济结构和产品结构,增加储备特别是粮食和外汇储备,就可以提高抗逆性,把增长与提高抗逆性结合起来的发展道路显然具有更高的可持续性。

(4)提高人口素质。改进增长质量包括改进贫困地区和贫困人群取得经济增长的能力。增长的质量不仅指经济增长,还在很大程度上取决于人口的素质。消除贫困并不是单纯给贫困者提供物质救济,更重要的是通过提供机会和技术,提高他们脱贫致富的能力,在帮助贫困方面,授之以鱼,不如授之以渔。

可持续性要求人们对需求和福利的观点也要有所改进,即不仅包括基本的和经济上的需求,也应包括人们自身的教育和健康、清洁的空气和水,以及保护优美的自然景观等这样一些非经济的因素。

改变增长质量还要求人们改变思考方法,要将增长所涉及的全部因素和影响考虑在内。例如,不应把水力发电项目仅仅看成生产更多电能,还应考虑它对当地环境和社会的影响。由于一项水利工程会破坏稀有的生态系统,放弃这个项目可能是进步的措施,而不是发展的倒退。

(三)满足人类基本需要

满足人类需要是自然资源可持续管理的核心,也是生产活动和经济增长的目的,必须再强调它的中心作用。满足人类需要中存在着两种极端问题,一是贫困人口基本的生存和福利得不到满足,二是富人过度消费带来重大资源与环境后果。满足人类基本需要就是要限制过度消费,减缓资源和环境问题;同时,通过发展经济,制定政策,保证贫困人口基本需要,其中包括:

(1)就业。就业是所有需求中最基本的,因为它是谋生之道,就业机会也就是生活机会。经济发展的速度和方式,必须保证创造出持续的就业机会。

(2)食物。不仅需要养活更多的人口,而且要改变营养不良状况,因此需要更多的食物,以提供人生存必需的热量和蛋白质。但是,食物生产的增长不应以生态环境的退化为代价,也不应危害粮食保障的长期前景。

(3)能源。最紧迫的问题是发展中国家贫困家庭的需求,在大多数发展中国家,能源需求只限于烹饪食物所用的燃料,这只相当于工业化国家家庭能源消费的小部分,而且他们的主要能源是薪柴。目前世界上约有30亿人生活在采伐速度超过树木生长速度的地区,或薪柴奇缺的地区,这不仅威胁着世界上过半数人口的基本需求,也威胁着森林植被。

(4)住房、供水、卫生设施和医疗保健。这些相互关联的基本需要对环境十分重要,这些方面的缺乏往往是明显的环境压力的反映。在发展中国家,不能满足这些基本的需要时造成许多传染病爆发的原因之一。人口增长和向城市迁移很可能使这些问题恶化。必须制定对策,找出方法。

(四)稳定人口数量

人口增长与发展的可持续密切相关。如果人口数量稳定在自然生态系统承载力之内,实现可持续发展就会比较容易。不过这个问题不单纯是全球人口数量的问题,也涉及人均资源消费量。一个出生在物质和能源使用水平很高的国家的孩子,对地球资源的压力要大于一个出生在较穷国家的孩子。各国内部不同地区之间、不同社会阶层之间也存在这种区别。

就全球来看,未来全球人口增加将主要发生在发展中国家。目前,发达国家人口总体上已经趋于稳定,有些发达国家已达到或接近零增长,甚至出现负增长。发达国家人口之所以稳定,是因为随着经济社会的发展,妇女地位上升,人均收入水平增加,社会福利完善和教育程度提高等原因造成的出生率下降。目前大部分发展中国家人口出生率仍然较高,因此,人口数量在未来一定时期内还将进一步增加。许多发展中国家不得不采用直接措施(如中国采取的计划生育政策)来降低生育率、减缓人口的过快增长,以避免人口数量超过可以维持人口生存的生产潜力。

出人口数量外,发展中国家的人口负担还表现在人口城市化方面,城市人口的增长速度已超出了基础设施和资源环境的承载力,导致住房、供水卫生设施和公共交通的短缺。城市化是发展过程的一部分,因此问题是不可避免的,挑战性的任务在于管理好这个过程,以免生活质量的严重下降。

(五)协调环境和经济的关系

现实世界中经济与生态的运转时结合在一起的,对眼前经济效益的追求常常与环境保护目标相冲突,但长期来看,经济效益与生态效益并不一定对立。例如,提高农田土壤质量和保护森林的政策是从改善生态环境质量着眼的,但其结果是改善了农业发展的长远前景,具有长期经济效益。而工业生产中提高能源和原材料的利用效率则既可以降低成本实现经济效益,又能减少污染物的排放而达到环境保护目标。因此,自然资源管理最重要的是将经济目标与环境目标结合。为了在决策中协调环境与经济的关系,至少应从以下几方面入手:

(1)政策上扩大人们的选择。当人们别无选择时,对自然资源的压力增大,例如,贫困地区的过度采伐、过度开垦、掠夺矿产等,是因为当地群众除依赖自然资源外别无选择。发展政策必须扩大人们的选择去争得一种可持续的生机,对于那些资金贫乏的家庭以及处于生态压力下的地区尤其应该如此。例如在山区,可将经济利益与生态效益结合起来,帮助农民把粮食作物改为经济林木,同时为他们提供咨询、设备、服务、销售等方面的支持。又如可在政策上保护农民、渔民、牧民、林业人员的收入不受短期价格下跌的影响,以减少他们对自然资源的过度开采。

(2)克服部门间职责分割的现象。各部门间客观上存在经济与生态的联系,如农业是工业原料的来源,工业为农业提供技术、装备、物资、又带来环境影响;矿产工业为加工工业提供原料能源等。应把这种联系反映在决策过程中。但各部门只追求其本部门的利益和目标,将对其他部门的影响作为副作用来处理,只有在迫不得已的情况下才去考虑。例如,政府常为经济部门支配,很容易专心于能源、工业法占、农牧业生产或外贸,而对森林减少的影响很少感到忧虑。我们面临的许多环境与发展问题都根源于这种部门间职责的分割,自然资源的可持续管理要求人们克服这种分割。

(3)改革法律和组织机构,以强调公共利益。按目前的法律和组织机构,负责公共利益的部分发言权是很小的。应该看到,生态系统健康对所有人类,包括子孙后代都是直观重要的,这是对法律和组织结构进行一些必要改革的出发点。

(4)公众参与决策。单靠法律和有关机构还不能加强公共利益,公共利益需要社会的了解和支持,需要公众更多地产与影响环境的决策过程。包括:①把资源管理权下放给依赖这些资源生存的地方社会;②鼓励公民的主动性,鼓励非政府组织(NGO)参与决策,加强地方民主;③公开并提供有关信息,为公众讨论提供材料;④环境影响特大的工程,要强制进行公众审议,如有可能可进行公民投票。

(5)国际的协调一致。各国对燃料和材料需求的增长,说明不同国家生态系统之间的直接物质联系在增加;通过贸易、财政、投资和旅游进行的几个年级相互作用也将增强,并加重经济和生态的相互依赖。因此,自然资源的可持续管理要求在国际关系中实现经济和生态的统一。各国把经济和生态因素统一到法律和决策体系中的做法,在国际上必须协调一致。

三、改进技术减缓资源危机

首先,要努力发展科学技术。科学技术是调节人与自然关系的关键环节,技术革新在解决自然资源稀缺中的作用主要有:科学技术能够扩大资源利用的范围,增加资源的供给量;科学技术能够提高资源的利用效率,减少资源的浪费。因此为了减缓资源危机,需要努力进行技术革新。

技术革新的能力在发展中国家需要大力加强,使它们能更有效地对资源的可持续利用的挑战作出响应。工业化国家的技术并不总适用于发展国家的社会、经济和环境条件。资本资源密集型技术,发展中国家花费不起,也导致环境污染和资源枯竭,同时不利就业。只有加强发展中国家的技术研究、设计、开发和推广,才能增强资源的可持续利用的能力。

其次,要改变技术发展方向,使其对环境因素给予更大关注。技术进步有利于人类的一面,常常也带来对自然的破坏,如化石能源和核能的适用。迄今的技术发展方向基本上只注意了前者,而未给予后者充分重视。因此,在所有国家,今后开发新技术、更新传统技术,选择并采纳进口技术的过程中应了解其对资源与环境方面的影响。同时,也要注意开发、更新、引入环境治理技术,如改善空气质量、污水处理、废物处置等技术。对重大的自然系统工程也要同样对待,如河流改道、森林开发、屯垦计划。

四、加强自然资源法制管理

(一)中国资源立法管理的发展历程

中国真正的资源立法管理始于 20 世纪 80 年代。20 多年来大致经历了 3 个发展阶段。

1. 资源立法的起始阶段

20 世纪 70 年代末,改革开放极大地改变了中国的经济发展轨迹,也改变了资源管理的基本框架。20 世纪 80 年代以前,资源管理分散于各产业部门进行高度集中的计划管理,管理的目标和手段极其单一,没有或极少有以法律手段管理资源的情况,这也是和当时的社会经济情况密切相关的。改革开放大大调动了国家、集体和个人发展生产力的积极性,利益分配格局也发生了重大变化,由此带来的利益冲突在资源方面有越来越多的表现。在此背景下,资源立法问题提上了议事日程。

在资源立法的起始阶段,真正的资源法还很少,主要是一些相当于法律法规的国务院或部门发布的通知、决定等,例如,1979 年 2 月 10 日国务院发布的《水产资源法制保护条例》,1984 年国务院办公厅转发的《农牧渔业部关于制止乱搂发菜、滥挖甘草,保护草场资源的报告》等。

2. 资源立法加速阶段

20 世纪 80 年代中期以后,市场化进程和可持续发展思想对资源管理产生了重大影响。资源的立法管理进入了活跃期,大量资源法规相继颁布实施,如 1984 年颁布的《中华人民共和国森林法》,1985 年颁布的《中华人民共和国草原法》,1986 年颁布的《中华人民共和国土地管理法》和《中华人民共和国矿产资源法》,1988 年颁布的《中华人民共和国水法》和《中华人民共和国野生动物保护法》。

3. 资源法规的修订完善期

进入 20 世纪 90 年代中期,已有资源法规中许多与建立市场经济体系不相适应的规定日益凸现。市场经济体系中的许多新问题超出了已有资源法规的调整范围。因此对资源法规进行修订、补充和完善的要求日益迫切。为此,主要资源法律基本上都作了修订和完善。如 1996 年对《中华人民共和国矿产资源法》作了修订,1998 年对《中华人民共和国森林法》和《中华人民共和国土地管理法》作了修订。进入 21 世纪,以加入 WTO 为标志,我国资源法规与其他法规开始经历了一个根本性的调整,以适应开放特别是加入 WTO 的要求。

（二）中国现行的资源法规体系

1. 宪法中关于资源管理的规定

在《中华人民共和国宪法》中包括资源所有权和资源权益的规定,其核心是公有制,具体规定如下:

第九条规定:矿藏、水流、森林、山岭、草原、荒地、滩涂等自然资源,都属于国家所有,即全民所有;由法律规定属于集体所有的森林和山岭、草原、荒地、滩涂除外。国家保障自然资源的合理利用,保护珍贵的动物和植物。禁止任何组织或者个人用任何手段侵占或者破坏自然资源。

第十条规定:城市的土地属于国家所有。农村和城市郊区的土地,除由法律规定属于国家所有的以外,属于集体所有;宅基地和自留地、自留山,也属于集体所有。国家为了公共利益的需要,可以依照法律规定对土地实行征收或者征用并给予补偿。任何组织或者个人不得侵占、买卖或者以其他形式非法转让土地。土地的使用权可以依照法律的规定转让。一切使用土地的组织和个人必须合理利用土地。

第二十六条规定:国家保护和改善生活环境和生态环境,防治污染和其他公害。国家组织和鼓励植树造林,保护树木。

2. 其他基本法中关于资源管理的规定

在《中华人民共和国民法通则》中亦对资源作了明确定规定,其基本点是对《中华人民共和国宪法》中资源规定的进一步说明。在《中华人民共和国刑法》中,第六章"妨碍社会管理秩序罪"下的第六节"破坏环境资源保护罪"用九条说明破坏环境资源罪及其处罚,其中包括六条专门适用于资源破坏罪及其处罚。包括:①非法捕捞水产品罪。②非法猎捕、杀害珍贵、濒危野生动物罪;非法收购、运输、出售珍贵濒危野生动物、珍贵、濒危野生动物制品罪。③非法占用农用地罪。④非法采矿罪;破坏性采矿罪。⑤非法采伐、毁坏国家重点保护植物罪;非法收购、运输、加工、出售国家重点保护植物、国家重点保护植物制品罪。⑥盗伐林木罪;滥伐林木罪;非法收购、运输盗伐、滥伐的林木罪。

3. 主要部门资源法

中国目前尚无资源综合基本法,只有部门资源法,包括土地管理法、草原法、矿产资源法、森林法、海洋法、水法、水土保持法、节约能源法等。部门资源法体系基本形成,成为我国资源立法管理的基础。

4. 行政性法规及法规性文件

资源行政性法规有两部分组成:一是附属于法律的实施细则或实施办法;二是相对独立的条例、管理办法和规定等。

部门及地方法规性文件主要包括由资源综合管理部门及其他部门和地方政府发布的管理办法、管理规定、通知、意见、说明和决定等。

(三)国外自然资源立法和管理

日本在资源管理方面的法律法规体系比较健全,逐步建立了基本法,如《促进建立循环社会基本法》;综合性的法律,如《固体废物管理和公共清洁法》和《促进资源有效利用法》;以及一些具体的法律法规,如《促进容器与包装分类回收法》、《家用电器回收法》、《建筑及材料回收法》、《食品回收法》及《绿色采购法》等。

美国在 1930 年以前对自然资源处于私人自发性的自由经营阶段,私人由于发现和所处地点而获得矿产开采权、根据适当条文获得水资源开发权。至于公园、纪念馆、森林和风景名胜区则设计服务于公共利益保护起来。20世纪 30~60 年代,由于对公共土地和资源开发的竞争,公众提高了对娱乐和野生生物的区域保护意识,美国政府颁布了一系列的联邦和州的管理指南,以防止对资源开发造成不利影响。20 世纪 70 年代以来,民众的环境保护热情高涨,出现了大量积极介入环境和野生生物保护的环境保护组织,并在环境保护活动中认识到律法的必要性。美国的许多自然资源法律和政策最初都是为分配和管理公共土地上的资源而制定的。关于自然资源立法,从 1964 的《荒野法》到 1980 年的《阿拉斯加国家利益土地保护法》,国会制定并通过了许多关于自然资源保护和管理的法规。

参考文献

[1] Trewavas A. Malthus foiled again and again[J]. Nature,2002,418: 668-670.

[2] 孙鸿烈. 中国资源科学百科全书[M]. 北京:中国大百科全书出版社,石油大学出版社,2000.

[3] 张永民,赵士洞. 全球生态系统服务的状况与趋势[J]. 地球科学进展, 2007,22(5):515-520.

[4] 陈静生. 环境地学[M]. 北京:中国环境科学出版社,1986.

[5] 蔡运龙. 自然资源学原理(第二版)[M]. 北京:科学出版社,2007.

[6] 陶在朴. 生态包袱与生态足迹——可持续发展的重量及面积观念[M]. 北京:经济科学出版社,2003.

[7] Imoff M L,Hounoua L,Ricketts T et al. Global pattern in human consumption of net primary production[J]. letter to nature,2004.

[8] 叶锦昭,卢如秀. 世界水资源概论[M]. 北京:科学出版社,1993.

[9] Hodges. C. A. Mineral sources, environmental issues and land use [J]. Science,1995(268):1305-1312.

[10] 奚牲. 世界铅生产和供需现状[J]. 资源形势,2005(6):27-32.

[11] 高山. 世界锌的消费趋势[J]. 世界有色金属,2005(12):9-12.

[12] 李章楞. 世界铅锌市场前景瞻望[J]. 世界有色金属,1994(1):36-39.

[13] 耿殿明,姜福兴. 我国煤炭矿区生态环境问题分析[J]. 中国煤炭, 2002,28(7):21-24.

[14] 国家计划委员会国土规划和地区经济司,国家环境保护局计划司. 中国环境与发展. 北京:科学出版社,1992.

[15] 蔡晓明. 生态系统生态学[M]. 北京:科学出版社,2000.

[16] 王庆锁,李梦先,李春和. 我国草地退化及治理对策[J]. 中国农业气象,2004,25(3):41-44,48.

[17] Nott M P,Rogers E,Pimm S. Modern extinction in the kilo-death range[J]. Current Biology,1995,5(1):14-17.

[18] 伍光和,王乃昂,胡双熙,田连恕,张建明. 自然地理学(第四版)[M]. 北京:高等教育出版社,2008.

[19] 陈家琦,王浩,杨小柳. 水资源学[M]. 北京:科学出版社,2002.

[20] 陈家琦. 现代水文学发展的新阶段—水资源水文学[J]. 自然资源学报,1986,1(2):46-53.

[21] 封志明. 资源科学导论[M]. 北京:科学出版社,2004.

[22] 彭补拙,黄贤金,濮励杰等. 资源科学概论[M]. 北京:科学出版社,2008.

[23] 蔡运龙,俞奉庆. 中国耕地问题的症结与治本之策[J]. 中国土地科学,2004,18(3):13-17.

[24] 谢高地. 自然资源总论[M]. 北京:高等教育出版社,2009.